自然界及其规律深深隐藏在黑夜之中。上帝说："让牛顿出生吧！"顿时光芒照亮万物。

——18世纪英国最伟大的诗人蒲柏
（Alexander Pope, 1688—1744）

谁要是有时间和宁静，谁就能通过阅读这本书，再现伟大的牛顿在他青年时代所经历过的那些奇妙事件……他的光学著作的这一新版仍然受到人们带着由衷的感激之情的欢迎，因为单是这本书就能使我们一睹这位伟人的个人活动而获得乐趣。

——A.爱因斯坦
（Albert Einstein, 1879—1955）

本书列入"十四五"国家重点图书出版规划

科学元典丛书

The Series of the Great Classics in Science

主　　编　　任定成

执行主编　　周雁翎

策　　划　　周雁翎

丛书主持　　陈　静

科学元典是科学史和人类文明史上划时代的丰碑，是人类文化的优秀遗产，是历经时间考验的不朽之作。它们不仅是伟大的科学创造的结晶，而且是科学精神、科学思想和科学方法的载体，具有永恒的意义和价值。

科学元典丛书

牛顿光学

Opticks

[英] 牛顿 著

周岳明 舒幼生 邢峰 熊汉富 译 徐克明 校

北京大学出版社
PEKING UNIVERSITY PRESS

图书在版编目（CIP）数据

牛顿光学/（英）牛顿（Newton, S.I.）著；周岳明等译.—2版.—北京：北京大学出版社，2011.3

（科学元典丛书）

ISBN 978-7-301-18537-7

Ⅰ.①牛…　Ⅱ.①牛…②周…　Ⅲ.①科学普及－牛顿光学　Ⅳ.①O43

中国版本图书馆 CIP 数据核字（2011）第 022766 号

OPTICKS

OR, A TREATISE OF THE REFLECTIONS, REFRACTIONS, INFLECTIONS &

COLOURS OF LIGHT

BY Sir Isaac Newton

London: G. Bell & Sons, Ltd., 1931

书　　　名	牛顿光学
	NIUDUN GUANGXUE
著作责任者	〔英〕牛　顿　著　周岳明　舒幼生　邢　峰　熊汉富　译　徐克明　校
丛 书 策 划	周雁翎
丛 书 主 持	陈　静
责 任 编 辑	陈　静
标 准 书 号	ISBN 978-7-301-18537-7
出 版 发 行	北京大学出版社
地　　　址	北京市海淀区成府路 205 号　　100871
网　　　址	http://www.pup.cn　　新浪微博：@北京大学出版社
微信公众号	科学与艺术之声（微信号：sartspku）
电 子 信 箱	zyl@ pup.pku.edu.cn
电　　　话	邮购部 62752015　发行部 62750672　编辑部 62707542
印 刷 者	北京中科印刷有限公司
经 销 者	新华书店
	787 毫米×1092 毫米　16 开本　18.75 印张　16 插页　240 千字
	2007 年 1 月第 1 版
	2011 年 3 月第 2 版　2022 年 11 月第 7 次印刷
定　　　价	59.00 元

弁　言

　　这套丛书中收入的著作，是自古希腊以来，主要是自文艺复兴时期现代科学诞生以来，经过足够长的历史检验的科学经典。为了区别于时下被广泛使用的"经典"一词，我们称之为"科学元典"。

　　我们这里所说的"经典"，不同于歌迷们所说的"经典"，也不同于表演艺术家们朗诵的"科学经典名篇"。受歌迷欢迎的流行歌曲属于"当代经典"，实际上是时尚的东西，其含义与我们所说的代表传统的经典恰恰相反。表演艺术家们朗诵的"科学经典名篇"多是表现科学家们的情感和生活态度的散文，甚至反映科学家生活的话剧台词，它们可能脍炙人口，是否属于人文领域里的经典姑且不论，但基本上没有科学内容。并非著名科学大师的一切言论或者是广为流传的作品都是科学经典。

　　这里所谓的科学元典，是指科学经典中最基本、最重要的著作，是在人类智识史和人类文明史上划时代的丰碑，是理性精神的载体，具有永恒的价值。

一

科学元典或者是一场深刻的科学革命的丰碑,或者是一个严密的科学体系的构架,或者是一个生机勃勃的科学领域的基石,或者是一座传播科学文明的灯塔。它们既是昔日科学成就的创造性总结,又是未来科学探索的理性依托。

哥白尼的《天体运行论》是人类历史上最具革命性的震撼心灵的著作,它向统治西方思想千余年的地心说发出了挑战,动摇了"正统宗教"学说的天文学基础。伽利略《关于托勒密和哥白尼两大世界体系的对话》以确凿的证据进一步论证了哥白尼学说,更直接地动摇了教会所庇护的托勒密学说。哈维的《心血运动论》以对人类躯体和心灵的双重关怀,满怀真挚的宗教情感,阐述了血液循环理论,推翻了同样统治西方思想千余年、被"正统宗教"所庇护的盖伦学说。笛卡儿的《几何》不仅创立了为后来诞生的微积分提供了工具的解析几何,而且折射出影响万世的思想方法论。牛顿的《自然哲学之数学原理》标志着 17 世纪科学革命的顶点,为后来的工业革命奠定了科学基础。分别以惠更斯的《光论》与牛顿的《光学》为代表的波动说与微粒说之间展开了长达 200 余年的论战。拉瓦锡在《化学基础论》中详尽论述了氧化理论,推翻了统治化学百余年之久的燃素理论,这一智识壮举被公认为历史上最自觉的科学革命。道尔顿的《化学哲学新体系》奠定了物质结构理论的基础,开创了科学中的新时代,使 19 世纪的化学家们有计划地向未知领域前进。傅立叶的《热的解析理论》以其对热传导问题的精湛处理,突破了牛顿《原理》所规定的理论力学范围,开创了数学物理学的崭新领域。达尔文《物种起源》中的进化论思想不仅在生物学发展到分子水平的今天仍然是科学家们阐释的对象,而且 100 多年来几乎在科学、社会和人文的所有领域都在施展它有形和无形的影响。摩尔根的《基因论》揭示了孟德尔式遗传性状传递机理的物质基础,把生命科学推进到基因水平。爱因斯坦的《狭义与广义相对论浅说》和薛定谔的《关于波动力学的四次演讲》分别阐述了物质世界在高速和微观领域的运动规律,完全改变了自牛顿以来的世界观。魏格纳的《海陆的起源》提出了大陆漂移的猜想,为当代地球科学提供了新的发展基点。维纳的《控制论》揭示了控制系统的反馈过程,普里戈金的《从存在到演化》发现了系统可能从原来无序向新的有序态转化的机制,二者的思想在今天的影响已经远远超越了自然科学领域,影响到经济学、社会学、政治学等领域。

科学元典的永恒魅力令后人特别是后来的思想家为之倾倒。欧几里得的《几何原本》以手抄本形式流传了 1800 余年,又以印刷本用各种文字出了 1000 版以上。阿基米德写了大量的科学著作,达·芬奇把他当作偶像崇拜,热切搜求他的手稿。伽利略以他的继承人自居。莱布尼兹则说，了解他的人对后代杰出人物的成就就不会那么赞赏了。为捍卫《天体运行论》中的学说，布鲁诺被教会处以火刑。伽利略因为其《关于托勒密和哥白尼两大世界体系的对话》一书，遭教会的终身监禁，备受折磨。伽利略说吉尔伯特的《论磁》一书伟大得令人嫉妒。拉普拉斯说，牛顿的《自然哲学之数学原理》揭示了宇宙的最伟大定律，它将永远成为深邃智慧的纪念碑。拉瓦锡在他的《化学基础论》出版后 5 年被法国革命法庭处死，传说拉格朗日悲愤地说，砍掉这颗头颅只要一瞬间，再长出这样的头颅一百年也不够。《化学哲学新体系》的作者道尔顿应邀访法，当他走进法国科学院会议厅时，院长和全体院士起立致敬，得到拿破仑未曾享有的殊荣。傅立叶在《热的解析理论》中阐述的强有力的数学工具深深影响了整个现代物理学，推动数学分析的发展达一个多世纪，麦克斯韦称赞该书是"一首美妙的诗"。当人们咒骂《物种起源》是"魔鬼的经典""禽兽的哲学"的时候，赫胥黎甘做"达尔文的斗犬"，挺身捍卫进化论，撰写了《进化论与伦理学》和《人类在自然界的位置》，阐发达尔文的学说。经过严复的译述，赫胥黎的著作成为维新领袖、辛亥精英、"五四"斗士改造中国的思想武器。爱因斯坦说法拉第在《电学实验研究》中论证的磁场和电场的思想是自牛顿以来物理学基础所经历的最深刻变化。

在科学元典里，有讲述不完的传奇故事，有颠覆思想的心智波涛，有激动人心的理性思考，有万世不竭的精神甘泉。

二

按照科学计量学先驱普赖斯等人的研究，现代科学文献在多数时间里呈指数增长趋势。现代科学界，相当多的科学文献发表之后，并没有任何人引用。就是一时被引用过的科学文献，很多没过多久就被新的文献所淹没了。科学注重的是创造出新的实在知识。从这个意义上说，科学是向前看的。但是，我们也可以看到，这么多文献被淹没，也表明划时代的科学文献数量是很少的。大多数科学元典不被现代科学文献所引用，那是因为其中的知识早已成为科学中无须证明的常识了。即使这样，科学经典也会因为其中思想的恒久意义，而像人文领域里的经典一样，具有永恒的阅读价值。于是，科学经典就被一编再编、一印再印。

早期诺贝尔奖得主奥斯特瓦尔德编的物理学和化学经典丛书"精密自然科学经典"从 1889 年开始出版，后来以"奥斯特瓦尔德经典著作"为名一直在编辑出版，有资料说目前已经出版了 250 余卷。祖德霍夫编辑的"医学经典"丛书从 1910 年就开始陆续出版了。也是这一年，蒸馏器俱乐部编辑出版了 20 卷"蒸馏器俱乐部再版本"丛书，丛书中全是化学经典，这个版本甚至被化学家在 20 世纪的科学刊物上发表的论文所引用。一般把 1789 年拉瓦锡的化学革命当作现代化学诞生的标志,把 1914 年爆发的第一次世界大战称为化学家之战。奈特把反映这个时期化学的重大进展的文章编成一卷,把这个时期的其他 9 部总结性化学著作各编为一卷,辑为 10 卷"1789—1914 年的化学发展"丛书,于 1998 年出版。像这样的某一科学领域的经典丛书还有很多很多。

科学领域里的经典,与人文领域里的经典一样,是经得起反复咀嚼的。两个领域里的经典一起,就可以勾勒出人类智识的发展轨迹。正因为如此,在发达国家出版的很多经典丛书中,就包含了这两个领域的重要著作。1924 年起,沃尔科特开始主编一套包括人文与科学两个领域的原始文献丛书。这个计划先后得到了美国哲学协会、美国科学促进会、美国科学史学会、美国人类学协会、美国数学协会、美国数学学会以及美国天文学学会的支持。1925 年,这套丛书中的《天文学原始文献》和《数学原始文献》出版,这两本书出版后的 25 年内市场情况一直很好。1950 年,他把这套丛书中的科学经典部分发展成为"科学史原始文献"丛书出版。其中有《希腊科学原始文献》《中世纪科学原始文献》和《20 世纪(1900—1950 年)科学原始文献》,文艺复兴至 19 世纪则按科学学科(天文学、数学、物理学、地质学、动物生物学以及化学诸卷)编辑出版。约翰逊、米利肯和威瑟斯庞三人主编的"大师杰作丛书"中,包括了小尼德勒编的 3 卷"科学大师杰作",后者于 1947 年初版,后来多次重印。

在综合性的经典丛书中,影响最为广泛的当推哈钦斯和艾德勒 1943 年开始主持编译的"西方世界伟大著作丛书"。这套书耗资 200 万美元,于 1952 年完成。丛书根据独创性、文献价值、历史地位和现存意义等标准,选择出 74 位西方历史文化巨人的 443 部作品,加上丛书导言和综合索引,辑为 54 卷,篇幅 2 500 万单词,共 32 000 页。丛书中收入不少科学著作。购买丛书的不仅有"大款"和学者,而且还有屠夫、面包师和烛台匠。迄 1965 年,丛书已重印 30 次左右,此后还多次重印,任何国家稍微像样的大学图书馆都将其列入必藏图书之列。这套丛书是 20 世纪上半叶在美国大学兴起而后扩展到全社会的经典著作研读运动的产物。这个时期,美国一些大学的寓所、校园和酒吧里都能听到学生讨论古典佳作的声音。有的大学要求学生必须深研 100 多部名著,甚至在教学中不得使用最新的实验设备而是借助历史上的科学大师所使用的方法和仪器复制品去再现划时代的著名实验。至 20 世纪 40 年代末,美国举办古典名著学习班的城市达 300 个,学员约 50 000 余众。

相比之下,国人眼中的经典,往往多指人文而少有科学。一部公元前 300 年左右古希腊人写的《几何原本》,从 1592 年到 1605 年的 13 年间先后 3 次汉译而未果,经 17 世纪初和 19 世纪 50 年代的两次努力才分别译刊出全书来。近几百年来移译的西学典籍中,成系统者甚多,但皆系人文领域。汉译科学著作,多为应景之需,所见典籍寥若晨星。借 20 世纪 70 年代末举国欢庆"科学春天"到来之良机,有好尚者发出组译出版"自然科学世界名著丛书"的呼声，但最终结果却是好尚者抱憾而终。20 世纪 90 年代初出版的"科学名著文库"，虽使科学元典的汉译初见系统，但以 10 卷之小的容量投放于偌大的中国读书界，与具有悠久文化传统的泱泱大国实不相称。

我们不得不问：一个民族只重视人文经典而忽视科学经典，何以自立于当代世界民族之林呢？

三

科学元典是科学进一步发展的灯塔和坐标。它们标识的重大突破，往往导致的是常规科学的快速发展。在常规科学时期，人们发现的多数现象和提出的多数理论，都要用科学元典中的思想来解释。而在常规科学中发现的旧范型中看似不能得到解释的现象，其重要性往往也要通过与科学元典中的思想的比较显示出来。

在常规科学时期，不仅有专注于狭窄领域常规研究的科学家，也有一些从事着常规研究但又关注着科学基础、科学思想以及科学划时代变化的科学家。随着科学发展中发现的新现象，这些科学家的头脑里自然而然地就会浮现历史上相应的划时代成就。他们会对科学元典中的相应思想，重新加以诠释，以期从中得出对新现象的说明，并有可能产生新的理念。百余年来，达尔文在《物种起源》中提出的思想，被不同的人解读出不同的信息。古脊椎动物学、古人类学、进化生物学、遗传学、动物行为学、社会生物学等领域的几乎所有重大发现，都要拿出来与《物种起源》中的思想进行比较和说明。玻尔在揭示氢原子光谱的结构时，提出的原子结构就类似于哥白尼等人的太阳系模型。现代量子力学揭示的微观物质的波粒二象性，就是对光的波粒二象性的拓展，而爱因斯坦揭示的光的波粒二象性就是在光的波动说和粒子说的基础上，针对光电效应，提出的全新理论。而正是与光的波动说和粒子说二者的困难的比较，我们才可以看出光的波粒二象性学说的意义。可以说，科学元典是时读时新的。

除了具体的科学思想之外，科学元典还以其方法学上的创造性而彪炳史册。这些方法学思想，永远值得后人学习和研究。当代研究人的创造性的诸多前沿领域，如认知心理学、科学哲学、人工智能、认知科学等，都涉及对科学大师的研究方法的研究。一些科学史学家以科学元典为基点，把触角延伸到科学家的信件、实验室记录、所属机构的档案等原始材料中去，揭示出许多新的历史现象。近二十多年兴起的机器发现，首先就是对科学史学家提供的材料，编制程序，在机器中重新做出历史上的伟大发现。借助于人工智能手段，人们已经在机器上重新发现了波义耳定律、开普勒行星运动第三定律，提出了燃素理论。萨伽德甚至用机器研究科学理论的竞争与接受，系统研究了拉瓦锡氧化理论、达尔文进化学说、魏格纳大陆漂移说、哥白尼日心说、牛顿力学、爱因斯坦相对论、量子论以及心理学中的行为主义和认知主义形成的革命过程和接受过程。

除了这些对于科学元典标识的重大科学成就中的创造力的研究之外,人们还曾经大规模地把这些成就的创造过程运用于基础教育之中。美国兴起的发现法教学,就是几十年前在这方面的尝试。近二十多年来,兴起了基础教育改革的全球浪潮,其目标就是提高学生的科学素养,改变片面灌输科学知识的状况。其中的一个重要举措,就是在教学中加强科学探究过程的理解和训练。因为,单就科学本身而言,它不仅外化为工艺、流程、技术及其产物等器物形态、直接表现为概念、定律和理论等知识形态,更深蕴于其特有的思想、观念和方法等精神形态之中。没有人怀疑,我们通过阅读今天的教科书就可以方便地学到科学元典著作中的科学知识,而且由于科学的进步,我们从现代教科书上所学的知识甚至比经典著作中的更完善。但是,教科书所提供的只是结晶状态的凝固知识,而科学本是历史的、创造的、流动的,在这历史、创造和流动过程之中,一些东西蒸发了,另一些东西积淀了,只有科学思想、科学观念和科学方法保持着永恒的活力。

然而,遗憾的是,我们的基础教育课本和科普读物中讲的许多科学史故事不少都是误讹相传的东西。比如,把血液循环的发现归于哈维,指责道尔顿提出二元化合物的元素原子数最简比是当时的错误,讲伽利略在比萨斜塔上做过落体实验,宣称牛顿提出了牛顿定律的诸数学表达式,等等。好像科学史就像网络上传播的八卦那样简单和耸人听闻。为避免这样的误讹,我们不妨读一读科学元典,看看历史上的伟人当时到底是如何思考的。

现在,我们的大学正处在席卷全球的通识教育浪潮之中。就我的理解,通识教育固然要对理工农医专业的学生开设一些人文社会科学的导论性课程,要对人文社会科学专业的学生开设一些理工农医的导论性课程,但是,我们也可以考虑适当跳出专与博、文与理的关系的思考路数,对所有专业的学生开设一些真正通而识之的综合性课程,或者倡导这样的阅读活动、讨论活动、交流活动甚至跨学科的研究活动,发掘文化遗产、分享古典智慧、继承高雅传统,把经典与前沿、传统与现代、创造与继承、现实与永恒等事关全民素质、民族命运和世界使命的问题联合起来进行思索。

我们面对不朽的理性群碑,也就是面对永恒的科学灵魂。在这些灵魂面前,我们不是要顶礼膜拜,而是要认真研习解读,读出历史的价值,读出时代的精神,把握科学的灵魂。我们要不断吸取深蕴其中的科学精神、科学思想和科学方法,并使之成为推动我们前进的伟大精神力量。

任定成

2005 年 8 月 6 日

北京大学承泽园迪吉轩

牛顿（Sir Isaac Newton, 1642—1727）

自然界及其规律深深地隐藏在黑夜之中。上帝说："让牛顿出生吧！"顿时光芒照亮万物。

——蒲柏（Alexander Pope, 1688—1744）

雕像**"望楼上的阿波罗"** 在古希腊神话中阿波罗是太阳神和光明之神。

位于英国林肯郡伍尔索普村的牛顿故居 1642年冬天，牛顿出生在这所房子里。

1703 年的牛顿画像

哲学家和科学家一直对光具有极为浓厚的兴趣，因为人们的视觉能够立刻提供宇宙存在的证明。

牛顿对于光学的最大贡献是精确地进行了光的色散实验，指出日光由不同颜色的光混合而成。这对于近代光学的建立至关重要。

1704 年，牛顿出版了系统阐述其光学研究成果的著作《光学》。

视觉问题或许是最早的光学问题，古希腊人认为，视觉的形成是由于从眼睛里发出的光线触及了物体。相应的，中国古代也有"目光""视线"一类的说法。

欧几里得 （Euclid，前330—前275），古希腊数学家欧几里得的《光学》（*Optica*）是保存下来的最早的几何光学著作。该书是和其他有关球面天文学的古希腊手稿一起被发现的，书中提到了光的直线传播，并描述了反射定律。

街景 欧几里得的《光学》在中世纪时有许多拉丁文译本，这为15世纪的直线透视画法提供了理论基础。在这幅15世纪著作的插图中，直线透视法得到了很好的表现。

托勒密和司天女神在一起 古希腊天文学家托勒密（Claudius Ptolemaeus，约90—168）在其著作中描述过大气折射，并指出折射角和入射角成比例。在这幅16世纪的绘画中，托勒密头戴王冠是因为人们常将他与古埃及托勒密王弄混。

阿拉伯学者阿尔·哈森（Ibn-al-Haitham，965—1038），使用了球面镜和抛物面反射镜，注意到了透镜的放大效应和大气折射。他的主要著作《光学全书》讨论了许多光学现象，被翻译为拉丁文传到欧洲，对后来光学的发展有很大的影响。

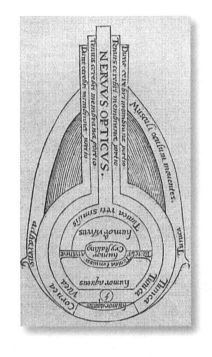

绘画"哈森在研究光的折射" 画中，哈森将木棍放在水池中观察因光线折射导致的木棍弯折现象。

哈森著作中的眼睛示意图 今天眼科医生使用的"视网膜""角膜""玻璃体"及"前房液"等专业术语都是哈森首先提出的。此外，哈森抛弃了希腊人关于眼睛发出射线的说法，认为我们看到物体是因为物体反射出来的光。

彩虹 彩虹是由阳光射入空气中的水滴经折射和反射形成的彩色圆弧。常见主虹和副虹同时出现，颜色顺序相反。主虹在内，颜色鲜明，副虹在外，颜色较浅。中国古代称"虹双出，色鲜盛者为雄，雄曰虹；暗者为雌，雌曰霓"。彩虹的成因是早期光学研究的一个重要内容。

格罗斯泰斯特（Robert Grosseteste，1168—1253），中世纪数学家、牛津的主教。他认为光的性质在自然哲学中占有重要的地位，并在其研究中特别强调数学和几何的应用。他认为颜色仅仅与亮度有关，推测彩虹是由于阳光通过充满水汽的云层时发生反射和折射而形成的。但是他并没有考虑云层中的单个小水滴。

格罗斯泰斯特认为颜色是亮度的变化，从白色到红色、黄色、蓝色、紫色，最后到黑色，亮度依次变小。

罗吉尔·培根（Roger Bacon，约 1214—约 1292），英国思想家，实验科学的先驱，曾设想过眼镜、望远镜、显微镜等发明。

培根认为光速是有限的，光在媒质中的传播与声音的传播类似。培根在其著作中描述了如何用凸透镜放大微小的物体。他认为有可能用凸透镜矫正视力方面的缺陷。同时，他认为彩虹是阳光在一个个单个的小水滴之间进行反射所形成的。

凸透镜的放大效应

在 1535 年出版的一本著作中的插图　图中描绘了一系列光学现象：可以点火的透镜、彩虹、反射和光线在水中的折射。

17 世纪以来，由于天文学研究的需要，光学得到了较快的发展。

1604 年开普勒在其著作《对威蒂略的补充——天文光学说明》（*Ad Vitellionem Paralipomena*）中认为从一个点光源发出的光的强度与其距离的平方成反比。光线能够传播到无穷远处，而且光的速度是无限的。

开普勒还解释了视觉的形成是由于光线经过眼球中的晶状体在视网膜上成像，并正确地描述了远视和近视的成因。

开普勒 （Johannes Kepler，1571—1630），德国天文学家，发现行星沿椭圆轨道运动，提出行星运动三定律。

17 世纪使用的各种不同类型的眼镜

望远镜的诞生 图中荷兰眼镜制造商利帕希（Hans Lippershey，1570—1619）正在利用两个透镜放大远处的物体。通过将两个透镜安装在一根小管中，利帕希于 1608 年制成了世界上第一个望远镜。

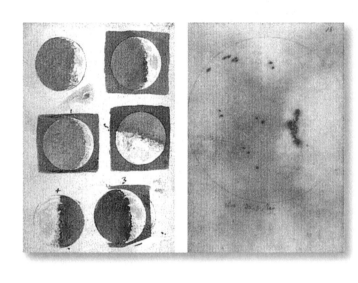

伽利略手绘的月相变化（左）及太阳黑子图（右） 1609 年伽利略制造出了自己的望远镜，并用于天文观测，取得了许多重大的成果。

笛卡儿（René Descartes，1596—1650），法国哲学家、物理学家、数学家、生理学家。解析几何的创始人。《屈光学》是笛卡儿《方法论》的三个附录之一。在《屈光学》中笛卡儿提出了关于光的本性的两种假说。一种假说认为，光是类似于微粒的一种物质，另一种假说认为光是一种以"以太"为媒质的压力。笛卡儿的这两种假说为后来的"微粒说"与"波动说"的大争论埋下了伏笔。

目　录

导　读

E. T. 惠塔克

· *Introduction to Chinese Version* ·

在牛顿的著作的某些部分中提出的微粒说与波动说的古怪混合，对 19 世纪的物理学家来说是一块绊脚石，如今却发现它与现代观点存在着很大的相似性。

100 年前,世人自以为有资格对牛顿在理论物理方面的工作给予最后评判。他的引力定律往往被看做最伟大的科学发现,被认为是终极的和无懈可击的,是一切其他定律都一定要据以构成的典型的定律;自然界的一切最终都以在真空中运动的粒子间的吸引和排斥来解释。然而,提及牛顿的光学著作,我们的先辈们谈起来就不那么热情了;它的许多光辉成就是确凿无疑的,但是普遍认为牛顿由于赞成光的微粒说而使自己受到损害,而微粒说是绝对错误的。因此,在 19 世纪后半叶,在《原理》的一些部分仍然为年轻人所正规地学习的同时,《光学》却多少被看做一本仅仅为科学史学家感兴趣的书。

时代的变化有多大呀! 在 19 世纪中叶,法拉第和麦克斯韦以普适媒质的相邻粒子间的感应的传播取代了带电粒子间的力的库仑定律(它类似于牛顿引力定律);此后,超距作用(action at a distance)一直命途多舛。1915 年牛顿定律本身就败下阵来,并在理论的(虽然不是实践的)意义上为爱因斯坦的广义相对论所代替。甚至欧几里得几何也由于它含有过多的 Fernwirkung(超距作用)的味道而遭到反对。

近些年来光学理论的进展对旧派物理学家来说似乎更加令人惊讶。光的微粒观念在消亡一个世纪之后于 1905 年复活了;当时爱因斯坦借助于普朗克的量子原理解释了光电效应,因而导致假定光"量子"的存在。他的构思被实验特别是被"康普顿效应"充分证实,此效应证明当一个光量子与一个电子碰撞时,遵从碰撞的普通的动力学规律。与此同时,证明光由波组成的较老的实验也没有失效;因此我们被迫承认波动说和微粒说两者都是正确的。

◀**伦敦西敏寺教堂内的牛顿纪念碑** 牛顿将手臂支在他出版的四部著作上,书名分别是《神学》《年代学》《光学》《自然哲学之数学原理》。

1927 年以前,这后一个主张会被看做在关系上的一个矛盾。事实上这里出了一个类似于 30 年前出现的那样的佯谬(para dox)。当时迈克耳孙和莫雷证明,他们的实验室相对于"以太"的运动在任何时刻均为零,尽管其运动按通常理解是不断变化的。迈克耳孙—莫雷佯谬通过对空间和时间的根本观念作更严密的考察而解决了,最终导出了〔狭义〕相对论;同样,光的波动说和微粒说共存的佯谬通过对基本原理作更严密的考察至少已经部分得到解释,导出了海森伯的测量精度绝对极限定律,并且导致人们认识到波粒二象性现象。预计不仅在光的情况下有这种现象,而且在电子(它以前仅仅被看做微粒)的情况下,甚至在原子的情况下也都有这种现象。

这一切对牛顿光学的修正意见具有影响。在牛顿的著作的某些部分中提出的微粒说与波动说的古怪混合,对 19 世纪的物理学家来说是一块绊脚石,如今却发现它与现代观点存在着很大的相似性。而实际上晚近一位著名物理学家在表述他本人的一些杰出工作之后,最后援引了形成〔本书〕第二编命题 12 较后部分的那段著名的话,并评论说:"在经过数世代被看做是拯救一种灭亡的理论的人为努力之后,我证明了牛顿的这一猜测是天才直觉的至高无上的范例。"所以这里再版的这部著作,在主要被推崇为显示理论和实验本领的奇妙结合的历史里程碑三个世代之后,现在由于其现有的科学意义而再次被攻读。无论如何,它总会使人们不得不注意,因为它的课题是牛顿从中作出了重大发现的最早的也是最后的课题,并且因为它是仅有的牛顿本人为出版社编写和修改过的并在相继的版本中用新材料充实过的重要科学著作。现在让我们尽我们所能,来追踪其作者的思想发展。

牛顿通晓光学看来开始于当他还是剑桥大学的一名学生时对开普勒的《屈光学》(*Dioptrice*)的学习,该书出版于 1611 年。正确的折射定律那时还不知道,只是假定为折射角正比于入射角;当入射接近于垂直时,它等价于正确的定律;而借助于这一假设开普勒给出了透镜和折射望远镜性能的一个正确解释,同在 1611 年出版了斯帕拉托大主教安东尼奥·德·多明尼斯的《视觉范围和光度》(*De radiis visus et lucis*),它给出了最初的对虹霓的大体正确的解释,并可能引起了牛顿对大气光学的兴趣。

从科学发现的观点看价值较小,但也许更有激励作用的,是笛卡儿的著作,其《屈光学》(*Dioptrique*)和《大气现象》(*Météores*)1638 年在莱顿出版。实际上在 17 世纪后半期,笛卡儿的理论是权威的。按照笛卡儿哲学,所有空间——甚至在恒星之外最遥远的距离上——都是充满物质的,所以一个粒子只有通过占据移走的其他粒子的场所才能运动。光被设想成本质上是透过这种粒子的致密集体而被传送的压力;视觉可以因此比作盲人用他的手杖触到的物体存在的感觉,压力沿着手杖从物体传送到手,类似于压力透过充满物质的空间从明亮的物体传送到眼睛。

笛卡儿猜测"光和颜色的多种多样"是由于物体运动的不同方式:不同颜色与粒子的不同旋转速度相联系,那些旋转最快的粒子给出红色感觉,较慢的粒子给出黄色,而最慢的粒子给出绿色和蓝色。

除了已经提到的著作之外,从 1664 年起牛顿在剑桥曾接受卢卡斯教授巴罗(Barrow, Lucasian Professor)的口头讲授,他讲的光学课文后来(1669)出版了。它在很多方面是极妙的,但是在第 12 讲末尾巴罗说到他的颜色观念时却很粗糙:例如,物体发出的光线比通常情况下更集中的时候是红色。但是光线能被暗的间隙所中断,黄色就是基本上由白色点缀了一些红色所组成,如此等等。

另外三部值得注意的著作大致问世于牛顿已开始他的独立研究之时,即:詹姆斯·格雷戈里(James Gregory)的《光学进展》(*Optica Promota*,1663),描述了他的反射望远镜;天主教耶稣会神父格里马尔迪(Jesui Father Grimaldi)的《物理数学》

(*Physico-Mathesis*,1665)，记载了他的折射发现；罗伯特·胡克的《显微术》(*Micrographia*,1665)表述了薄片的颜色，并通过引进干涉这一概念对其进行了解释，长期以后一个完善的理论就以它为基础。关于颜色和光的本性，他提出的见解为，光是媒质的细微和快速的振荡运动，而且颜色取决于光脉动的形式："蓝色是视网膜上的一种倾斜的和混乱的光脉动的印象，其最弱的部分在前而其最强的部分在后"；可是在红色中，是最强的部分在先而最弱的部分在后。

牛顿本人作为一个初期的光学工作者的活动看来开始于1663年，当时他开始磨制透镜并对望远镜的结构和性能感兴趣。他感到降低和消除色差的需要，在1666年年初（那时是23岁）他购买了一块玻璃棱镜"以此来试验颜色现象"。为此目的"弄暗我的房间，并在我的护窗板上开一小孔，让适量的太阳光进入，我将我的棱镜放在阳光进入处，于是光会因此折射到对面墙上。"观察彩色光谱的长度比其宽度大许多倍，他在做过更多的实验之后导致这样一种观点，通常的白光确实是每一种不同颜色的光线的混合，光谱的伸长是由于玻璃对这些不同的光线折射本领不同。"同一可折射性总是属于同一颜色，而同一颜色总是属于同一可折射性。"

这一发现是他的第一篇科学论文的主题，它发表在1672年的皇家学会《会刊》中。它的出现引起了一场尖锐的争论。特别是胡克激烈地指责它；而随它的发表而来的不愉快的结局与后来牛顿曾表示不情愿将他的结果公之于世很有关系。就像他的追随者麦克劳林(Maclaurin)所说，"在他的青年时代，他的极好的发现所遭到的激烈的反对，使世界多年丧失它们的充分报道，直到在学者中出现了一个较大的接受它们的倾向，和由于在争论中某个出版物上的一种见解可能涉及他，而导致他起来保持他所作出的其他重要创造。"这时事实上他认真地打算一概放弃研究。"我打算，"他写信给奥尔登伯(Oldenburg)说，"不进一步挂心哲学问题；而因此我希望，如果你发现我不再十那类事的话，你不会为此生气。"

在这场讨论的过程中，牛顿乘机更充分地说明他关于光的本性的观点。胡克持着光是一种物质材料的学说来责难他。事实上牛顿这时非常不喜欢较为猜测性的那类假说，他的目的是创造一种直接基于观测而不含有就事物的隐藏的机制所做的一切想象的理论。"他常常，"麦克劳林说，"称他的哲学为实验哲学，顾名思义，它与那些仅仅是天才和虚构的产物的体系之间有根本差别。""假说，"牛顿自己说，"在实验哲学中是不考虑的。"因此，在对胡克的批评的答复中，他断言他关于颜色的观点与光学过程的终极性质的任何特殊构思没有任何联系。然而，为了把它们与胡克的假设联系起来，并确信颜色是光的固有特征，他推断它应该与微粒的某些确定性质或"以太"振动相联系。他注意到，对应于不同颜色的微粒理应像发出不同音高的发声物体那样，在"以太"中激起不同类型的振动：而"如果通过任何方法使那些不同大小的（"以太"振动）互相分离，那么最大的振动引起一种红色感觉，最小的或最短的引起一种深紫色感觉，而中间的振动引起居间的颜色感觉。"

这句话是单色光按本性实质上是周期性的这一原理的第一次阐明，而且周期的不同与颜色的不同相对应。它与声音的类似是显然的；"很大程度上像空气振动的方式，按照它们的不同大小，激起不同的声音感觉。"他说，而不妨顺便注意到，牛顿联系声音的解释而提出的在弹性媒质中周期振动的理论，理应使他有资格在那些在光的理论上发挥最大影响的人中占有一席之地，即使他没有对后一课题作出直接贡献。

甚至牛顿同代人中最卓越者，也极难接受他的光具有无数不同的、独立的、不能互相转变的颜色，并为某一确定的可折射性所表征的学说。它似乎被两种颜色的颜料相混合产生第三种颜色的颜料的实验所驳倒，又被属于颜色视觉的主观生理学理论的其他实验（这里颜色确实由原色所组成）所驳倒。甚至惠更斯在 1673 年说过"一个可以解释黄色和蓝色的假说，理应足以解释其余所有的颜色。"

普通的白光是不同可折射性的光线的一种杂色混合这一发现,导致牛顿更充分地理解到消除透镜色差的困难。由于认为所有透明物体具有相同的色散本领,他错过了消色差的发现;并且断言"改善给定长度的折射望远镜希望渺茫";这导致他转向以反射,而不是以折射作为光学仪器的基本指南。1668 年他发明了今以他的名字命名的反射式望远镜,内中有一块小平面镜与仪器轴倾斜成 45°,将大球面镜反射的光线在到达焦点之前的邻近处截住,从而把它们投射到镜筒的侧面,它们由此进入目镜:一件样品于 1671 年送交皇家学会。在说明书《关于一种新的反射折射望远镜的说明》中指出"物体被放大约 38 倍,"而"一架长约两英尺的普通望远镜只能放大 13 或 14 倍。"

1675 年年末,牛顿向皇家学会送交一篇论文,在这篇论文中稍微改变了通常反对假说的态度,他指出此时他感到十分倾向于假说。文中假设了"一种'以太'媒质,结构与空气颇为相同,但远为稀薄、细微得多,却具有更强的弹性。"这样的"以太"是"一种类似于空气的振动媒质,只是振动得远较迅速和细微":并且它"弥漫于所有自然物体的空隙",尽管在那些空隙中要比在自由"以太"空间中远为稀薄得多。从太阳和各行星进入到空虚的太空的过程中,它不断地变得越来越稠密,由此引起了引力,"每个物体都力图从该媒质的较致密部分走向较稀薄部分。"

然而,不能设想"以太"本身的振动可以构成光,因为直线传播性无法由此得到解释。"如果光是挤压或运动,那么不管传播是瞬时的还是历时的,它总会弯曲进入阴影。"因此光被看做是"从明亮的物体传播出去的属于某种不同种类的东西。"那么假定光线是"从发光物质向四面八方发射的小物体,"这些小物体"在它们碰撞到任何折射或者反射表的地方,一定是必然地在'以太'中激起振动,如同石子投入水中必然地在水中激起振动一样";光通过这些振动将热传送给物体。因此"以太"是光和有质物体之间的媒介物;例如,折射中一条光线遇到一层"以太",

密于或稀于该光线前此通过的"以太"，于是因为一种物质性介质与另一种之间"以太"密度的差别而一般地使光线偏离其直线路径。显然在这一假说中"以太"密度所起的作用在很大程度上同于介电常数（dielectric constant）在光的电磁理论中起的作用；而且牛顿关于引力的意见类似于维谢尔特（Wiechert）及其同事们的现代假说，即引力势是一种可以称为"以太"的电容率（specific inductive capacity）和磁导率（permeability）的东西的表达式，这些量因引力物体的存在而受影响；物质（假定其本性是带电的）被吸引到介电常数较大的地方。

此外还假定因实质物体引起的"以太"的凝聚或疏散从该物体的表面扩展到一小段距离，使得由此引起的拐折事实上是连续的，而不是突变的：这进一步解释了衍射，牛顿认为它"仅仅是一种新的折射，或许是因为在光到达不透明物体附近时外界的'以太'开始变得比它在自由空间中稀疏些而造成的。"

"以太"在关于光和引力上所引起的双重作用，在牛顿的思想中引起了对这两门学科的一种肯定关联：尔后的 10 年中当他发现引力可以完整地用这样的定律来描述，即宇宙中每个物质粒子以一个与彼此间距离平方成反比而变化的力吸引每一其他粒子，——定律中没有提及"以太"——此时他开始把"以太"假说看作是某种不必要的东西，并希望也从光学中摈弃它。这时反对"以太"的最有力的论据是"以太"几乎不能与他的新的天体力学协调起来。"对于流体媒质充满太空的大障碍，来自行星和彗星的有规则而很持久的运动，除非这些媒质是极度稀薄的。因为由此表明，太空没有一切可察觉的阻抗，从而也就没有一切可察觉的物质。"这样虽然牛顿仍然像人们认为的那样保持着他不依赖于所有假说并对它们不感兴趣的正式态度，但是可以公正地说，在他的人生后期，他更明确地倾向于一种纯微粒理论。他以明显赞赏的口吻引述"最古老、最著名的希腊和腓尼基哲学家，他们构思出了真空、原子及原子的重力，这是他们哲学的最早的原理"：从而将自己列为留基伯（Leucippus）和德谟克利特的后继者。"看来对我是可能的,"他在最后的疑问中写道,"上帝在开始创世时将物质造成实心、结实、坚硬、不可入、可运动的粒子。"甚至连光线"看来也是坚硬的物体",它们在反射与衍射现象中受到一般实质物体的排斥,实质物体的小粒子具有一定的"本领、效能,或者力量,它们借此在一段距上不仅作用于光线上,而且彼此也互相作用,从而产生出一大部分的自然现象。"

牛顿比他意识到的更多地卷入微粒理论,这一点从他在《光学》第一编命题 6 给出的折射定律的证明中明显可见。他告诉我们证明是"普遍的,并不限定是什么光,或被何种力所折射,或假定比折射物体沿垂直于其表面的直线作用于光线更多的东西";尽管如此,在考察他的证明时,我们发现它包含着这样的命题(后来在第二编命题 10 中重复过),即光的速度在透明媒质中比在真空中更大:这是微粒理论的一个显著的标志。

在他的后期,对微粒理论的这种倾向性也表现在他对该学科的两大问题的处理上:薄膜的颜色和双折射。

关于薄膜的颜色,通过发展胡克原始的干涉概念可以(后来已构思)出一个基于波动原理的满意的解释:然而牛顿采取一条迥然不同的途径,并创造了易于反射和透射的突发理论,这可在《光学》第二编命题 12 中找到。他假定"每条光线在通过任何折射表面的途径上进入到某个瞬变组态或状态,在光线行进中这些状态以相等的间隔复原,并且每次复原都使光线倾向于容易地透射过下一个折射表面,在两次复原之间则容易被表面反射。"两个依次相连的、易于透射的倾向之间的间隔,即"突发间隔",他设想依赖于颜色,红光最大而紫光最小。于是如果一条单色光线落在一片薄膜上,就它在这两个表面上的透射与反射而言,其命运取决于突发长度对薄膜厚度的依赖关系:以此为基础,他建立了一个关于薄膜颜色的理论。很明显牛顿的"突发间隔"在一定程度上对应于波动理论中被称为光的波长的量:但是诚如牛顿所说"这是何种作用或属性,究竟它在于光线或媒质,还是别的某些东西的一种圆周运动或是振动,我不在此查究",

基于波动原理对突发的一种有点含糊的解释在疑问 17 中提出，而后又在疑问 28 和 29 中作了进一步的阐发。

关于双折射，它是在 1669 年由丹麦哲学家伊拉兹马斯·巴托林（Erasmus Bartholin）发现的，并由惠更斯于 1690 年在他的《光论》（*Théorie de la lumière*）中进行了讨论。牛顿在他 1717 年出版的《光学》第二版中收入这一问题，并证明惠更斯的观察造成有必要假定，由双折射获得的一条光线不同于一条寻常光的光线，这就相当于截面为矩形的一条长棒不同于截面为圆的一条长棒；换言之，一条寻常光的光线的性质在与传播方向成直角的所有方向上都是相同的，然而通过双折射获得的一条光线具有与自身方向成直角的特殊方向有关的性质。"每一条光线，"牛顿说，"因此有两个相对的侧面，原先赋有一种反常折射所依赖的性质，而另外两个相对的侧面并不赋有该性质。"这样一条光线在晶体表面的折射取决于其侧面与晶体主平面的关系。

这一卓越的直觉是光的偏振的发现——偏振系牛顿在疑问 29 中参照磁体两极而取名。不幸的是，通过一系列对于牛顿时代的知识来说是颇为完善的推理，这一伟大的进展却导致他更为决意拒绝波动理论：一条光线竟然具有的这种性质，在他看来对于光是由类似于声波的波组成的假说的一种不可逾越的障碍。"因为压力或者运动，"他说，"从一个发光物体通过一种均匀媒质传播出来，必定在所有侧面都是相同的；然而通过那些实验显示出，光线在它们的不同侧面有不同的性质。……至少对我来说，如果光只不过是通过'以太'而传播的挤压或者运动，那么这似乎是费解的。"

按这种态度，他接近《光论》给出的双折射理论。惠更斯在其书中利用现在以他的名字命名的原理，对正常和反常光线给出了完美的解；此原理即反映任何瞬间的扰动的波前是在任何居先瞬间的波前的各个面元上产生的子波的包络。但是牛顿无心鉴赏任何构想在"以太"中的波的事情，而在疑问 25 中他给出了反常光线折射的一条准则,实际上它是不正确的。

余下要说的是关于我们面前这一专著的话。这并非牛顿的初次尝试,因为在 1692 年 2 月的一天,牛顿在去小教堂之前在屋子里留下了燃着的火种。"不知怎么搞的,火烧毁了他的文稿,其中有一部关于光学的巨著,其内容包括作者 20 年的实验和研究成果。"其后继者,即现在这部著作的第一版,直到 1704 年才出版。我们可以认为这与 1703 年胡克的去世有关。因为我们知道牛顿不愿意发生论争,而胡克的去世为牛顿去掉了一个最执拗的对手。本书其他附加了"疑问"部分的版本分别出版于 1717、1721 和 1730 年。1730 年的版本是"由作者亲手修订并在他逝世前留给他的书商的"。这次重印采用的就是这个版本。①

---

① 这次重印是指《光学》1931 年重印本。惠塔克(Edmund Taylor Whittaker, 1873—1956),英国著名数学家。

爱因斯坦序

· *Foreword by Albert Einstein* ·

　　对于牛顿来说，自然界是一本打开的书，他能不费力地阅读它的文字。他用以将经验的素材整理得井然有序的概念，仿佛是自发地从经验本身，从那些绝妙的实验中涌流出来的。他像安排玩具那样安排这些实验，如今又以富有感情的笔触来详尽地描述它们。

幸运的牛顿，幸福的科学童年！谁要是有时间和宁静，谁就能通过阅读这本书，再现伟大的牛顿在他青年时代所经历过的那些奇妙事件。对于牛顿来说，自然界是一本打开的书，他能不费力地阅读它的文字。他用以将经验的素材整理得井然有序的概念，仿佛是自发地从经验本身，从那些绝妙的实验中涌流出来的。他像安排玩具那样安排这些实验，如今又以富有感情的笔触来详尽地描述它们。在阐述中，他把实验家、理论家、技工以及艺术家（并不是不重要的）集于一身。他站在我们面前是那么坚强、自信而又超群：他的每句话和每幅图都显出他在创造中的乐趣和精微的准确性。

反射，折射，透镜成像，眼睛的作用模式，不同种光的光谱分解和再复合，反射望远镜的发明，颜色理论的最初的基础，虹霓的基本理论，从我们身旁列队而过；而最后来的是他对薄膜颜色的观察资料，它是下一个伟大理论进展的起源，尽管这一进展还不得不等到 100 多年后由托马斯·杨（Thomas Young）来实现。

牛顿的时代早已过去而被人遗忘了，他那一代人疑虑重重的努力连同他们的遭遇都已经从我们的认识范围中消失了，然而一些伟大的思想家和艺术家的作品得以保留下来。这些作品给我们和我们的后人带来了快乐，并使我们也因此而高尚起来。牛顿的各种发现都已进入举世公认的知识宝库：他的光学著作的这一新版仍然受到人们带着由衷的感激之情的欢迎，因为单是这本书就能使我们一睹这位伟人的个人活动而获得乐趣。

A. 爱因斯坦

◀A. 爱因斯坦（**Albert Einstein，1879—1955**）　此序是爱因斯坦为《光学》1931 年重印本所作。

声　明

　　部分随后的关于光学的论文，是1675年应皇家学会一些先生们的要求而写的。然后送交其秘书，并在其会议上宣读过，而其余的是为了完成这一理论而在约12年后增补的；除了第三编以及第二编最后的命题之外，都是以前从散篇的论文中收集起来的。

声　明　I

　　部分随后的关于光学的论文，是 1675 年应皇家学会一些先生们的要求而写的。然后送交其秘书，并在其会议上宣读过，而其余的是为了完成这一理论而在约 12 年后增补的；除了第三编以及第二编最后的命题之外，都是以前从散篇的论文中收集起来的。为了避免卷入关于这些问题的争论，我推迟出版至今，并且要是没有朋友们的再三要求说服了我，我一定还会继续推迟下去。如果还有这一学科的任何其他论文出自我手的话，那么它们是不完善的，而且也许是在我做了这里记下的一切实验，并对关于颜色的折射和组成的定律自己感到充分满意以前写的。我在这里发表了我认为是适于出口的内容，没有我的允诺希望

◀漫画"苹果砸在牛顿的头上"

不要翻译成其他语言。

　　我已尽力说明有时出现在太阳和月亮周围的色晕；但是因为缺乏足够的观察，该问题需留待进一步考察。第三编的课题同样留下一些不完善，既没有做完当时我环绕这些问题想做的全部实验，又没有重做那些我已做过的实验中的某一些，直到我自己对它们的全部细节感到满意为止。传播我已做过的实验，将其余的留给他人进一步探究，是出版这些论文的全部目的。

　　在一封 1679 年写给莱布尼茨先生的、并由沃利斯博士（Dr. Wallis）发表的信中，我曾提到一种方法，利用它我发现了一些关于二次曲线图形的，或者将它们与圆锥曲线或其他可能借以比较的最简单的曲线图形相比较的普遍定理。而一些年前，我借出一份包含这些定理的手稿，以前曾经在转抄中遇到一些问题，我趁此机会加以发表，给它在前面加了一个"导言"并增补了一个关于该方法的"注释"。我还编入了另一关于第二类圆锥曲线图形的短文，它也写于许多年前，并告诉过一些朋友，他们曾要求将它发表。

牛　　顿

1704.4.1

声 明 Ⅱ

在这《光学》第二版中,我删去了上一版末尾的数学短文,因为它不属于本书的主题。在第三编末尾,我增补了若干疑问。并且为表明我没有把引力看作物体的基本属性,我已加上了关于它的原因的一个疑问;我所以选定以一个疑问的方式提出它,是因为我由于缺乏实验而对它还不满意。

牛 顿
1717.7.16

第四版声明

　　艾萨克·牛顿爵士的《光学》的这一新版是用第三版精心印刷的，因为它已由作者亲手修订过，并在他逝世前留给他的书商。自从牛顿爵士的《光学讲义》——它由牛顿于 1669、1670 和 1671 年在剑桥大学公开宣读过——最近出版以来，被认为专门在页底用作不同的引证①，从那里可以发现作者在这本《光学》中略去的一些论证。

---

　　① 这部分引证中译本已略去。——译者注。

第一编

· Book One ·

定义—公理—命题

我将其光线的可折射性全都一样的光称为简单的、单色的和相似的光;而将其某些光线比其他的更可折射的光称为复合的、杂色的和非相似的光。

MICROGRAPHIA:

OR SOME

Physiological Descriptions

OF

MINUTE BODIES

MADE BY

MAGNIFYING GLASSES.

WITH

OBSERVATIONS and INQUIRIES thereupon.

By *R. HOOKE*, Fellow of the ROYAL SOCIETY.

Non possis oculo quantum contendere Linceus,
Non tamen idcirco contemnas Lippus inungi. Horat. Ep. lib. 1.

NVLLIVS IN VERBA

LONDON, Printed by *Jo. Martyn*, and *Ja. Allestry*, Printers to the ROYAL SOCIETY, and are to be sold at their Shop at the *Bell* in *S. Paul's* Church-yard. MDCLXV.

第一部分

在这一编中,我的计划不是用假设来解释光的性质,而是用推理和实验来提出和证明它们。为此,我将先讲下列定义和公理。

◀《显微术》封面　胡克著,1665 年出版。

定义 1-8

定 义 1

我用光线来解释光的最小的诸部分,以及它们既在同一直线上是相继的,又在不同的直线上是同时的。

这是由于光显然由相继的和同时的诸部分组成;因为在同一地点,你可以将来光挡住片刻,而在不久之后再让来光通过;并且在同一时间,你可以在任何一个地方挡住它,而在任何一个其他地方让它通过。因为被挡住的该部分光不可能和让通过的光等同。我将最少的光或光的部分称为一条光线,它可以不和其余的光一起单独地被挡住或单独地传播;或者可以单独地发生或碰上任何事件,而其余的光不发生或不碰上这些事件。

定 义 2

光线的可折射性是它们从一种透明体或媒质进入另一种时被折射即被弯转而偏离原路的属性。而光线的较大或较小的可折射性是它们对同一媒质作同样的入射时被弯转而偏离原路的较大或较小的属性。

数学家们通常将光线看成从发光体到达被照明物体的直线,而将那些光线的折射看做那些直线在从一种媒质进入另一种时的弯曲或分裂。而如果光是即时传播的,那么光线和折射就可以这样看待。但是根据木星的卫星之蚀的时间方程得到的论据,光传播看来需要时间,它从太阳到达地球的路程要花大约7分钟。因此,我选择诸如两种情况的光都适用的此类普遍术语来定义光线和折射。

定 义 3

光线的可反射性是它们从它们所投落的任何一种其他媒质表面上被反射即被转回原来媒质的属性。而光线的较大或较小的可反射性是指它较易或较难被转回。

看来光从玻璃进入空气，并随着它相对于玻璃和空气的共同界面越来越倾斜，最后开始被该表面所全反射；那些在入射同时反射最多的光线，或随着倾斜而最先开始被全反射的光线，是最可反射的。

定 义 4

入射角是入射光线描出的直线与过入射点的反射或折射表面的垂线之间的夹角。

定 义 5

反射角或折射角是反射或折射光线描出的直线与过入射点的反射或折射表面的垂线之间的夹角。

定 义 6

入射、反射和折射的正弦是入射角、反射角和折射角的正弦。

定 义 7

我将其光线的可折射性全都一样的光称为简单的、单色的和相似的光;而将其某些光线比其他的更可折射的光称为复合的、杂色的和非相似的光。

我所以将前者称为单色的[①],不是因为我确认它的一切方面都是这样,而是因为它的光线在可折射性上是一致的,至少我在后文所讨论的它们的所有那些其他性质上是一致的。

定 义 8

我将单色光的颜色称为原色的、单色的和简单的;而将杂色光的颜色称为杂色的和复合的。

因为这些杂色光总是由单色光的各色复合而成的;正如后文要讲到的那样。

---

① "单色的"原文为 homogeneal,本义为"均一"。——译者注。

公理 1－8

公 理 1

反射角、折射角与入射角处于同一平面内。

公 理 2

反射角等于入射角。

公 理 3

如果折射光线直接返回入射点，那么它将被折射进入以前被入射光线描出的直线。

公 理 4

从光疏媒质到光密媒质的折射偏向垂直线进行；也就是说，结果是折射角小于入射角。

公 理 5

入射正弦不是精确地就是非常近似地与折射正弦成一给定的比率。

于是如果已知入射光线在任一倾角下的比率，那么就知道了所有倾角下的比率，从而在所有情况下入射到同一折射物体上的折射就可以确定。这样，如果作从空气到水的折射，红光的入射正弦与其折射正弦之比等于 4∶3。如果是从空气到玻璃，那么两正弦之比等于 17∶11。其他颜色的光其正弦有其他的比率：但差别是如此之小，以致不常需要考虑。

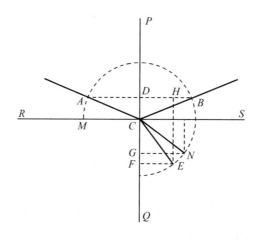

图　1-1

因此，如图 1-1，假定 RS 表示静止的水面，而 C 是入射点，空气中任意一条射来的光线从 A 沿直线 AC 入射，并在 C 点反射或折射；而我要知道这条光线反射或折射后的去向：于是从入射点 C 作水面上的垂线 CP，并向下延长到 Q；再根据公理 1 推断，反射或折射后的光线将在包含入射角 ACP 所含的平面内某处找到。因此，我垂直地向垂线 CP 作入射角正弦 AD①；而如果要求作出反射光线，那么我就将 AD 延长到 B 以使 DB 等于 AD，并画出 CB。因为 CB 应该是反射线；根据公理 2，反射角 BCP 及其正弦 BD 应该等于入射角及其正弦；但是如果要求作

---

①　当 AC 为单位圆的半径时，角 ACD 的正弦在数值上等于 AD。下同。——译者注

出折射光线,那么我就延长 AD 到 H,以使 DH 与 AD 之比等于折射角正弦与入射角正弦之比,即(设为红光)等于3:4;我再以 C 为中心、CA 为半径在 ACP 平面内作一圆 ABE,画垂直线 CPQ 的平行线 HE,它与圆周交于 E,并连接 CE;直线 CE 应该是折射光线的直线。因为如果 EF 垂直于直线 PQ,那么这一直线 EF 它就应当是光线 CE 的折射正弦,折射角是 ECQ;而这一正弦 EF 等于 DH,从而它与入射正弦之比为3:4。

如果有一个玻璃棱镜(即一块以两个相等的互相平行的三角形端面以及三个平整的并抛光很好的侧面为界的玻璃,它的三个侧面相交成从一端的三个角通到另一端的三个角的三条平行线),以求光横穿棱镜的折射;那就可以用同样方法处理:如图 1-2,令 ACB 表示垂直于棱镜的三条平行棱线横截此棱镜的

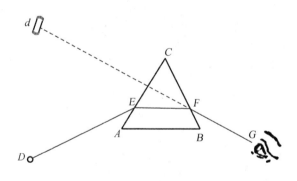

图　1-2

平面,光沿该平面通过;并令 DE 表示入射到棱镜第一侧面 AC 的光线,光从这里进入玻璃;又设入射正弦与折射正弦的比率等于17:11,以求出第一次折射光线 EF。然后,把这条光线当作对棱镜第二侧面 BC 上的入射光线,光从 BC 穿出玻璃;设入射正弦与折射正弦之比等于11:17,以求出下一次折射光线 FG。因为如果从空气到玻璃的入射正弦与折射正弦之比等于17:11,那么根据公理3,从玻璃到空气的入射正弦与折射正弦之比必定反过来等于 11:17。

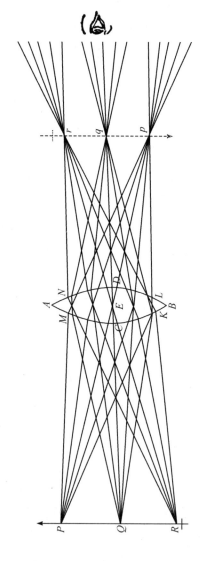

图 1-3

　　如果 ACBD（图 1-3）表示一双凸球面玻璃（通常被称为透镜，诸如取火镜，或眼镜，或望远镜的物镜），并要求知道从任一亮点（lucid point）Q 的落到它上面的光应当怎样折射，那就可以几乎一样地处理：令 QM 表示落到它的第一个球面 ACB 上任

一点 M 的一条光线,作过 M 点的玻璃的垂线,根据入射和折射两正弦的比率等于 17：11 求出第一次折射光线 MN。令射出玻璃的该光线在 N 点上入射,再根据两正弦之比等于 11：17 求出第二次折射光线 Nq。而当透镜是一侧为凸而另一侧为平或凹,或者是双凹时,按同样的方法可以求出折射线。

公　理　6

　　来自任一物体上各点的诸单色光线,垂直地或近乎垂直地落到任何反射或折射的平面或球面上,后来应该或精确地或没有任何明显误差地,从同样多的其他点发散,或平行于同样多的其他直线,或会聚于同样多的其他点。而如果光线相继地被两个、三个或更多的平面或球面所反射或折射,那将发生同样的情况。

光线从它发散或会聚于它的点可以称为焦点。而入射光线的焦点是给定的,反射或折射光线的焦点如上所述可以通过求任何两条射线的折射线而得到;或更容易这样求得:

　　情形 1　令 ACB(图 1-4)是一反射或折射平面,而 Q 是入射光线的焦点,而 QqC 是该平面的垂直线。而如果将此垂线延长到 q',以使 $q'C$ 等于 QC,点 q' 应该是反射光线的焦点;或者如果取 qC 与 QC 在平面的同一侧,而且与 QC 的比率

图　1-4

等于入射正弦与折射正弦之比,那么点 q' 应该是折射光线的焦点[1]。

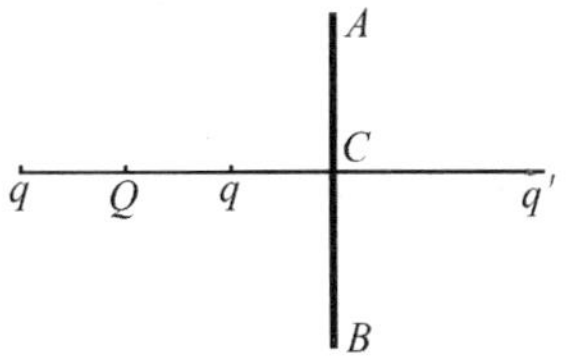

---

　　[1]　文中及图 4 中 q 的上角撇系译者所加。——译者注。

情形 2 令 ACB（图 1-5）是中心在 E 点的任何反射球面。等分其任一半径（设为 EC）于 T 点，而且如果在 T 点的同一侧的该半径上，你取点 Q 和 q，以使 TQ，TE 和 Tq 成连比，而点 Q 是入射光线的焦点，那么点 q 应该是反射光线的焦点。

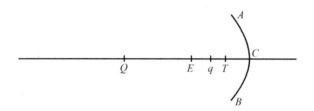

图 1-5

情形 3 令 ACB（图 1-6）是中心在 E 点的任一折射球面，在其任一半径 EC 的两个方向延长，取彼此相等的 ET 和 Ct，并使它们各与半径的比值都等于入射和折射正弦中较小者与这两正弦差之比。然后，如果你在同一直线上求出两点 Q 及 q，以使取 tq 从 t 到 q 的方向与 TQ 从 T 到 Q 的方向相反，以使 TQ 比 ET 等于 Et 比 tq；又点 Q 是入射光线的焦点，那么点 q 应当是折射光线的焦点。

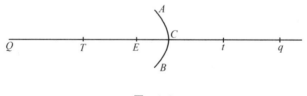

图 1-6

用同样的方法，可以求出光线经过两次或多次反射或折射后的焦点。

情形 4 令 $ACBD$（图 1-7）为任一折射透镜，它可以是凸或凹的球面，也可以是一侧是球面另一侧是平面；又令 CD 是

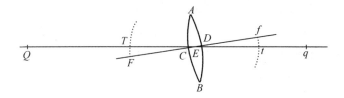

图　1-7

它的轴（即垂直地交于透镜两表面并穿过两球心的直线），并当透镜两侧的入射光线平行于同一轴时，令在此轴的延长线上的 F 和 f 为如上述所求出的折射光线的两焦点；以 Ff 为直径、E 为中心画一圆。现在假定任一点 Q 是任何入射光线的焦点。画 QE 交上述圆周于 T 和 t，并在此取 tq 与 tE 的比等于 tE 或 TE 与 TQ 的比。令 tq 从 t 到 q 的方向与 TQ 从 T 到 Q 的方向相反，假使 Q 点离轴既不那么远，透镜又不那么宽以致使到达折射面的光线太倾斜，那么 q 应当是折射光线的焦点而没有明显的误差。

而当这两个焦点给定时，用类似的操作可以求出反射或折射面，并由此作出透镜，它将使光线趋向或来自你所要求的什么地方。

因此该公理的意思是，如果光线落到任何平面、球面或透镜上，并且在它们入射之前它们来自或趋向于任意点 Q，那么就可以用上述法则求得它们在经过反射或折射后将来自或趋向的点 q。而如果入射光线是来自或趋向不同的 Q 点，那么就可以用同样法则求得反射或折射光线应该来自或趋向于同样多的其他点 q。反射和折射光线是来自还是趋向于点 q，都容易由该点的位置得知。因为如果该点是与 Q 处在折射面或反射面或透镜的同一侧，并且入射光线来自点 Q，那么反射光线趋于 q 而折射光线来自 q；又如果入射光线趋于 Q，那么反射光线来自 q，而折射光线趋于 q。当 q 处在表面另一侧时，发生的情况正相反。

公 理 7

来自任何物体上所有点的光线，经过反射或折射会聚后不论在哪里再次相遇于同样多的点，它们都将在那里落到任何白色物体上形成物体的图像。

因此，如果 PR（图 1-3，10 页）表示一室外的物体，而 BC 是放在暗室的护窗板的开孔处的透镜，从而来自该物体上任一点 Q 的光线被会聚并重新相遇于 q 点；又如果将一张白纸放在 q 点处以接收在那里落到它上面的光，那么物体 PR 的图像将按它原来的形状和颜色出现在此纸上。因为如同来自 Q 点的光会射到点 q 一样，来自物体上其他点 P 和 R 的光也将射到同样多的其他相应的点 p 和 r（如公理 6 所表明的），使物体上的每一点应当照亮图像上的对应点，并从而形成颜色和形状与此物体相同的图像，只是图像应当是倒置的。而这是那种流行的实验的道理，该实验将各种物体从外面投射到暗室中的墙上或白纸上。

类似地，当一个人注视任何物体 PQR（图 1-8）时，来自物体上各点的光被眼睛的透明表皮和体液（也就是说被称为角膜的外表皮 EFG 和除瞳孔 mk 以外的晶状体液 AB）这样折射，以便使之会聚并再次相遇于眼底同样多的点上，而且在覆盖着眼底的皮（称为网膜）上描出物体的图像。对解剖学家来说，当他们从眼底取下称为硬膜的外层最厚的皮时，就能透过较薄的皮看清生动地描绘出来的物体图像。而这些图像通过沿着视神经纤维的运动传送到大脑，便是视觉的原因。于是随着这些图像的完善与否，人们就完善地或不完善地看到物体。如果眼睛被染上任一颜色（像患黄疸病那样），致使眼底的图像也被染上那种颜色，那么所有的物体显得染上同样的颜色。如果眼睛的体液由于年老而衰退，以致通过萎缩使角膜和晶状体液的表皮变得比以前平缓，那么光线将折射不够，并且由于缺少足够的折射，光线将不会聚于眼底而会聚于眼底之后的某个地方，从而在眼底描出一个模糊的图像，并且因为这一图像的不清晰性而

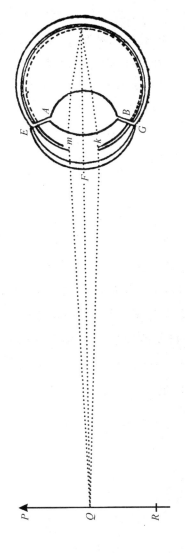

图　1-8

使物体显得模糊。这是老年人视力衰退的原因,它表明为什么他们的视力要用眼镜来矫正。由于那些凸透镜弥补眼球鼓凸的不足,因此如果此透镜具有适当的凸度,那么就将通过增大折射而使光线较快会聚,以便清楚地聚集在眼底。近视眼的情况相反,他们的眼球太鼓凸。因为折射太大,所以光线在到达眼底以前就已会聚和聚集起来;从而使在眼底形成的图像和造成的视觉就不清楚,除非物体非常靠近眼睛,使会聚光线的聚集处能被移到眼底,或者用凹度合适的凹透镜来抵消眼球的鼓凸和减小光线的折射,或者最后由于年龄增大使眼球变得较平缓直到图像清晰:由于近视眼的人到年老看远物最好,因而他们被认为有最持久的视力。

公 理 8

通过反射或折射看到的物体,出现在光线经最后的反射或折射后从所发散出来的地方落到观察者的眼睛上。

如果通过日用镜子 mn 的反射来看物体 A(图 1-9),那么它将不出现在原来的地方 A,而是在镜子背后的 a 处,来自物体上同一点的任何光线 AB,AC,AD,在 B、C、D 各点反射后从镜子发散到达 E、F、G,它们在该处进入观察者的眼睛。于是这些光线在眼底形成同一图像,好像光线真的来自位于 a 处的物体,而没有镜子插入一样;而且整个视觉都按那图像的位置和形状形成。

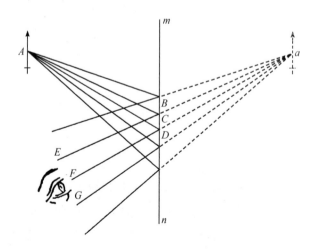

图 1-9

同样地,透过一棱镜看到的物体 D(图 1-2,9 页),不是出现在它原来的地方 D,而是从那里转移到另一处 d,位于最后的折射线 FG 上从 F 向后延长到 d 的地方。

这样,通过透镜看到的物体 Q(图 1-10)出现在 q 处,从透镜到眼睛的光线从那里发散。应当注意的是,物体在 q 处的像到透镜 AB 的距离大于或小于在 Q 的物体到同一透镜的距离多少,物体在 q 的像也大于或小于在 Q 的物体本身多少。而如果通过两个或多个凸或凹的透镜看物体的像,每一个透镜将形成一个新的像,并且物体将出现在最后的像的范围中的地方。这一讨论展示出显微镜和望远镜的理论。因为这一理论几乎只是描述这样一些透镜,这些透镜尽可能方便地形成任何物体的清楚的、大的和明亮的最后的像。

图 1-10

我已经用公理及其解释给出了迄今为止在光学中论述过的一切。对于那些普遍一致的东西来说,为了进一步撰写,用原理的概念作出假定我就满意了。作为对智力敏捷、理解力好但对光学还不熟悉的读者的一种介绍,这可能是足够的;尽管那些已经熟悉这门科学并已懂得透镜的人将较容易领会下述内容。

命题 1—8

命题 1,定理 1

颜色不同的光,在可折射程度上也不同。

实验证明

实验 1 我拿来一长方形的对边平行的黑色硬纸,从一长边画一条垂直线横穿至另一长边,将硬纸分成相等的两部分。我将其中一部分涂成红色,另一部分涂成蓝色。此纸很黑,颜色涂得浓而厚,使现象更显著。我透过一实心玻璃棱镜观察这张纸,光透过棱镜的两个侧面到达眼睛,这两个侧面是平面并被很好地抛光,而且它们形成一个大约 60 度的角;这个角我称为棱镜的折射角。而当我观察它时,我将纸和棱镜以这样的方式放置在窗户前:纸的两长边平行于棱镜,纸的两长边和棱镜都平行于水平面,纸上横线也与水平面平行;而且从窗户射到纸上的光与纸面所成的角等于纸面反射到眼睛的光与纸面所成的角。棱镜外遮挡着黑布的窗户下边是室墙,此布染成黑色以致不会有光从它上面反射出来,这种光绕过纸边到眼睛时,会和纸面来的光相混而使现象模糊。这些事如此安排后,我发现,如果棱镜的折射角转而朝上,致使此纸由于折射看起来像是被抬高了,那么蓝色的半边比红色的半边因折射而抬得更高。但是如果棱镜的折射角转而朝下,致使此纸因折射而看起来像是降低了,那么它的蓝色部分比红色部分降得更低。因此,在这两种情况下,来自纸上蓝色部分、经过棱镜到达眼睛的光,在相同条件下比来自红色部分的光受到更大的折射,结论是蓝光更可折射。

说明 图1-11中，MN 表示窗户，而 DE 表示两平行长边为 DI 和 HE 的纸，它被横线 FG 分成两半，DG 这一半是深蓝色的，另一半 FE 是深红色的。$BACcab$ 表示棱镜，它的两个折射平面 $ABba$ 和 $ACca$ 相交于折射角的棱线 Aa。朝上的这条棱 Aa 既与水平面、又与纸的两平行边 DI 和 HE 平行，而横线 FG 垂直于窗户平面。而 de 表示由于以这样的方式朝上折射看到的纸上的像：其蓝色一半 DG 的像 dg 高于红色一半 FE 的像 fe，因此蓝色受到的折射较大。如果折射角的棱转而朝下，那么纸上的像也将移向下方，假定移到 $\delta\varepsilon$，而且蓝色一半的像 $\delta\gamma$ 低于红色一半的像 $\varphi\varepsilon$。

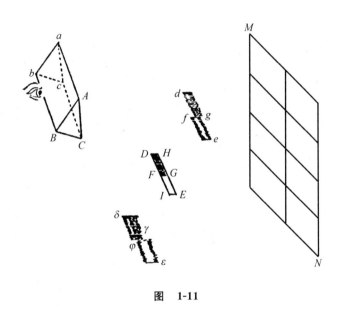

图 1-11

实验 2 环绕上述两半分别涂成蓝色和红色的像薄纸板一样硬的纸，我用很黑的丝打成的细线按下面的方式缠了数次：此丝线的各个部分会显得像是在原有的纸的颜色之上绘制这么多条黑线，或者像是在其上投下若干细长黑影。我本来可以用笔画上黑线，但是丝线描得更细更好。将此纸这样涂色和描线后,我将它垂直于水平面置于墙上,使一种颜色在右边,另一种在左边。紧靠着此纸前面,在颜色的边界之下,我放一支蜡烛以强烈地照亮此纸:因为实验是在夜间做的。然后在距离此纸 6、1 或 6、2 英寸处的地板上,我竖直放置一个 $4\frac{1}{4}$ 英寸宽的透镜,透镜可以收集来自此纸上各点的光线,并使这些光线向透镜另一侧同样 6、1 或 6、2 英尺的距离处的同样多的其他点会聚,从而在放置该处的白纸上形成此色纸的像,遵循的方式与窗口小孔处的透镜将室外物体的像投射到暗室内的白纸上一样。将上述白纸垂直于水平面以及从透镜来落在它上面的光线树立起来以后,我将此白纸趋向或背离透镜移动,以寻找此色纸的蓝色和红色部分的像显得最清楚的地方。这些地方我根据在纸上绕丝线形成的黑线的像容易知道。因为除非纸上终止于每条直线两侧之上的颜色的界限最清楚,否则这些纤细的直线(由于它们的黑度而使它们好像是颜色上的阴影)的像将是混乱的和难得看见的;因此,我尽可能努力地注意着,色纸红色和蓝色一半的像最清楚的地方,我发现,纸上红色一半看起来最清楚的地方,蓝色一半看起来就混乱,以致画在它上面的黑线难能看到;相反,在蓝色一半看起来最清楚的地方,红色一半看起来就混乱,以致它上面的黑线难以看到。而在这些像看起来清楚这两个地方之间相距 1 英寸半;当红色一半的像看起来最清楚时从透镜到白纸的距离,比蓝色一半的像最清楚时从透镜到白纸的距离大 1 英寸半。因此,对透镜入射相同的蓝光和红光,蓝光比红光折射大,从而会聚处近了 1 英寸半,因而蓝光更可折射。

说明 图1-12 中,DE 表示色纸,DG 是蓝色的一半,FE 是红色的一半,MN 是透镜,HI 是在红色一半连同它上面的黑线显得清楚的地方的白纸,而 hi 是在蓝色一半显得清楚的地方的同一白纸。地方 hi 离透镜 MN 比 HI 近了 1 英寸半。

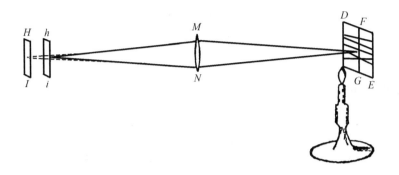

图 1-12

注释 在一些环境有所变化的情况下,实验取得了同样的结果;正如在第一个实验中,当棱镜和纸对水平面不论怎样倾斜时,以及在两个实验中当色线画在很黑的纸上时。但是在这些实验的描述中,我记下了这些境况,借助于这些境况,或者现象可能会显得更显著,或者初学者可能更容易试验它们;或者借助于这些境况我确实只是试验它们。我往往在下列实验中做同样的事情:与所有这一切相关,这一告诫可能已足够了。现在从这些实验,并不导致全部蓝光比全部红光更可折射:因为二者都是由可折射性不同的光线混合而成,所以红光中有一些光线的可折射性不小于蓝光,而在蓝光中有一些光线不比红光的更可折射;但是这些光线,它在整个光中的比例只是很少的,只对缩小实验事件有用,却不能毁坏它。因为,如果红光和蓝光较淡较弱,那么像的距离将小于 1 英寸半;而如果它们较浓较全,那么距离就较大,如同下面要出现的那样。对于自然物体的颜色来说,这些实验可能已足够。对于在由棱镜折射而成的颜色中,这一命题将在下一命题接着要做的实验中出现。

命题 2, 定理 2

太阳光由可折射性不同的光线所组成。

实验证明

实验 3 在一个很暗的室中, 护窗板上开一大约 $\frac{1}{3}$ 英寸宽的圆孔, 在圆孔处我放一玻璃棱镜, 从洞口射入的太阳光束, 可以由此向下折射到室内对面的墙上, 并在那里形成太阳的彩色像。在这一实验和下述实验中, 棱镜的轴 (也就是过棱镜中心的从一端到另一端并与折射角棱边平行的直线) 与入射光线垂直。我使棱镜绕此轴慢慢转动, 而看到墙上的折射光或太阳的彩色像首先下降, 然后上升。在下降和上升之间, 当像看起来不动时, 我停止转动棱镜, 并将它固定在这一姿态上, 使它不再转动。因为在这一姿态时, 光在折射角两侧——也就是在光进入和射出棱镜处——的折射彼此相等。在其他实验中也一样, 每当我使光在棱镜两侧的折射彼此相等时, 我就记下这一位置。在这一位置上, 由折射所形成的太阳的像在它的前进和后退的共同周期中、在它的两种相反运动之间停住不动; 而当像落到这一地方时, 我就使棱镜固定。而最方便的是认为下述实验中的所有棱镜都处于这一姿态, 除非那里描述了某些其他姿态。因此, 当棱镜处于这一姿态时, 我使折射光垂直落到对面墙上的一张白纸上, 并观察光在纸上形成的太阳像的图形和尺寸。这一像是长方形的而不是椭圆形的, 只是由两条平行直线边以及两个半圆形端围成的。它的两边线上, 它的界限非常清楚, 但是在它的两端非常混乱和不清楚, 这里光逐渐衰减并消失。这一像的宽度对应于太阳的直径①,包括半影在内约为 $2\frac{1}{8}$ 英寸。因为此像离棱镜 $18\frac{1}{2}$ 英尺远,并在这距离上像的宽度如果随着护窗板孔的直径缩小(这里是 10 英寸),那么它对棱镜的张角约半度,这一宽度就是太阳的视直径。而像的长度约 $10\frac{1}{4}$ 英寸,它的直边长度约 8 英寸;棱镜的折射角约 64 度,像的这样大的长度是由它造成。棱镜的折射角较小则像的长度也较小,它的宽度保持不变。如果棱镜按这样的方向绕它的轴转动,使光线从棱镜第二个折射表面出射时显得更倾斜,那么像便很快变长 1、2 英寸或更多;而如果棱镜朝相反方向转动,使落到棱镜第一个折射表面的光线更倾斜,那么像便很快变短了 1 或 2 英寸。而因此,做这一实验时,按照上面提到的法则,我尽可能细致地放置棱镜,使它恰好处于这样的姿态,光线从棱镜出射时的折射可能等于它们入射棱镜时的折射。这一棱镜的玻璃内从一端到另一端有一些脉纹,它对一些太阳光作不规则地散射,但是对增加彩色谱系的长度没有明显的作用。因为我用另外的棱镜做同一实验取得同样的成功。而特别用了一个看起来没有这样的脉纹的、折射角为 $62\frac{1}{2}$ 度的棱镜,我发现距棱镜 $18\frac{1}{2}$ 英尺处像的,长度是 $9\frac{3}{4}$ 或 10 英寸,而护窗板上孔的宽度像以前一样是 $\frac{1}{4}$ 英寸。而因为将棱镜放置到合适姿态时容易弄错,所以我将该实验重做四次或五次,总是得到上述记下的像的长度。用另一个更纯净玻璃制成的、抛光更好、看来没有脉纹,折射角为 $63\frac{1}{2}$ 度的棱镜做实验,在同样 $18\frac{1}{2}$ 英尺的距离上,这一像的长度也是约 10 英寸或 $10\frac{1}{8}$ 英寸。在谱系两端,超出上述量度约 $\frac{1}{4}$ 或 $\frac{1}{3}$ 英寸处,云状光看起来带点红

---

① 指下文的视直径。——译者注。

色或紫色,但是非常微弱,以致我疑心那色调可能不是完全的、就是大部分产生于谱系的某些不规则散射的光线,这种不规则散射是由玻璃材料和抛光的某种不均匀性引起的,因此我没有把它计入这些量度。现在护窗板上孔的不同大小,棱镜被光线穿越部分的不同厚度,以及棱镜对水平面的不同倾角,都对像的长度没有明显的改变。棱镜用不同材料制造也没有影响:例如用抛光的平板玻璃黏结成棱镜状容器并充满水,实验按折射量有类似的成功。进一步观察到,光线从棱镜沿直线走到像,因而它们刚从棱镜出来时,互相之间已有形成像的长度的整个倾角,也就是倾角已大于 $2\frac{1}{2}$ 度。然而,根据一般接受的光学规律,它们不可能有这么大的相互的倾角。例如令 EG(图1-13,25 页)表示护窗板;F 表示开在其上使太阳光束通过它进入暗室的孔;而 ABC 是三角形假想平面,是假想穿过光中心横切棱镜而得。或者,如果你愿意的话,令 ABC 表示棱镜本身,它的较近的一端直接对着观察者的眼睛;而令 XY 表示太阳,MN 是投射太阳的像或谱系的白纸;而 PT 即太阳的像本身,它相对的两边 v 和 w,是两互相平行的直线,而其相对的两端 P 和 T 是半圆形的。$YKHP$ 和 $XLIT$ 是两条光线,其中前者来自太阳的较低部分并到达像的较高部分,它在棱镜的 K 和 H 点折射;后者来自太阳的较高部分并到达像的较低部分,它在 L 和 I 点折射。因为在棱镜两侧的折射彼此相等,也就是在 K 点的折射等于在 I 点的折射,在 L 点的折射等于在 H 点的折射,所以入射光线在 K 和 L 点的折射之和等于出射光线在 H 和 I 点的折射之和:由等量事物加等量事物得出,在 K 和 H 点折射之和等于在 I 和 L 点折射之和,因此,折射相等的两条光线,在折射前后相互之间有同样的倾角;即半度的倾角对应于太阳的直径。因为在折射前光线相互间有这么大的倾角。因此,根据一般光学的法则,像的长度 PT 将对着一个在棱镜处的半度的角,从而像的长度等于宽度 vw;因此,像应该是圆的。于是两条光线 $XLIT$ 和

$YKHP$，以及所有其余的形成像 $PwTv$ 的光线是同样可折射的。因此从经验看，已发现此像不是圆的，其长大约是宽的五倍，到达像顶部 P 的光线受到折射最大，一定比到达较低端 T 的光线更可折射，除非折射的不等同性是偶然的。

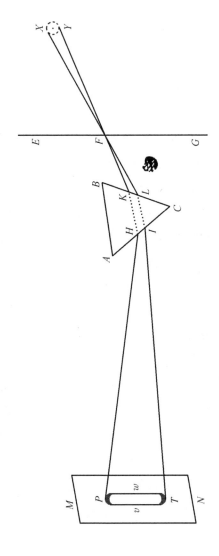

图 1-13

这一像或谱系 PT 是彩色的,在折射最小的一端 T 是红色的,而在折射最大的一端 P 是紫色的,居间处依次是黄、绿、蓝色。与命题 1 相一致,不同颜色的光,其可折射度也不同。前面的实验中,我从一端的最弱最外侧的红色到另一端的最弱最外侧的紫色[①],测定像的长度,仅仅除了一些半影外,如上所述,像的宽度几乎没有超过 $\frac{1}{4}$ 英寸的。

实验 4 在通过护窗板上的孔传入室内的太阳光束中,距孔若干英尺的地方我使棱镜保持这样的姿态;棱镜的轴可以与光束垂直。然后我透过棱镜观察此孔,同时绕其轴来回转动棱镜,使孔的像上升和下降,在两相反的运动之间当像看起来是静止时,我停住棱镜,此时在折射角两侧的折射可能彼此相等,如前一实验中那样。在这一棱镜位置,透过它注视上述的孔,我观察到孔的折射像的长度数倍于像的宽度,而且折射最大的部分显示出紫色,折射最小的是红色,中间部分依次是蓝色、绿色和黄色。当我将棱镜从太阳光中移走,再通过棱镜观察由外面云彩照亮的孔,就发生同样的情况。然而,如一般所设想的,如果光线按照入射和折射正弦的一定比率有规律地折射,那么折射像应该呈现出是圆的。

所以,这两个实验表明,入射相同时,折射有相当大的不等同性。但是从这一不等同性产生的,或者经常地或偶然地一些入射光线折射更多,而其余的折射较少;或者同一光线被折射所扰乱、分散(shatter)、扩展(dilate),以及像格里马尔迪[②]所设想的,它被劈割并分开为很多发散光线——通过这些实验还并不出现,但是通过以下实验将会出现。

---

① 原文为"蓝色"。——译者注。
② Grimaldi, Francesco Maria, 1618~1663。——译者注。

实验5 因此考虑,如果实验3中太阳的像或者由于每一条光线的扩展,或者由于任何其他偶然的折射的不等同性而应当画成一长方形,那么,通过斜向发生的第二次折射,由于光线的类似扩展或其他偶然的斜向折射的不等同性,将按同一宽度画成同样的长方形的像;我试验了这样一种第二次折射的效果会是怎样的。为达到此一目的,我将一切都按实验3那样安排,然后紧靠第一棱镜之后在横向位置放入第二块棱镜,它可以使透过第一棱镜射来的太阳光束再次折射。在第一棱镜中,这一光束是向上折射的,而在第二棱镜中是斜着折射。通过第二棱镜的折射我发现,像的宽度没有增加;但是它的上部,即在第一棱镜中发生较大的折射并呈现紫色和蓝色的部分,在第二棱镜中它再次发生大于呈现黄色和红色的下部的折射,而像的宽度没有任何扩展。

说明 令S(图1-14,28页,图1-15,29页)表示太阳,F是窗上的孔,ABC是第一棱镜,DH是第二棱镜,Y是撤去棱镜时太阳直射光束形成的太阳的圆形像,PT是当第二棱镜撤去时光束只经过第一棱镜单独形成的长方形像,而pt是由两块棱镜一起交叉折射形成的像。现在如果射向圆形像Y各点的光线由于第一棱镜的折射而扩张并分散,以致它们不再沿单一直线到达单一的点,而是每一条光线都由一条直的光线劈裂、分裂和改变成为一个从折射点发散的光线面,此光线面处在入射和折射角平面内,那么这些光线应该在这些面上向着通到几乎从像PT的一端到另一端的许多线段前进;而如果此像因而应该变成长方形的,那么这些射向像PT各点的光线以及它们的各部分,理应为第二棱镜的横向折射而再次沿斜向扩展并分散,从而组成一个四方的像,诸如表示于ππ的。为了更好地理解它,令像PT划分为相等的五部分PQK、KQRL、LRSM、MSVN、NVT。由于同样的不规则性,圆形的光Y被第一棱镜折射而扩展并画成一长方形的像PT,光PQK占有与Y同样长宽的空间,应该由于第二棱镜的折射而扩展并画成长的像πqkp,而光

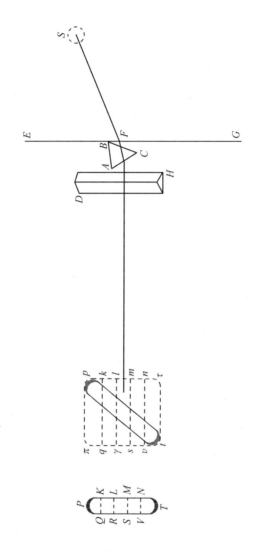

图 1-14

KQRL 形成长像 $kqrl$，光 LRSM，MSVN，NVT 形成同样多的
其他长像 $lrsm$，$msvn$，$nvt\tau$；而所有这些长像组成一个四方形的
像 $\pi\tau$。因此，这应该是每条光线由于折射被扩展，并分散成一
个从折射点起发散的三角形的光线面。因为第二次折射会以某
种方式使光线像第一次折射一样分散，并与第一次折射扩展像

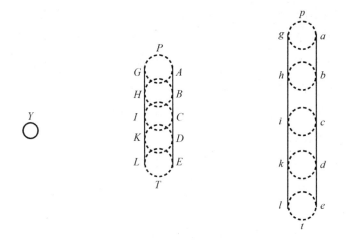

图　1-15

的长度一样多地扩展像的宽度。要是偶然地一些光线的折射比另一些光线的大，那就应该发生同样情况。但是事实却不然。像 PT 没有因为第二棱镜的折射而变得更宽，而是仅仅变倾斜，如 pt 所表示的；像的上端 P 由于折射而比下端 T 平移的距离大。因此。射向像上端 P 的光在第二棱镜中的折射（在入射相同时）比射向像下端 T 的光的折射更甚，也就是说，蓝色和紫色比红色和黄色的折射更甚；因而它们更可折射。同样的光由于第一棱镜的折射而比折射前到达的位置 Y 更远；因而它在第一棱镜中与在第二棱镜中一样比其余的光发生更大的折射，按推理甚至在它入射到第一棱镜之前也比其余的光更可折射。

我有时在第二棱镜之后放置第三块棱镜，有时也在第三棱镜之后放第四块棱镜，利用所有这些棱镜，像会屡次斜向折射；但是在第一棱镜中比其他光线折射更大的光线，在所有其余的棱镜中折射也较大；而且像没有任何斜向扩展；因此这些光线由于它们恒有较大折射而理所当然地被认为更可折射。

但是由于这一实验的意义可以显示得更清楚，因此认为具有相同可折射性的光线确实落到了对应于太阳盘面（Sun's

disk）的一个圆上。因为这已由实验 3 所证明。说是一个圆，在这里我并不理解为一个精确的几何圆，而是任一长宽相等的圆形图，就感觉而论，可以看起来是圆的。因此，令 AG（图 1-15，29 页）表示这样一种圆，从整个太阳盘面传来所有最可折射的光线；如果它们单独存在，就会照亮并描绘在对面墙上；EL 表示这样一种圆，为所有折射最小的光线以同样的方式照亮并描绘，如果它们单独存在的话；BH、CI、KD 表示这样多的中间种类的光线依次在墙上描出的圆，如果它们按相继的顺序单独从太阳传播出来，而其余的光线总是被挡住；设想还有其他无数中间的圆，它们由数不清的其他居间的各种光线在墙上相继描成，如果太阳应该相继发射出每一种光线的话。知道太阳同时发出所有各种光线，它们必定一起照亮并描出无数的相等的圆，这些圆按照可折射程度依次排成一连续的序列；我在实验 3 中描述了该长形谱系 PT 的组成。现在如果由未经折射的太阳光束形成的太阳的圆形像 Y 是通过单一光线的任何扩展，或通过第一棱镜的折射的任何其他不规则性而转变成长形的谱系 PT，那么在该谱系中的每个圆 AG、BH、CJ 等，应当与前面一样通过第二棱镜的斜向折射而再次扩展或不同地散射光线，以类似的方式描绘出和变换成一长方形的图形，从而像 PT 的宽度现在会与以前第一棱镜的折射增加像 Y 的长度一样增大；于是，经过两个棱镜的共同折射，会形成如我在上文所述的一个四方形图像 $p\pi t\tau$。为此，由于谱系 PT 的宽度没有因斜向折射而增加，光线肯定没有因折射而劈裂或扩展，或不同的不规则散射，而是每一个圆因规则的和一致的折射整体转移到另一地方，就像圆 AG 因最大的折射而转移到地方 ag，圆 BH 因较小的折射而转移到地方 ci，其余的也是这样；由此之故，对原先的 PT 倾斜的一个新谱系 pt 是以类似的方法由处于一直线上的诸圆所组成的；而且这些圆的大小与原先的相同，因为与两棱镜距离相等的谱系 Y、PT 和 pt 的宽度都相等。

我进一步考虑，因孔 F 的宽度而使光线得以穿过它进入暗室，

谱系 Y 周围有一圈半影,而该半影留在谱系 PT 和 pt 的两直边上。因此,我将一透镜或望远镜的物镜放在该孔处,将太阳的像清楚地投在 Y,而根本没有任何半影;而且我发现长形谱系 PT 和 pt 的直边处的半影也因而消失,以致那些直边显得像第一个像 Y 的圆周那样界限清晰。于是如果棱镜的玻璃没有脉纹,而且它的各侧面都是精确的平面并很好地抛光,没有那些通常从砂眼(用擦粉抛光中留下的一种不太光滑之处)产生的数不清的波纹或螺旋纹,这种情况就能发生。如果玻璃只是很好抛光而没有脉纹,但各个侧面不是精确的平面,而是有点凹或凸,如同经常发生的那样;那也可以使三个谱系 Y、PT 和 pt 没有半影,但它们与棱镜的距离不相等。现在从半影的这一缺少中,我更肯定地知道,每一个圆都是按照一些最规则、最一致和最固定的规律而被折射的。因为如果在折射时有任何不规则性,那么与谱系 PT 中所有的圆相切的直线 AE 和 GL 不可能因该折射而移位成如同它们以前那样清晰和笔直的直线 ae 和 gl,而会在那些移位的直线中出现某种半影或弯曲或起伏,或者其他与经验中发现的东西相反的明显扰动。无论是半影或是扰动,都应当因第二棱镜的斜向折射而在这些圆中形成,所有该半影或扰动在与那些圆相切的直线 ae 和 gl 上会很明显。但,由于那些直线上没有这样的半影和扰动,因此在这些圆中也一定没有。因为谱系的那些切线或宽度间的距离没有因折射而增加,所以这些圆的直径也没有因此增加。因为那些切线仍然是直线,所以每个在一棱镜中或大或小地被折射的圆是精确地以同样的或大或小的比例较大或较小地被第二棱镜所折射。知道当光线再在第三棱镜,并再在第四棱镜中被斜向折射时,所有这些事情都会遵循同一方式继续接连发生,很明显,同一个圆的光线,就其可折射程度而论,总是保持互相一致、相同,而不同圆的光线可折射程度就不同,而有某种确定的和固定的比例。这就是我要证明的东西。

这一实验还有一两种其他境况能用来使事情变得更清楚和更有说服力。令第二棱镜 DH(图 1-16,32 页)不是紧接着放在第一棱镜之后,而是与它有一定的距离;假定是在第二棱镜处于第一棱镜

与长形谱系 PT 所投的墙二者的正中间，那么从第一棱镜来的光便可能以平行于第二棱镜的长形谱系 $\pi\tau$ 的形式落在它上面，并因斜向折射而在墙上形成长形的谱系 pt。你像以前一样会发现，这一谱系 pt 对没有第二棱镜时第一棱镜独自形成的谱系 PT 是倾斜的；蓝色端 P 和 p 相互之间的距离大于红色端 T 和 t 之间的距离，并且按推理，射向像 $\pi\tau$ 的蓝端 π 的光线因而在第一棱镜中发生最大折射，再在第二棱镜中比其余的光线有更大的折射。

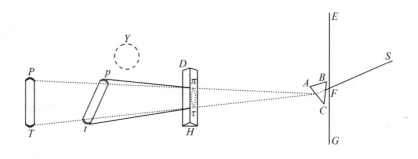

图 1-16

我做的相同的试验，也是让阳光通过窗上开的两个小圆孔 F 和 φ（图 1-17）进入暗室，并将两平行的棱镜 ABC 和 $\alpha\beta\gamma$ 放在

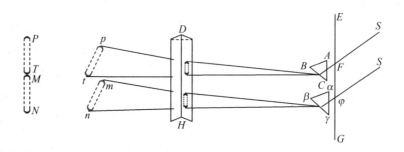

图 1-17

那些小孔处（每个小孔放一个），使两光束折射到房间的对面墙上，成这样的方式：使它们描摹在那里的两个彩色像 PT 和

MN 头尾衔接，并处于一条直线上，一个像的红色端 T 与另一个的蓝色端 M 相接触。因为如果这两个折射光束再经横向放置于前两个棱镜间的第三棱镜 DH 的斜向折射，那么谱系将因而移位到室中墙上某个其他部位，假定谱系 PT 移到 pt，而谱系 MN 移到 mn，这两个移动后的谱系 pt 和 mn 不会像原来那样继续头尾衔接地处于一条直线上，而是彼此错开，变成互相平行，像 mn 的蓝色端 m 因较大的折射而移位后，离开它原来的地方 MT，要比另一像 pt 的红色端 t 离同一地方 MT 更远；这就使该命题无可争论。不论第三棱镜 DH 是紧接着放在前面两个棱镜之后，还是远离它们，使经过前面两个棱镜折射后落到第三棱镜的光是白色的和圆形的，还是彩色的和长方形的，上述情况都会发生。

实验 6 我在两块薄板中间打两个直径 $\frac{1}{3}$ 英寸的圆孔，而在护窗板上开一个宽得多的孔，让一束粗的太阳光进入我的暗室；在护窗板后的光束中放一棱镜使光束向对面墙上折射，紧靠棱镜后面我以这样的方式固定一块薄板：使折射光束的中央部分可以穿过打在板上的小孔，而光束的其余部分被板挡住。然后在与第一块板的距离约 12 英尺处我以这样的方式固定另一块板：穿过第一块板上的孔的折射光的中央部分射向对面墙上，可以通过第二块板上的小孔，而其余被板挡住的部分可以在板上描出太阳的彩色谱系。而紧靠这一薄板后面，我固定另一棱镜来折射穿过小孔而来的光。然后我迅速回到第一棱镜，使它绕自己的轴慢慢地来回转动，使投落在第二块板上的像在那块板上上下移动，使像的所有部分可以相继透过该板上的小孔并落到它后面的棱镜上。同时，我记下经过第二棱镜折射后的光到达对面墙上的部位；并由于部位的不同，我发现，在第一棱镜中折射最大、射向像的蓝色端的光，在第二棱镜中的折射再次比射向像的红色端的光更大；这既证明了命题 2，又证明了命题 1。

不论两棱镜的轴是平行的,还是互相倾斜的,并对水平面有任何
给定的角度,这一情况都发生。

说明 令 F(图 1-18)是护窗板上的宽孔,阳光通过它照到

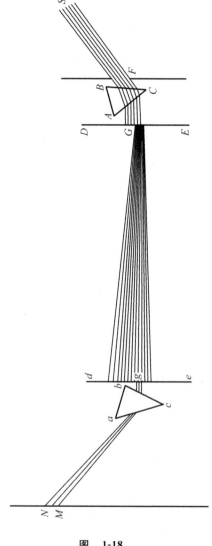

图 1-18

第一个棱镜 ABC 上,并让折射光落到板 DE 的中央,而且光的

中央部分落到该板中央开的孔 G 上。让该光的这一穿过的部分再落到第二块板 de 的中央,并在那里描出一个如同实验 3 描述的太阳的长形彩色像。通过绕其轴慢慢来回转动棱镜 ABC,将使这一像在板 de 上面上下移动,用这方法可以使像从一端到另一端的所有部分相继通过开在该板中央的孔 g。同时,另一棱镜 abc 已被固定挨在该孔 g 后面,使通过的光第二次被折射。这些东西这样安排好后,我标出折射光所投落的墙上的地方 M 和 N,并发现当两块板和第二棱镜都保持不动时,通过绕其轴转动第一棱镜,那些地方便不断变化。因为当落到第二块板 de 上的光的较低部分通过孔 g,所以它到了墙上较低的地方 M;而当光的较高部分通过同一孔 g 时,它到达墙上较高的地方 N;而当光的任何中间部分通过小孔时,它到达墙上 M 和 N 之间的某个地方。板上孔的不变的位置,使光线对第二棱镜上的入射在一切情况下都相同。可是在该相同入射情况下,光线中某些折射较大,而另一些则较小。那些在这一棱镜中折射较大的光线,在第一棱镜的较大折射已使它们较多地偏离原路,所以就由于其较大的折射恒量而理所当然地被认为更可折射。

实验 7　在我的护窗板上开得互相靠近的两个孔上,我放置两个棱镜,每个孔放一个,它们可以在对面墙上(照实验 3 的方式)投射太阳的两个长形彩色像。与墙短距离处我放一张两直边互相平行的细长条纸;并将棱镜和纸这样安排,使一个像的红色可以直接落在纸条的一半,而另一像的紫色落在同一纸条的另一半上;以致纸条呈现两种颜色——红色和紫色,很像是按照实验 1 和实验 2 中呈色纸的方式。然后我用一黑布盖住纸背后的墙,使得没有光从它反射出来干扰实验;通过平行于纸放置的第三个棱镜观察纸条,我看到它被紫光照亮的一半由于较大的折射而与另一半分开,尤其是当我离纸有好一段距离时。因为当我靠得太近看它,纸的两半部分显得没有完全互相分开,而像实验 1 中的呈色纸那样接触它们的角中的一个。当纸太宽时,也发生这一现象。

有时我用一根白线代替纸条,这一条白线通过棱镜显出被分成两条平行的线,如图 1-19 所示。图中 DG 表示被照亮的线：从 D 到 E 被紫光照亮,从 F 到 G 被红光照亮。而 $defg$ 是通过折射看到的线的两部分。如果线的一半始终被红光照亮,而另

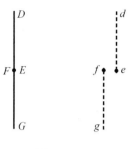

图 1-19

一半相继由一切颜色的光照亮(可以由一个棱镜绕其轴旋转,而另一个棱镜保持不动来做到);通过棱镜来观察线,当用红光照亮这个另一半时,它看起来与第一半连成一条直线;当用橘红色光照亮时,它开始与第一半分开一点;当用黄光照亮时,分开得更远;用绿光时,还要远些;当用蓝光时,更远;当用靛蓝光照亮时,还要远些;当用深紫色光照亮时,分开得最远。这清楚地表明,各种颜色的光,按其颜色排成下列次序,一种比一种更可折射：红、橘红、黄、绿、蓝、靛蓝、深紫;从而既证明了命题 1,又证明了命题 2。

我还使由两个棱镜折射而在暗室中形成的彩色谱系 PT(图 1-17,32 页)和 MN 头尾相接地处于一条直线上,如上面实验 5 所述;并透过与它们长度方向平行的第三个棱镜来观察它们;它们不再显出是处于一直线上,而是成为互相分开,如它们为 pt 和 mn 所表示,谱系 mn 的紫色端 m,由于折射较大而离开它原来的地方 MT 比另一谱系 pt 的红色端 t 离开 MT 更远。

我进一步使那两个谱系 PT(图 1-20)和 MN 按被颠倒的颜色次序互相重合,每一个谱系的红色端落到另一个谱系的紫色端,如它们表示为长形图形 $PTMN$ 那样;然后透过与像平行放置的棱镜 DH 观察它们。如当用肉眼观察时,它们看起来不是叠合在一起,而是以两个清楚的谱系 pt 和 mn 的形式在中间按字母 X 的方式互相交叉。这表明,曾经重合在 PN 和 MT 的一个谱系的红色端和另一谱系的紫色端,由于到达 p 和 m 的紫光

的折射大于到达 n 和 t 的红光而互相分开,它们在可折射程度上确实不同。

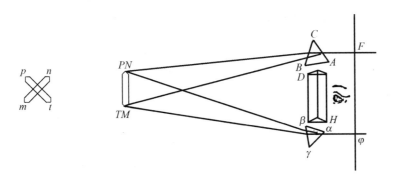

图　1-20

　　我还用两个棱镜的混合光照亮一个白纸做的小圆片。当它被一个谱系的红光和另一个谱系的深紫色光照亮,以致由于那些颜色的混合而处处显示出深紫色时,我透过第三个棱镜观察这张纸,起初在较小的距离处,然后在较大的距离处观察。当我离开这张纸而去时,由于两种混合颜色的不相等的折射,而使折射像越来越分开,最后分成两个清楚的像,一个红色的和一个紫色的,而紫色像离纸最远,因此它的折射最大。当窗口的一个在纸上投下紫色的棱镜被取走时,紫色像就消失了;但是当取走另一个棱镜时,红色就消失。这表明,这两个像不外乎是来自两个棱镜的光,它们互相混合在深紫色纸上,但是由于它们在第三个棱镜中进行的不相等的折射而再次分离,纸是透过第三个棱镜观察的。这也是可观察的:如果放在窗口的棱镜之一(假定它在纸上投下紫色)绕其轴旋转,使所有颜色按下列次序相继从棱镜投射到纸上:紫、靛蓝、蓝、绿、黄、橘红、红;紫像也因此改变颜色,相继转到靛蓝、蓝、绿、黄和红,而且在改变颜色中此像越来越靠近另一棱镜形成的红色像,直到当它也是红色时两个像就成为完全重合的像。

　　我还将两块圆纸片彼此靠得很近,一块纸片在一个棱镜的

红光中,而另一块纸片在另一棱镜的紫光中。这些圆每个直径
1英寸,在它们后面的墙是黑色的,这样从那里不会有任何光来
干扰实验。这些圆如此照亮后,我透过一个棱镜观察;这个棱镜
这样放置:可以使得折射光趋向红圆;而当我离开它们而去时,
它们越来越近地靠到一起,最后互相重合;而往后当我走开更远
时,它们按相反的次序再次分离,紫色由于折射较大而被移到红
色之外。

实验 8 夏天,当阳光照例最强烈时,与实验 3 中那样,我
在护窗板开孔处放一棱镜,而使棱镜的轴可以平行于地轴(the
axis of the world),而在太阳的折射光中的对面墙上,我放一本
打开的书。然后在离书 6 英尺 2 英寸处,我在那里放置前面提
到过的透镜,来自书上的反射光通过它可以会聚并重新相遇于
透镜后面距离 6 英尺 2 英寸的地方,很大程度上按实验 2 的方
式在那里的一张白纸上描绘出书的外形。固定书和透镜,书上
的字母由落到其上的太阳像的最完全的红光照亮,当书上的字
母将其外形最清楚地投射到纸上时,我记下白纸所在的地方。
然后我等待着,直到由于太阳的移动以及书上的太阳像也跟着
移动,而使从红色到蓝色中央的所有颜色都通过那些字母;而当
那些字母被蓝光照亮时,我再记下投射到白纸上的字母外形最
清楚时的白纸的地方:我发现,白纸的最后位置比它原来位置
离透镜近了约 $2\frac{1}{2}$ 英寸,或 $2\frac{3}{4}$ 英寸。因此,像的紫端的光由于
折射较大而会聚并相遇,要比红端的光快得多。但是在做这一
试验时,我使房间尽可能地暗。因为,如果这些颜色用任何外来
光的混合来冲淡或削弱,那么纸的诸位置间的距离将不会这么
大。在实验 2 中,利用的是自然物体的颜色,由于那些颜色的不
完善之故,这一距离仅是 $1\frac{1}{2}$ 英寸。棱镜的颜色显然比自然物
体的更纯正、更强烈和更鲜明,在这里此距离是 $2\frac{3}{4}$ 英寸。而要

是颜色还要更为纯正,那么我不怀疑此距离会显著地更大些。由于实验 5 中第 2 个图(图 15,29 页)所描述的圆的干扰,也由于太阳本体附近的很明亮的云彩的光与这些颜色互相混合,以及由于棱镜抛光的不等同性对光的散射,因此棱镜的彩色光的组成是非常复杂的,以致那些弱而暗的颜色靛蓝和紫色光投射在纸上形成的外形,是不够清楚、不能很好观察到的。

实验 9 一个棱镜的两底角彼此相等而且等于半直角,第三个角为直角。像实验 3 那样,我将该棱镜放在穿过护窗板上的孔射入暗室的太阳光束中。并且绕其轴慢慢转动棱镜,直到所有的光都通过棱镜的一个角,被它折射并开始被底边反射,到这时光就在此穿出棱镜;我观察到,那些受到折射最大的光线要比其余的光线更快地被反射。因此我设想,那些反射光中最可折射的光线,首先通过全反射而成为在该光中比其余的光线更丰富的;往后其余的光线也通过全反射而变得一样丰富。为试验这一点,我使反射光通过另一棱镜,被它折射并往后落到放在棱镜后面一定距离处的一张白纸上,并在那里通过该折射描绘出棱镜的通常颜色。然后,如上所述,使第一个棱镜绕它的轴转动;我观察到,在这一棱镜中受到折射最大、并显示出蓝色和紫色的那些光线开始被全反射,在第二棱镜中折射最大的白纸上的蓝色和紫色光得到明显的增强,超过折射最小的红光和黄光;往后,当其余的光即绿光、黄光和红光在第一棱镜中开始被全反射时,白纸上这些颜色的光就得到像紫光和蓝光的一样大的增强。由此表明,被棱镜底边反射的光束是由可折射性不同的光线组成的;首先为可折射性较大的光线所增强,然后为可折射性较小的光线所增强。而所有这样的反射光与入射到棱镜底面以前的太阳光本性相同,这是没有人怀疑过的;经过这样的反射的光,在其变态(modification)和属性上都没有遭到更迭,这已被普遍承认。这里我不理会第一棱镜两个侧面上进行的任何折射,因为光垂直于第一个侧面射入棱镜,而垂直于第二个侧面射出棱镜,因而没有遭到什么。于是,入射的太阳光与其出射光具有同样的性质和构成;既然后者由不同可折射性的光线所组成,那么前者也一定是以同样的方式组成的。

说明 在图1-21中,ABC 是第一棱镜,BC 是它的底,B 和

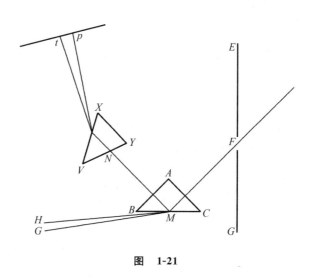

图 1-21

C 是它的两相等的底角,每个都等于 45 度,A 是它的方顶角,FM 是允许穿过 $\frac{1}{3}$ 英寸宽的孔 F 射入暗室的一条太阳光束,M 是棱镜底面上的入射处,MG 是折射较小的一条光线,MH 是折射较大的一条光线,MN 是从底面反射的光束;VXY 是第二棱镜,光束透过它时被折射;Nt 是该光束中折射较小的光线,Np 是其折射较大的部分。当第一棱镜 ABC 绕其轴按字母顺序 ABC 转动时,光线 MH 越来越倾斜地射出该棱镜,最终在最倾斜的出射后发生朝 N 的反射,并进而射到 p,增加光线 Np 的数目。往后,通过继续转动第一棱镜,光线 MG 也反射到 N 并增加光线 Nt 的数目。因此,允许进入光 MN 组分的,首先是折射较大的光线,其次是折射较小的光线,可是按这种组成的光与太阳的直接光 FM 的本性相同,镜子似的底面 BC 的反射不引起

任何更迭。

实验 10 我将两个形状相同的棱镜这样束缚在一起：它们的轴和相对的面互相平行，以组成一平行六面体。而阳光通过护窗板上的小孔进入我的暗室，我将该平行六面体放在离小孔一定距离的光束中，成这样一种姿态：两棱镜的轴可以与入射光线垂直，那些入射到一个棱镜的第一侧面的光线，可以继续穿过两棱镜的两接触面，并射出第二棱镜的最后一个侧面。这个侧面与第一棱镜的第一侧面平行，使出射光平行于入射光。然后，在这两个棱镜之外我放置第三个棱镜，它可以使该出射光折射，并通过折射将棱镜的通常色彩投射到对面墙上，或投射到一张放在棱镜后面适当距离处的白纸上（以供该折射光落在它上面）。此后，我绕其轴转动平行六面体，并发现，当两棱镜相接触的侧面对入射光线变得如此倾斜以致那些光线开始被全反射时，那些在第三棱镜中折射最大并在纸上描出紫色和蓝色的光线，首先由于全反射而从透射光中分离出来，其余的光线仍像原先一样在白纸上呈现出它们的颜色：绿、黄、橘红和红色；往后，通过继续转动两棱镜，其余的光线也按其可折射程度的次序被全反射而消失。因此，鉴于可折射性较大的光会分离出来而可折射性较小的保持原样，那么从两棱镜出射的光是由不同可折射性的光线组成的。但是只穿过两棱镜平行表面的这种光，如果由于一个表面的折射而发生任何变化，那就会由于另一表面的相反折射而失去该影响，从而恢复它原始的构成，成为与当初它入射到棱镜以前同样的本性和情况；因此，入射前的光是由与像后来一样多的不同可折射性的光线组成的。

说明 图1-22（42 页）中，*ABC* 和 *BCD* 是两个以平行六面体形式束缚在一起的棱镜，它们的侧面 *BC* 和 *CB* 相接触，而它们的侧面 *AB* 和 *CD* 相平行。*HIK* 是第三个棱镜；阳光自孔 *F* 传入暗室，并在那里通过两个棱镜的侧面 *AB*、*BC*、*CB* 和 *CD*，

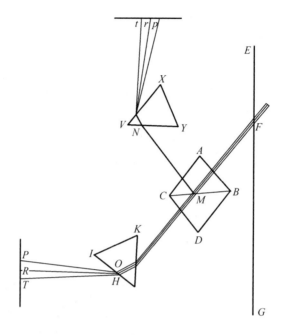

图　1-22

借助于第三棱镜在 O 处被折射到达白纸上的 PT，一部分由于
较大的折射落到 P，一部分由于较小的折射落到 T，一部分由于
居间的折射落到 R 和其他居间的地方。按字母 A、C、B、D 的顺
序绕其轴转动平行六面体 $ACBD$，最后当邻接的面 BC 和 CB
对入射此两面于 M 的光线 FM 足够倾斜时，折射光 OPT 将在
这里全部消失：首先是折射最大的光线 OP（其余 OR 和 OT 保
持原样），然后是光线 OR 及其他居间的光线，最后是折射最小
的光线 OT。因为当 BC 面变得对入射到它上面的光线足够倾
斜时，那些光线将开始被它全反射到 N；而首先是最可折射的光
线被全反射（如上一实验所解释的），结果必定在 P 处首先消
失；往后，其余的光按次序全反射到 N，它们一定按同样的次序
在 R 和 T 消失。于是在 O 处发生最大折射的光线会从光 MO
中分离出去，同时其余的光线保持不变，所以光 MO 是由可折射
性不同的光线组成的。因为平面 AB 和 CD 是平行的，所以通

过相等并相反的折射相互抵消的效应,入射光 FM 一定与出射光 MO 属于相同的种类和本性,因而确实也由可折射性不同的光线所组成。在最可折射的光线从出射光 MO 中分离出来前,FM 和 MO 这两光,就我的观察所及,其颜色和一切其他性质是一致的,因而理所当然认为有相同的本性和构成,因此一个的组成和另一个一样。但是在最可折射的光线开始被全反射,因而从出射光 MO 中分离出去后,该光相继地改变其颜色;从白色变为暗弱的黄色、美丽的橘红色、非常完全的红色,然后全部消失。因为在白纸上 P 处呈现紫色的最可折射的光线,因全反射而从光 MO 中分离出去后,那些出现在白纸上 R 和 T 处的其余颜色在光 MO 中混合在那里组成暗黄色;当在呈现于纸上 P 和 R 之间的蓝色和一部分绿色消失后,其余呈现在 R 和 T 之间的那些颜色(即黄色、橘红色、红色和少量绿色)在光束 MO 中混合,在那里组成橘红色;而当除了折射最小的、在 T 处呈现纯正红色的那些光线之外,其他光线都被反射而从光束 MO 中分离出去时,光束 MO 的颜色就像其后在 T 处呈现的一样;棱镜 HIK 的折射只用于分离不同可折射性的光线,而没有改变它们的颜色,就像以后将被更充分地证明的那样。这一切既证实命题 1,又证实命题 2。

评注 如果将这一实验和前一实验结合起来,并用第四个棱镜 VXY(图 1-22,42 页)来做实验,使反射光束 MN 折射到 tp,那么结论将更清楚。因为当第三个棱镜 HIK 中折射较大的光 OP 在 P 处消失时,第四棱镜中折射较大的光 Np 将变得更纯正和强烈;往后,当折射较小的光 OT 在 T 处消失时,折射较小的光 Nt 将增强,同时 p 处的折射较大的光没有得到进一步增加。而如同被传送的光 MO 在消失过程中总是有诸如从落到纸上 PT 的颜色混合中应当造成的此类颜色一样,反射光束 MN 同样也总是有诸如从落到纸上 pt 的颜色混合中应当造成的此类颜色。因为当最可折射的光线由于全反射而从光 MO 中分离出去时,留下的光束具有橘红色,在反射光中那些光线过量不仅使在 p 处的紫色、靛蓝色和蓝色更纯正,而且也使光束 MN 从微黄色的太阳光变为偏向蓝色的苍白色,往后,当所有其余的透射光 MOT 都被反射时再恢复微黄色。

现在知道在所有这类实验中,试验或是用反射光做,而且反射光或如实验 1 和实验 2 那样来自自然物体,或如实验 9 那样来自镜子。试验或是用折射光来做,而且或如实验 5 那样,用在不同折射的光线通过发散而被互相分开前的光线,但它们已丧失合在一起时具有的白色性,而分别呈现出各自的不同颜色;或如实验 6,7 和实验 8 那样,用在它们已互相分开并呈现出彩色后的光;或如实验 10 那样用透过平行面、抵消相互间影响的光。在那里总是发现对同一媒质入射相同的、发生不等同的折射的光线,而且没有任何个别光线的劈裂或扩展,或者折射的不等同性中的偶然性,如实验 5 和 6 所证明的那样。而知道可折射性不同的光线可以互相分开和分类,而且不论是像实验 3 那样利用折射,还是像实验 10 那样利用反射;于是各种不同光线在入射相同时发生不同的折射;那些分离前被折射比其他大的光线在分离后折射也较大,如实验 6 及其后面的实验所示;而如果太阳光相继透过三个或更多的交叉棱镜,那些在第一棱镜中折射比其他大的光线,在其后的所有棱镜中的折射也按同一比例比其他光线大,如实验 5 所示;这表明,太阳光是光线的非均匀混合,其中一些永远比另一些更具有可折射性,就像已提出的那样。

命题 3,定理 3

太阳光由可反射性不同的光线所组成,并且那些比其他光线更可反射的光线更具有可折射性。

据实验 9 和 10,这是清楚的:例如在实验 9 中,通过绕其轴转动棱镜,直到在射向空气中被底面折射的内部光线变得相对底面如此倾斜以致开始在那里被全反射;那些原先与其余光线入射相同的光线受到最大的折射的光线,在一切光线中最早成为被全反射的。实验 10 中,两棱镜公共底面所作的反射中发生同样的情况。

命题 4,问题 1

使复合光中非均匀的光线互相分离。

实验 3 中,非均匀的光通过棱镜的折射被互相分离到某种限度;而实验 5 中,通过消除彩色像两直边处的半影,使像的那些真正直的边的识别变得完善。但是在那些直边之间的所有地方中,那里所描述的那些数不清的圆都各自由单色光照亮,通过互相干扰以及处处相混,确实使光的成分足够复杂。但是如果当这些圆的中心保持其距离和位置时能够使直径较小,那么它们之间的相互干扰,以及从而杂色光线的混合就会按比例缩小。图 1-23 中,令 AG、BH、CI、DK、EL、FM 是一些圆,像实验 3 那

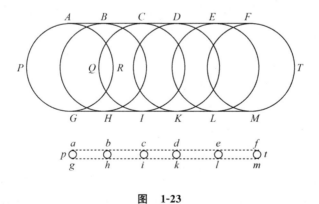

图 1-23

样,它们被自同一太阳盘面流出的这么多种光线所照亮;如实验

5 所解释的那样,所有这些圆以及数不清的其他居间的圆在太阳的长形像 PT 两平行直边间排成连续的系列,而组成该像。又令 ag、bh、ci、dk、el、fm 是同样多的较小的圆,它们在两平行直线 af 和 gm 之间排成类似的连续系列,相邻两圆心的距离相等,并且由同样的诸种光线照亮,也就是,圆 ag 由与照亮对应圆 AG 的同一种光线照亮,而圆 bh 由与照亮对应圆 BH 的同一种光线照亮,其余的圆 ci、dk、el、fm 分别由与照亮对应圆 CI、DK、EL、FM 的同一种光线照亮。图中 PT 由较大的诸圆组成,其中的三个圆 AG、BH、CI 彼此向对方扩张,使照亮这些圆光线中的三种与其他数不清种居间光线一起在圆 BH 的中央 QR 处相混合。而同样的混合几乎贯穿图形 PT 的整个长度发生。但是在图形 pt 中,由较小的圆组成,与三个大圆对应的三个较小圆 ag、bh、ci 并不互相向对方扩展;照亮它们的三种光线中的任何两种任何一处也不混合,而在图形 PT 中所有各种光线都在 BH 处互相混合。

现在,应该这样考虑将是容易理解的:光线混合的减少与圆直径的缩小成同样的比例。当圆心保持不变时,如果使圆的直径比原来缩小三倍,那么光线的混合也将比原来减少三倍;如果直径小十倍,那么混合也少十倍,其他比例也一样。也就是说,较大的图形 PT 中光线的混合与较小的 pt 中的混合之比,等于大图形的宽度与小图形的宽度之比。因为这些图形的宽度都等于它们的圆的直径。由此容易得出,折射谱系 pt 中光线的混合与太阳的直接的和即时的光中的光线混合之比,等于该谱系的宽度与同一谱系长度、宽度差之比。

因此,如果我们要减少光线的混合,那就要缩小圆的直径。现在,这些圆的直径可以缩小,只要它们所对应的太阳直径能做到比原来的小,或者(为达到同样的目的)只要在室外,从棱镜到太阳方向的很大距离上放某个不透明的物体,物体中间有一个圆孔,除了射到物体中央的阳光能透过该孔到达棱镜之外,其他阳光全被挡住。为此,圆 AG、BH 和其余的圆会不再对应于整个太阳盘面,而仅仅对应于从棱镜透过该孔所能看到的该部分太阳盘面,也就是对应于透过棱镜看到的该孔的视尺寸。只是为使这些圆可以更清晰地对应于该孔,就在靠棱镜处放一个透镜,将此孔的像(即 AG、BH 等圆的每一个)清晰地投射到 PT 处的纸上,照这种方式,像通过一个放在窗口的透镜那样,将外面物体的外形清楚地投射到室内的纸上,而使实验 5 中的长方形的太阳像的直边变得清晰而没有任何半影。如果做了这件事,那么就不需要将孔放得很远,决不要在窗户外。因此,我用护窗板上的孔取代该孔,如下所述。

实验 11 在允许透过护窗板上的一个小圆孔射入暗室的太阳光中,离窗户约 10 或 12 英尺处,我放一个透镜,通过它此孔的像可以被清楚地投射到放在离透镜 6,8,10 或 12 英尺处的一张白纸上。因为,按照透镜的不同,我用不同的距离,对此我认为没有描述的价值。然后,紧挨透镜后面我放一个棱镜,被传送的光通过它可以不是向上就是向旁边折射,因此,由透镜单独在纸上投下的圆形像,会被拉长成为一有两平行边的长像,就像在实验 3 中那样。我让这长形像落到另一张至棱镜的距离大约与以前相同的纸上,移动此纸趋近或离开棱镜,直到找到像的两直边变成最清楚时的合适距离。因为在这情形中,接与 ag、bh、ci 等圆组成图形 pt(图 1-23,45 页)同样的方式组成该像的孔的圆形像被限定得最清楚而没有任何半影,因此它们尽可能少地相互扩张,从而杂色光线的混合现在也是在所有情形中最少的。我常常用这种方法形成孔的诸圆形像(如 ag、bh、ci 等)的长形像(如 pt)(图 1-23,45 页和图 1-24,47 页);而利用护窗板上较大或较小的孔,我使形成像的圆形像 ag、bh、ci 等随意变大或变小,从而在像 pt 中光线的混合像我所要求的那样多或少。

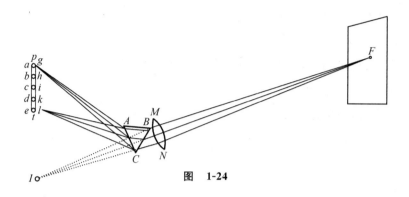

图　1-24

说明　在图1-24中，F 表示护窗板上的圆孔；MN 是一个透镜，通过它，孔 F 的像或外形清楚地投射到 I 处的纸上；ABC 是棱镜，通过它，光线从透镜出射时被折射从 I 趋向 pt 处的另一纸上，而 I 处的圆形像也转变成为落在该另一张纸上的长形像 pt。这一像 pt 由一个接一个沿直线依次排列的诸圆组成，像实验 5 所充分解释的那样；而这些圆都等于 I，并随之在大小上对应于孔 F；因此，通过缩小该孔，那些圆可以随意缩小，而它们的圆心仍在原处。用这种方法我使像 pt 的宽度比它的长度小 40 倍，有时是小 60 倍或 70 倍。

例如，如果孔 F 的宽度是 $\frac{1}{10}$ 英寸，而透镜到孔的距离 MF 是 12 英尺；如果像 pt 到棱镜或透镜的距离 pB 或 pM 是 10 英尺，而棱镜的折射角是 62 度，那么像 pt 的宽度将是 $\frac{1}{12}$ 英寸，而长度约为 6 英寸；因此长度比宽度等于 72 比 1，从而这一像的光比太阳的直接光较复杂性小于 71 倍。而如此非常简单的和均一的光足以用来做本书关于简单光的所有实验。因为在这种光中非均匀光线的成分是如此之少，以致难得被感觉发现和觉察，也许靛蓝和紫色除外。因为这些暗色光确实容易受到该没有什么散射的光所明显地减弱，这种光常常被棱镜的不均匀性所不规则地折射。

这时若不用圆孔 F，则更好代以形状像长边平行于棱镜 ABC 的平行四边形似的长方形孔。因为此孔是 1 或 2 英尺长，

仅 $\frac{1}{10}$ 或 $\frac{1}{12}$ 英寸宽或更窄；像 pt 的光将同以前一样简单或更简单，而像将变得宽得多，因此用它的光做的实验比以前更适宜。

可以用一等腰三角形孔代替这一平行四边形孔，例如三角形的底约为 $\frac{1}{10}$ 英寸，高为 1 英寸或多些。因为用这种方法，如果棱镜的轴平行于三角形底边的垂线，那么像 pt（图1-25）现在将由等腰三角形 ag、bh、ci、dk、el、fm 等以及无数其他居间的三角形组成，这些三角形的形状和大小与三角形孔对应，一个接一个地在两平行直线 af 和 gm 间排成一连续的序列。这些三角形的底边有点互相重叠，而顶点不重叠；因此，在三角形底边所在的像的较亮一边 af 的光有些复合，但是在较暗一边 gm 上的光完全不复合，而在两边之间的所有地方，光的成分与该各地方到暗边的距离成比例。有了这样一种组成的谱系 pt，我们可以用它的靠近边 af 的较强的但不太单一的光，或者用靠近另一边 gm 的较弱的但比较单一的光做实验，看来这将是最方便的。

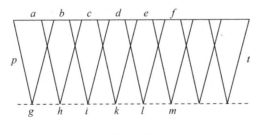

图 1-25

但是在做这类实验时，房间应当搞成尽可能暗，免得外来光与谱系 pt 的光混合而使它成为复合光；特别是我们要用谱系的边 gm 邻近的较单一的光线做实验时，它较弱，与外来光的比例将较小；这样为该光的混合所扰乱更甚，也造成更为成分复杂。透镜也应该是好的，如可用于光学的；而棱镜应该有较大的角，假定为 65 度或 70 度，并且制作精良，用没有气泡和脉纹的玻璃做成，各侧面没有如通常出现的小凹凸，而是真正的平面，并且精心抛光有如加工光学玻璃，而不是像通常那样用擦粉来加工，致使砂眼的边被磨掉，而留下遍布玻璃上的波浪似的无数非常小的凸起的缓升的群集；棱镜和透镜的边缘在它们会造成任何不规则折射的范围内，都必须用贴在上面的黑纸盖住。而进入室内的阳光束中，所有对实验无用的和无益的光都必须用黑纸或其他黑色障碍物遮住。因为，否则无用的光在房间里四面八方反射，将与长形谱系相混并助长对它的干扰。这些实验中，这么多的努力不是一概必需的，但是它将促使实验成功，而对做事非常审慎的检查人来说是值得应用的。困难的是获得适合这一目的的玻璃棱镜，因此我有时用碎眼镜片做成棱柱状容器，并用雨水将它灌满。为了增加折射，有时我用浓醋酸铅溶液灌注。

命题 5, 定理 4

单色光有规律地折射，而没有任何光线的劈裂或分散的扩展，而透过折射物体看到的由非均匀光线形成的物体的混乱影像，是由于各种光线的不同可折射性造成。

这一命题的第一部分在实验 5 中已经被充分证明，而通过下列实验将进一步表明。

实验 12 在一张黑纸中央我开一直径约为 $\frac{1}{5}$ 或 $\frac{1}{6}$ 英寸的圆孔。我使上一命题所描述的单色光谱系这样落到这张纸上，使某部分光可以透过此纸上的孔。这一透射部分的光，我用一个放在纸后的棱镜加以折射，并让这一折射光垂直地落到离棱镜 2 或 3 英尺的一张白纸上。我发现，由这种光在纸上形成的谱系不是长方形的，如同由（在实验 3 中）太阳的复合光所折射成的那样；而是（就我的眼睛所能判断的范围来说）正圆形的，它的长度不大于宽度，这表明这种光线有规律地折射而没有光线的任何扩张。

实验 13　在单色光中我放一直径为 $\frac{1}{4}$ 英寸的圆纸片,而在太阳的未经折射的杂色光中放另一同样大的圆纸片。而在离两纸片数英尺处,我透过一棱镜观察这两个圆。由太阳的杂色光照亮的圆显得很长方,像在实验 4 中那样,长比宽大了许多倍;而另一个由单色光照亮的圆,它显得圆而轮廓分明,就像肉眼看到的那样。这证明整个命题。

实验 14　在单色光中我放些苍蝇,或诸如此类的小物体,并透过一棱镜观察它们,我看到它们的各部分像我曾经用肉眼看到的那样轮廓分明。同样的物体放在太阳的未经折射的杂色光中(它是白的),我也透过一个棱镜观察,看到它们的轮廓最模糊,以致我不能区别它们的小部分。我还将一些小印刷体字母,一会儿放在单色光中,然后放在杂色光中,并透过一个棱镜观察它们,在后一情形中它们显得如此模糊和不清楚,以致我不能辨认它们;但是在前一情形中,它们显得如此清楚,使我能容易地辨认,并认为我看它们就像我用肉眼看它们时那样清楚。两种情形中,我在与我同样的距离上、在同样的场所里透过同一棱镜观察同一物体。只是在照明物体的光上有区别,一种情形是简单的,另一种是复合的;因而前者影像清楚,后者模糊,这无非可以由光的不同而产生。这证明整个命题。

这三个实验中,非常值得进一步注意的是,单色光的颜色经折射永不改变。

命题 6,定理 5

分别考虑每一光线,其入射正弦与折射正弦之比是一给定的比率。

被分别考虑的每一光线,它本身具有恒定的某种程度的可折射性,这足以表明刚才所说的话。在第一次折射中入射相同的折射最大的那些光线,在随后的折射中入射相同时折射也最大;属于最小的可折射性的,以及其余具有居间的可折射程度的都是这样,如同实验 5,6,7,8 和 9 所表明的。而那些第一次入射相同、折射相同的光线,将再次在入射相同时相等和一致地折射,而且不论它们以前被折射时是否被互相分离过,如同实验 5 所说;也不论它们是否分别折射,如实验 12,13,14 所说。因此,每一光线单独的折射是有规则的,而折射遵从什么准则我们现在就来证明。

晚近的光学作者教导说,入射正弦与折射正弦之比是一给定的比率,如同公理 5 中所解释的;而某些利用适合于测量折射的仪器的或别的方法对这一比率的实验考察,确实使我们了解他们已发现这些比率是精确的。但是他们其实不了解各种光线的不同可折射性,设想它们都按一个相同的比率折射,推测起来他们使自己的测量只适应于中间的折射光;以致从他们的测量中我们只能推断,那些具有中等可折射程度的光线(也就是从其他光线中分离出来时显示绿色的那些光线)按照他们的正弦给出的比率而被折射。因此,现在我们来证明,用所有其他光线,获得类似的给定比率。应该如此的事是很合理的,大自然永远与它自己一致;但是一种实验证据是需要的。如果我们能证明当不同可折射光线的入射正弦相等时,它们的折射正弦彼此成一给定的比例,那么这样一种证据就能得到。因为,如果所有光线的折射正弦与具有中等可折射性的一种光线的折射正弦成一些给定的比例,而这一正弦又与相等的入射正弦成一给定的比例,那么那些其他的折射正弦与相同的入射正弦也将成一给定的比例。现在当入射正弦相等时,下述实验将表明,折射正弦彼此之间都成一定的比例。

实验 15 阳光透过护窗板上的一个小圆孔进入暗室;令 S(图 1-26)表示太阳的直接光在对面墙上形成的太阳的圆形白

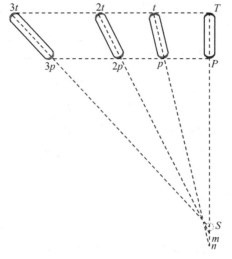

图 1-26

色像，PT 是用一个放在窗边的棱镜折射该光后形成的太阳的长形彩色像；而 pt，或 $2p2t$、$3p3t$ 是用以横向位置紧挨着第一棱镜之后的第二棱镜再次斜向折射同一光后形成的长形彩色像，如实验 5 所解释的；也就是说，pt 是在第二棱镜中折射较小时的像，$2p2t$ 是折射较大时的像，$3p3t$ 是折射最大时的像。因为如果第二个棱镜的折射角具有不同大小，那么折射的差别就是如此；假设 15 度或 20 度时形成像 pt，30 度或 40 度形成像 $2p2t$，而 60 度形成像 $3p3t$。而因缺少角度大小合适的实心玻璃棱镜，可以用抛光平板玻璃粘接成棱柱形容器并充满水。这些事这样安排好后，我观察到所有的太阳像或彩色谱系 PT，pt，$2p2t$，$3p3t$ 确实很接近地会聚于撤去棱镜时太阳直接光投落并形成太阳白色圆形像的地方 S。谱系 PT 的轴（也就是过谱系的中央、平行于它的两直边的直线），当它延长时，恰好穿过白色圆形像 S 的中央。而当第二棱镜的折射等于第一棱镜的折射时，两棱镜的折射角都约为 60 度时，由该折射而成的谱系 $3p3t$ 的轴，当它延长时也恰好穿过同一白色圆形像 S 的中央。但是当第二棱镜的折射小于第一棱镜的折射时,该折射形成的谱系 tp 或 $2p2t$ 的延长轴,将与谱系 TP 的延长轴交于 m 和 n 点,它们在该白色圆形像 S 中心之外不远。这里直线 $3tT$ 与直线 $3pP$ 的比值,比 $2tT$ 与 $2pP$ 的比值稍大一些,而这一比值又比 tT 与 pP 的比值稍大一些。现在当谱系 pT 的光垂直地落到墙上时,那些直线 $3tT$、$3pT$,$2tT$、$2pP$ 和 tT、pP,都是折射的正切,因此,通过这一实验得到了折射正切的比值,各正弦的比值由此导出,就对像系的观察而论,以及运用某种数学推理,我可以估计它们结果是相等的。因为我并没作出一种精确的计算。所以,就实验所示而言,此命题分别对于每一光线都是真实的。而且可以根据这一假定证明它是准确地真实的。**物体折射光是通过对沿垂直于其表面的直线的光线的作用。**但是为了这一证明,我必须将每一光线的运动区分为两种运动:一种垂直于折射表面,另一种与它平行,而关于垂直运动则制定下列命题。

如果任何运动或运动的东西不论以何速度入射到两侧以两平行平面为界的任一宽而薄的空间,并且在它穿越该空间的过程中,受到与此平面给定距离上具有一定量的任何力垂直地趋向更远平面的推动;那么在它射出该空间时,该运动或东西的垂直速度,将总是等于入射到该空间的垂直速度的平方与其入射垂直速度无限小时该运动或东西出射时具有的垂直速度平方之和的平方根。

而如果用两平方之差代替两平方之和,那么在其穿越该空间的通路上被垂直地阻碍的任何运动或东西的同一命题保持为真。数学家们将容易地得出证明,因此我将不用它麻烦读者。

现在假定,一条最倾斜地射至直线 MC(图 1-1,8 页)的光线,在 C 点被平面 RS 折射进入直线 CN,而如果需要求出直线 CE,任一其他光线 AC 应该折射进入 CE;令 MC、AD 是此两光线的入射正弦,而 NG、EF 是它们的折射正弦,并且令入射光线的相等的运动由相等的直线 MC 和 AC 表示,而运动 MC 被视为平行于折射平面,令另一运动 AC 被分为两个运动 AD 和

DC，其中的一个 AD 是平行于折射平面，另一个 DC 是垂直的。用类似的方法，令出射光线的运动一分为二，垂直的运动 $\dfrac{MC}{NG}CG$ 和 $\dfrac{AD}{EF}CF$。而如果折射平面的力开始作用于光线上，或在该平面内，或在一侧与它一定距离处，而结束于另一侧与它一定距离处；而在那两个极限之间的所有地方，沿垂直于该折射平面的直线作用于光线上，而在与折射平面相等距离处对光线的此作用相等，而在不等的距离上此作用不是相等就是按一定比率随处不相等；那么平行于折射平面的该光线的运动，将不因该力而发生改变；而垂直于折射平面的该运动将按上述命题的准则改变。因此，如果对于出射光线 CN 的垂直速度你如上所述写为 $\dfrac{MC}{NG}CG$，那么任一其他出射光线 CE 的垂直速度 $\dfrac{AD}{EF}CF$，将等于 CD^2 $+\dfrac{MC^2}{NG^2}CG^2$ 的平方根。而将这一等式平方，并给它们加上等量 AD^2 和 MC^2-CD^2，并将此和除以等量 CF^2+EF^2 和 CG^2+NG^2，你将得到 $\dfrac{MC^2}{NG^2}$[①]等于 $\dfrac{MC^2}{NG^2}$。由此，入射正弦 AD 与折射正弦 EF 之比是一给定的比率，它等于 MC 比 NG。而这一证明是普遍的，不限定是什么光，或被何种力所折射，或假定比折射物体沿垂直于其表面的直线作用于光线更多的任何东西；我认为它是这一命题充分正确的很有说服力的论据。

因此，如果求出任一情况下任一种光线入射正弦和折射正弦的比率，那就给出了所有情况下的比率；而用下述命题中的方法是可以迅速求出的。

---

① 计算的直接结果是 $AD^2/EF^2=MC^2/NG^2$。——译者注。

命题 7，定理 6

光线的不同可折射性妨碍望远镜的完善。

望远镜的不完善一般归因于玻璃的球面外形，因此，数学家们曾提出用圆锥剖面为它们造型。我引入这一命题，以证明他们是错了；它的正确性将通过量度各种光线的折射来显示；而这些量度我这样确定。

在这一部分的实验 3 中，棱镜的折射角是 $62\frac{1}{2}$ 度，该角的一半 31 度 15 分是光线穿出玻璃进入空气时的入射角；当圆半径为 10000 时，入射角正弦是 5188。当这一棱镜的轴与水平面平行，而光线入射这一棱镜处的折射等于它射出棱镜处的折射[①]，我用象限仪观测到中等可折射光线（即相当于太阳彩色像中央的光线）与水平面所成的角，以及通过这角和同时测到的太阳的高度，我发现出射光线与入射光线所含的角为 44 度 40 分，而这一角的一半加上入射角 31 度 15 分形成折射角，它是 53 度 35 分，而其正弦为 8047。这些是中等可折射光线入射角和折射角的正弦，而其比率取整数为 20：31。这种玻璃的颜色偏绿。实验 3 中提到的棱镜的最后一个是清澈无色玻璃制成。它的折射角是 $63\frac{1}{2}$ 度。出射光线与入射光线所含的角为 45 度 50 分。此第一角的一半的正弦是 5262。角的和的一半的正弦是 8157。而它们的比值取整数为 20：31，与前面的一样。

从像的长度（它大约是 $9\frac{3}{4}$ 英寸或 10 英寸），减去它的宽度（它是 $2\frac{1}{8}$ 英寸），余数 $7\frac{3}{4}$ 英寸会是当太阳只是一个点时的像的

---

① 即光射入棱镜时的入射角等于折射线射出棱镜时的折射角，参阅 15 页实验 3。——译者注。

长度,因而它对着的角,是当光线沿同一直线入射到棱镜时,最大和最小可折射光线出射后相互之间所夹的角。这里这个角是$2°0'7''$。因为像和形成该角的这个棱镜之间的距离是$18\frac{1}{2}$英尺,而在这一距离上$7\frac{3}{4}$英寸的弦对着一个$2°0'7''$的角。现在,这个角的一半就是这些出射光线①与出射的中等可折射光线所夹的角;而其$\frac{1}{4}$即$30'2''$可以认为是它们会与同一的出射的中等可折射光线所夹的角,假定前者和后者是在玻璃内同时入射的,并且都只在出射时发生折射。因为,如果两个相等的折射——一个是光线入射到棱镜时的折射,另一个是出射时的折射——形成$2°0'7''$一半的角,那么,其中的一个折射将形成大约该角的$\frac{1}{4}$;将中等可折射光线的折射角53度35分加上或减去这一$\frac{1}{4}$角度,得到最大和最小可折射光线的折射角$54°5'2''$和$53°4'58''$,其正弦为8099及7995;公共的入射角是$31°15''$,而它的正弦为5188;这些正弦值用最小整数表示彼此比值为78和77:50。

现在如果你从折射角正弦 77 和 78 减去公共入射角正弦 50,余数 27 和 28 表明,在最小折射中,最小可折射光线的折射与最大可折射光线的折射之比非常接近 27:28,而最小可折射光线的折射与最大可折射光线的折射之差,约为中等可折射光线整个折射的$\frac{1}{275}$。

由此,精通光学的人们容易理解,望远镜物镜能够收进的各种平行光线的最小圆形空间的宽度,约为透镜孔径一半的$\frac{1}{275}$,或整个孔径的$\frac{1}{55}$;而且最大可折射光线的焦点比最小可折射光线的

---

① 指最大或最小可折射光线。——译者注。

焦点更靠近物镜大约中等可折射光线的焦点与物镜距离的 $\frac{1}{275}$。

而如果来自任一凸透镜的轴上任一亮点的各种光线，通过透镜的折射被会聚于离透镜不太远的一些点上，那么最大可折射光线的焦点应当比最小可折射光线的焦点离透镜近的距离与中等可折射光线的焦点与透镜距离的 $\frac{1}{275}$ 之比，非常接近地等于该焦点和从光线发出的亮点之间的距离与该亮点与透镜间距离之比。

现在为了考察来自同一点的最大可折射和最小可折射光线在望远镜的物镜及诸如此类的透镜中的折射，其差别是否像这里描述的这么大，我设计了下述实验。

实验 16 在第2和第8个实验中我所用的透镜，放在距离任一物体 6 英尺 1 英寸处，它通过中等可折射光线将在另一侧距透镜 6 英尺 1 英寸处接收下物体的外形。因此，根据上述准则，它应当通过最小可折射光线将在离透镜 6 英尺 $3\frac{2}{3}$ 英寸处接收下该物体的外形，而通过最大可折射光线将在离透镜 5 英尺 $10\frac{1}{3}$ 英寸处接收下物体的外形：所以最小和最大可折射光线接收外形的两个地方之间，约有 $5\frac{1}{3}$ 英寸的距离。因为，根据该准则，6 英尺 1 英寸（从亮的物体到透镜的距离）与 12 英尺 2 英寸（从中等可折射光线焦点到亮的物体的距离）之比，也就是1：2；等于 6 英尺 1 英寸（透镜和同一焦点之间的距离）的 $\frac{1}{275}$ 与最大可折射光线和最小可折射光线焦点间距之比，因此，这一间距是 $5\frac{17}{55}$ 英寸，也就是说，非常接近 $5\frac{1}{3}$ 英寸。那么，为了知道这一量度是否准确，我用彩色光重做第 2 和第 8 个实验，彩色光的组成比我在那里用的简单些。因为我现在用实验 11 表述的方法将杂色光互相分离，以便形成一个长比宽约大 12 或 15 倍的彩色谱系。我将该谱系投射到一本书上,并将上面提到的透镜放在离谱系 6 英尺 1 英寸处,以便接收在另一侧同样的距离上的被照亮的字母的外形;我发现,用蓝色光照亮的字母外形比深红色光照亮的离透镜近了约 3 英寸或 $3\frac{1}{4}$ 英寸;但是用靛蓝光和紫光照亮的字母外形却如此模糊和不清楚以致我不能辨认它们:于是,察看这棱镜,我发现玻璃内从一端到另一端满是脉纹;所以折射不可能是规则的。因此,我拿来另一没有脉纹的棱镜,而用比字母笔画稍粗一些的两三条平行黑直线代替字母,并将彩色光以这样的方式投射到直线上:直线沿谱系一端到另一端的彩色光走;我发现,靛蓝光或它与紫光的边界的光最清楚地投射于黑直线外形之处的焦点,比最深的红光最清楚地投射在同一些黑直线的外形之处的焦点离透镜近了约 4 英寸或 $4\frac{1}{4}$ 英寸。紫光是如此暗弱以致我不能通过该色光清楚地辨别这些直线的外形;因而考虑到棱镜是由偏绿的深色玻璃制成的,我用另一无色透明玻璃棱镜;但是这一棱镜造成的彩色谱系中有一些长缕的白色弱光从诸色光的两端射出,它们使我推断有什么地方出错了;而察看这棱镜,我发现玻璃中有两三个小气泡,它们不规则地折射着光。因此,我用黑纸盖住玻璃的该部位,而让光透过没有气泡的其他部位,于是彩色谱系成为没有那些不规则光缕的,如同我现在所期望的那样。但是我仍发现,紫光是如此暗弱以致我难得能依靠紫光看到直线的外形,而依靠那紧挨着谱系端点的紫光的最深部分则根本不能看到。因此,我推测,这一暗弱的颜色可能是被折射的和被不规则地反射的光的散射所减弱的,部分地由于玻璃中一些很小的气泡所致,部分地由于抛光的不等同性所致;这种散射光虽然少,但它是白色的,会足以这样强烈地影响视觉以致干扰该暗弱的色光即紫光的现象;因此我如同在实验 12、13 和 14 中那样试验这种色光是否不由杂色光的一种可见的混合组成,而我发现它不由这种混合组成。折射也并不造成紫色以外的任一其他色光从这光中出射,就像它们会从自光中出射那样;从而只有这种紫光切实混有白光,才从它出射白光。因此,我推断,通过这种色光我不能清楚地看到这些直线的外形的原因,只是在于这种颜色的暗和其光的淡,以及它与透镜轴的距离;因此,我将这些平行黑直线分成相等的各部分,由此我可以容易地知道谱系中各种颜色相互之间的距离,并且记下当清楚地投射直线外形时透镜与这样一些色光的焦点的距离,然后考虑那些距离是否与这些距离的最大差值 $5\frac{1}{3}$ 英尺(它是最深的红光和紫光的焦点应当具有的与透镜的距离之差)有这样的比例,即等于谱系中被观测的各色光具有的相互之间的距离与最深的红光和紫光沿谱系直边测得的最大距离(即与那些边的长度,或谱系长度超过宽度的量)之比。我的观测如下。

当我观测和比较最深的可见的红光,以及绿光与蓝光的边界颜色时(边界在谱系的直边部分离谱系为那些边长的一半处),绿光和蓝光的边界色光将直线外形清楚地投射到纸上之处的焦点,比红光将那些直线的外形清楚地投射到纸上之处的焦点更近于透镜约 $2\frac{1}{2}$ 或 $2\frac{3}{4}$ 英寸。因为有时测量结果稍大些,有时稍小些,但是相互之间变化难得超过 $\frac{1}{3}$ 英寸。因为要确定焦点所在的地方而没有一点小的误差,是很困难的。现在,如果距离为谱系长度的一半(沿其直边测量)的两种颜色给出其焦点与透镜距离之差为 $2\frac{1}{2}$ 或 $2\frac{3}{4}$ 英寸,那么距离为整个长度的两种颜色应当给出那些距离之差为 5 或 $5\frac{1}{2}$ 英寸。

但是这里注意到,我不能看到乃至谱系最端上的红色,而只能看到作为该端界限的半圆的中心,或稍远一点;因此我不将这一红色与正好在谱系中央的那种颜色,或绿色和蓝色边界的那种颜色作比较,而将它与蓝绿间略偏于蓝的颜色作比较:而正像我认为颜色的整个长度不是谱系的整个长度,而是它的直边长度一样,两半圆端也这样看成圆;当被观测的色光之一落到那些圆内时,我测定该色与此谱系半圆端的距离,并从测得的两颜色的距离减去这一距离的一半,我取余数作为它们的正确距离;而在这些观测中将这一正确距离认作它们的焦点与透镜的距离之差。因为,像如果组成谱系的这些圆(如已指出的)缩减成为物理学上的点,那么谱系直边的长度将是一切颜色的全长一样,在这种情况下这一正确的距离也将是两被观测颜色的实际距离。

因此,当我进一步观测最深的可感觉的红色,以及与它的确切距离为谱系直边长度的 $\frac{7}{12}$ 的那种蓝色时,它们的焦点与透镜的距离之差约为 $3\frac{1}{4}$ 英寸;而且 7 比 12 等于 $3\frac{1}{4}$ 比 $5\frac{4}{7}$。

当我观测最深的可感觉的红色,以及与它的确切距离为谱系直边长度的 $\frac{8}{12}$ 或 $\frac{2}{3}$ 的那种靛蓝色时,它们的焦点与透镜的距离之差约为 $3\frac{2}{3}$ 英寸;而且 2 比 3 等于 $3\frac{2}{3}$ 比 $5\frac{4}{7}$。

当我观测最深的可感觉的红色,以及相互间确切距离为谱系直边长度的 $\frac{9}{12}$ 或 $\frac{3}{4}$ 的那种深靛蓝色时,它们的焦点与透镜的距离之差约为 4 英寸;而且 3 比 4 等于 4 比 $5\frac{1}{3}$。

当我观测最深的可感觉的红色,以及紧靠着靛蓝的紫色的那一部位,它与红色的确切距离为谱系直边长度的 $\frac{10}{12}$ 或 $\frac{5}{6}$ 英寸时,它们的焦点与透镜的距离之差约为 $4\frac{1}{2}$ 英寸;而且5 比 6 等于 $4\frac{1}{2}$ 比 $5\frac{2}{5}$。因为有时,当透镜放置得有利,致使它的轴偏向蓝色,其他一切都安排好,阳光照耀清澈,而我使我的眼睛保持很接近透镜投射直线外形的纸,我能依靠挨着靛蓝的那部分紫光相当清楚地看到那些直线的外形;而有时,我能依靠超过紫色一半的色光看见它们。因为在做这些实验时,我观测到只有那些处于或靠近于透镜的轴上的颜色照明的直线外形呈现清晰:所以如果蓝色或靛蓝色处于轴上,那么我就能清楚地看到直线的外形;而那时红色外形比以前不清晰得多。因此,我设法使彩色谱系比以前更短,以便其两端可以更靠近透镜的轴。而今它的长度大约是 $2\frac{1}{2}$ 英寸,宽度是 $\frac{1}{5}$ 或 $\frac{1}{6}$ 英寸。

同样,我不用原来的谱系所投射的那些黑线,而作一条比原来那些更粗的黑直线,我便可以更容易看到它的外形;而为了测量被观察的各颜色的距离,我用短横线将这条直线分成相等的若干部分。而今我能不时看到几乎远到谱系紫色端半圆中心的带有分段标记的直线外形,而作这些进一步的观测。

当我观测最深的可感觉的红色,以及与它的确切距离是谱系直边长度的 $\frac{8}{9}$ 的那部分紫色时,那些颜色的焦点与透镜的距离之差一次是 $4\frac{2}{3}$ 英寸,另一次是 $4\frac{3}{4}$ 英寸,另一次是 $4\frac{7}{8}$ 英寸;而 $4\frac{2}{3}$ 比 $5\frac{1}{4}$,$4\frac{3}{4}$ 比 $5\frac{11}{32}$,$4\frac{7}{8}$ 比 $5\frac{31}{64}$ 都分别等于 8 比 9。

当我观测最深的可感觉的红色,以及最深的可感觉的紫色时(当一切都安排得最有利,而且阳光照耀很清澈时,其颜色的确切距离约为彩色谱系直边长度的 $\frac{11}{12}$ 或 $\frac{15}{16}$),我发现它们的焦点与透镜的距离之差有时是 $4\frac{3}{4}$ 英寸,有时是 $5\frac{1}{4}$ 英寸,而基本上在 5 英寸附近;而 11 比 12 或 15 比 16 等于 5 英寸比 $5\frac{5}{11}$ 英寸或 5 英寸比 $5\frac{1}{3}$ 英寸。

由于实验的这一进展而使我自己确信,如果谱系真正末端的光强烈到足以使黑直线的外形清楚地出现在白纸上,那就会发现最深的紫色的焦点比最深的红色的焦点至少更靠近透镜约 $5\frac{1}{3}$ 英寸。各种光线在最小折射中的入射正弦和折射正弦相互间保持同一比率(像它们在最大折射中那样),这是一个进一步的证据。

在做这个精微而麻烦的实验中,我较详细地记下我的进展,使那些在我之后要做这一实验的人们可以知道,细心是使实验成功所不可缺少的。而如果他们不能像我一样使实验获得成功,那么他们还是可以按谱系中两颜色间的距离与它们的焦点与透镜距离差之比,来收集通过更好的试验用更远的颜色会取得成功的东西。然而,如果他们用一比我所用的更宽的透镜,并将它固定在一细长杆上,依靠它容易而准确地朝向其焦点合乎要求的颜色,那么我还是有怀疑,尽管他们做实验会比我更成功。因为我使透镜的轴尽可能近地指向诸色的中央,于是谱系两弱端将远离轴,从而它们在纸上投射的直线外形会不如轴依次指向它们时那么清楚。

那么,根据以上所说,不同可折射性的光线并不会聚在同一焦点是确实的,而如果它们来自一亮点,该点在一侧与透镜的距离与它们在另一侧的各焦点一样远,那么最大可折射光线的焦点应当比最小可折射光线的焦点离透镜更近,近了超过整个距离的 $\frac{1}{14}$;而如果它们所射出的亮点,它离透镜如此之远以致在它们入射前就可以被看作是平行的,那么最大可折射光线的焦点至透镜应当比最小可折射光线的焦点近约它们至透镜的整个距离的 $\frac{1}{27}$ 或 $\frac{1}{28}$。而当它们落到任一平面时,在它们所照射的两焦点的中央地方的圆的垂直于轴的直径(该圆是光线所能被全部聚集进去的最小的圆)约是透镜孔径的 $\frac{1}{55}$。所以奇怪的是,望远镜所反映物体会像它们原来那样清楚。但是如果所有光线可折射性相同,那么仅仅由透镜图像的球面的误差就会小数百倍。因为,如果望远镜的物镜是平凸的,而且平面一侧朝向物体,而球的直径——因为这种透镜是一个球缺——记为 D,而透镜孔径的半径记为 S,而从玻璃到空气的入射正弦与折射正弦之比等于 I 比 R;从平行透镜轴射来的光线,将在物体的像最清楚地形成的地方被散射布成一个小圆,其直径很接近等于 $\dfrac{R^2 \times S^3}{I^2 \times D^2}$,像我用无穷级数法计算误差,并舍弃了其量值尤足轻重的各项所得到的一样。例如,如果入射正弦 I 与折射正弦 R 之比等于 20 比 31,并且如果球直径——此玻璃的凸侧是基于球面的——为 100 英尺即 1200 英寸,透镜孔径的半径 S 为 2 英寸,那么小圆的直径(即 $\dfrac{R^2 \times S^3}{I^2 \times D^2}$)将是 $\dfrac{31 \times 31 \times 8}{20 \times 20 \times 1200 \times 1200}$(或 $\dfrac{961}{72000000}$)英寸。但是小圆的直径——这些光线穿过它由于可折射性不等而被散射——将大约是物镜孔径(这里是 4 英寸)的 $\dfrac{1}{55}$,而因此,由透镜图像的球面造成的误差与由光线的不同可折射性造成的误差之比等于 $\dfrac{961}{72000000}$ 比 $\dfrac{4}{55}$,即等于 1 比 5449;因此,相对这样小的此值不值得考虑。

但是你会说,如果由不同可折射性造成的误差是如此之大,那么,透过望远镜物体显得像它们原来那样清楚,又怎么解释其中道理呢? 我的回答是,那是因为被搞出误差的光线不是被均匀地散射布及整个圆形地方,而是比圆的任何其他部分更稠密地无限集中于圆心,而在从圆心到圆周的途中,不断地变得越来越稀疏,以致在圆周处变得无限稀疏;而除了在圆心及非常靠近圆心之处以外,由于其稀疏性不强到足以可见。令 ADE(图 1-27)表示从圆心 C 描绘的那些圆之一,其半径为 AC;并令

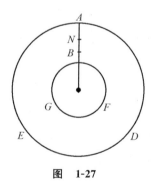

图 1-27

BFG 是与前者同心的较小的圆,它的圆周与直径 AC 交于 B;并等分 AC 于 N;而根据我的计算,任一地方 B 光的密度与 N 处光的密度之比等于 AB 比 BC;以及在较小的圆 BFG 内的全部光与较大的圆 AED 内的全部光之比,等于 AC^2-AB^2 与 AC^2 之比。恰像 BC 是 AC 的 $\frac{1}{5}$ 一样,B 处的光将比 N 处稠密4倍,而较小的圆内的全部光与较大的圆内的全部光之比等于9比25。因此,明显的是,在较小的圆内的光对视觉的刺激必定比环绕较小的圆与较大的圆的圆周之间的微弱而扩展的光强烈得多。

但是进一步注意到,棱镜彩色中最明亮的是黄色和橘红色。这些颜色对视觉的作用比其余所有的加在一起还要强烈。强度上次于这些颜色的是红色和绿色。蓝色与这些颜色比起来是一弱而暗的颜色,而靛蓝和紫色还要更暗弱得多,以致这些颜色与较强的颜色比起来小到可忽略。因此物体的像所处的地方不是在蓝色和绿色边界的中等可折射光线的焦点处,而是在黄色和橘红色中间的那些光的焦点处;该处的颜色最明亮而灿烂(也就是在最明亮的黄色中,这种黄色在橘红色和绿色间更倾向于橘红色)。而通过这些光线的折射(它的入射正弦和在玻璃中的折射正弦等于 17 和 11),来测定光学中用的玻璃和水晶的折射。因此,让我们将物体的像安排在这些光线的焦点处,而所有的黄色和橘红色将落在一个直径为透镜孔径 $\frac{1}{250}$ 的圆内。而如果你将红色的较明亮的一半(该一半挨着橘红色)加上绿色的较明亮的一半(该一半挨着黄色),那么这两种颜色的光的大约 $\frac{3}{5}$ 将落在同样的圆内,而 $\frac{2}{5}$ 将落在该圆周围;而落在外面的光将铺展在比里面大得多的地方。因而大体上几乎稀疏三倍。在该红色和绿色的另一半(也就是深暗的红色和柳绿色)中,大约 $\frac{1}{4}$ 将落在这个圆内,而 $\frac{3}{4}$ 在圆外,而且落在外面的光将铺展在大约 4 倍或

5 倍于内部的地方；于是在总体上就要稀些，而如果与在圆之内的全部光作比较，大体上它大约稀 25 倍；或更确切地说比 30 或 40 倍更稀，因为由棱镜形成的彩色谱系的末端的深红色很稀薄，而柳绿色多少比橘红色稀些。因此，比起在圆内的光来非常稀疏的这些颜色的光之所以难得作用于视觉，特别是因为这种光的深红和柳绿是比其他颜色暗得多的。而由于同样的理由，比这颜色暗得多，而且变得更稀疏的蓝色和紫色可以忽略。因为圆中的稠密而明亮的光将掩盖着环绕圆周围的这些暗色的稀疏而微弱的光，而使它们几乎不可见。亮点的可见的像因而难得比圆大（该圆的直径是一个好的望远镜的物镜孔径的 $\frac{1}{250}$）；或者并不大得多，如果你把该圆周围的弱而暗的模糊的光除外的话（这种光观察者难得注意）。因此，在一孔径为 4 英寸、长为 100 英尺的望远镜中，它不超过 2″45‴，或 3″。而在一孔径为 2 英寸、长为 20 或 30 英尺的望远镜中，它可能是 5″或 6″，而且难得超过。而这很好地符合经验，因为一些天文学家用长为 20 到 100 英尺之间的望远镜已发现，一些恒星的直径大约是 5″或 6″，或最多不超过 8″或 10″。但是如果目镜被灯或吹管的烟雾淡淡地着色，而遮挡星光，那么恒星圆周的较弱的光就不再可见，于是该恒星（如果目镜被烟雾所充分污染）显得多少像一个数学上的点。而由于同样的理由，在每一亮点圆周的极大部分光，在较短的望远镜中应当比在较长的望远镜中更不可辨别，因为较短的望远镜传到眼睛的光较少。

原来，那些恒星由于它们的巨大距离而显得像一些点，除非它们的光由于折射而被扩展，可能看上去由此而来；当月亮经过它们并使它们蚀时，它们的光消失，不是像行星的光那样逐渐消失，而是立刻全部消失；而在星蚀结束时，它立即，或肯定比用秒更少的时间全部重新回到视野；月亮大气的折射使星光起初消失和后来回到视野都略为延迟一点时间。

现在，如果我们假定一个亮点的可见的像甚至比透镜的孔径狭窄 250 倍，那么这个像仍然比即使仅仅由于透镜的球面形状所成的像大许多。因为如果不是由于光线的不同可折射性，在一台孔径为 4 英寸的 100 英尺望远镜中，像的宽度如前面计算所表明的可能只及 $\frac{961}{72000000}$ 英寸。因而，在这种情况下，由透镜的球面形状造成的最大误差与由光线的不同可折射性造成的最大可见误差之比至多等于 $\frac{961}{72000000}$ 比 $\frac{4}{250}$；也就是仅仅等于 1 比 1200。这足以表明，不是透镜的球面形状，而是由于光线的不同可折射性，妨碍了望远镜的完善。

还有另一个论据，根据它可以表明光线的不同可折射性是望远镜不完善的真正原因。因为由物镜的球面形状造成的光线误差与物镜孔径的三次方成正比；因而要使不同长度的望远镜以相等的清晰度放大，物镜的孔径以及负荷即放大率应当与它们的长度的平方根的三次方成正比；但这不符合经验。但是由不同可折射性造成的光线的误差与物镜孔径成正比；因而要使不同长度的望远镜以相等的清晰度放大，它们的孔径和放大率就应该与它们的长度的平方根成正比；众所周知，这符合经验。例如，一长为 64 英尺、孔径为 $2\frac{2}{3}$ 英寸、放大约 120 倍的望远镜，与长为 1 英尺、孔径为 $\frac{1}{3}$ 英寸、放大为 15 倍的望远镜一样清楚。

于是，如果不是由于光线的不同可折射性，那么通过其间充满水的两块玻璃组成的物镜，望远镜可以比我们已经描述过的要完善。令 ADFC（图 1-28）表示由两块玻璃 ABED 和 BEFC 组成的物镜，其外侧 AGD 和 CHF 是同样地凸的，内侧 BME 和 CNE 是同样地凹的，凹面 BMEN 中充满水。令从玻璃入射到空气的正弦之比等于 I 比 R；而从水到空气等于 K 比 R，从而玻璃到水

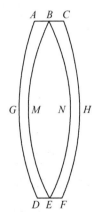

图 1-28

等于 1 比 K；令凸侧 AGD 和 CHF 磨成的球面的球直径为 D，而凹侧 BME 和 BNE 磨成的球面的球直径与 D 之比，等于 $KK-KI$ 的立方根与 $RK-RI$ 的立方根之比；于是就误差由形状的球面造成的误差来说，在玻璃凹侧的折射将大大修正在凸侧的折射误差。而如果误差不是由于各种光线的不同可折射性所致，那么用这种方法会使望远镜充分改善。但是，由于这不同的可折射性，我还不知道有任何比增加它们的长度更好的其他的仅仅通过折射来改善望远镜的方法，惠更斯[①]后来为此目的之设计看来是挺适应的。因为很长的镜筒是笨重的，并难以操纵，而且由于它的长度很容易弯曲，并由于弯曲而摇晃，以致造成物体的频繁颤动，从而变得难以清楚地看它们；反之，根据他的设计，透镜容易操纵，而且物镜被固定在一坚固的直杆上变得更稳定。

因此，鉴于改善给定长度的靠折射的望远镜希望渺茫，以前我用凹面金属代替玻璃物镜，设想了一种靠反射的望远镜。金属磨凹而成的球面的球直径约为 25 英寸，从而该仪器的长度约为 $6\frac{1}{4}$ 英寸。目镜是平凸的，凸侧磨成的球面的球直径约为 $\frac{1}{5}$ 英寸，或稍小些，从而其放大率在 30 和 40 倍之间。用另外的测量方法我发现它放大约 35 倍。该凹面金属具有孔径 $1\frac{1}{3}$ 英寸；但是孔径不是被覆盖着环绕的金属边缘一个不透明圆所限制，而是被放在目镜和眼睛之间的不透明圆所限制，在此圆中央打了一个小圆孔以便光线穿过它到达眼睛。因为这个圆放在这儿能大量挡住错误的光，否则这些光会干扰视觉。将它和一台 4 英尺长的、用凹的玻璃目镜做的极好的望远镜作比较，我能用我自己的仪器比用该望远镜在更大的距离上辨认。然而用它来看物体显得要比用该望远镜来看暗得多，这部分地是因为金属的反射比玻璃的折射损失更多的光，部分地是因为我的仪器负荷

---

① Huygens, Christiaan, 1629—1695。——译者注。

过重。要是它仅放大 30 或 25 倍,那会使物体更生动和令人满意地呈现。大约 16 年前我制作了这些镜子中的两个,其中的一个仍在我处,通过它我能证明我写的东西的真实性。然而它不如第一个那么好。因为这个凹镜曾若干次失去光泽又用很软的皮革再次擦亮。当我制作这些镜子时伦敦的一位技师答应仿制它;但是采用与我不同的其他方法来抛光它们,他远没有达到我已达到的水平,其后通过交谈我明白他雇佣的是杂务工(under workman)。我用的抛光方法是这样的:我有两个圆铜盘,每个直径 6 英寸,一个是凸的,另一个是凹的,磨得互相完全相合。在凸盘上,我研磨要抛光的金属物镜即凹盘,直到它取得凸盘的形状,而且易于抛光,然后用融化了的沥青滴在凸盘上,使它涂上薄薄的一层,并加热使沥青保持柔软;同时我用弄湿的凹铜盘来磨蹭沥青使它均匀地布满凸盘上。这样通过对沥青进行很好的加工,我使它像四便士银币一样薄;而待凸盘冷却后,我再次磨它,尽我可能标准地赋予它一种形状。然后取来我已通过洗去其所有的粗颗粒而加工得很精细的擦粉,撒少许在沥青上,我用凹铜盘研磨沥青上的擦粉,直到它发出噪声;接着我尽力倚靠它,在沥青上以轻快的运动研磨金属物镜约两三分钟时间。然后我放一些新的擦粉在沥青上再磨,直到它发出噪声,往后再像以前那样在它上面研磨金属物镜。这一工作我重复做到金属被抛光,最后一次用我的全力研磨它好一会儿,并频繁地对沥青哈气以保持它湿润,不往上撒更多的擦粉。该金属镜有 2 英寸宽,约 $\frac{1}{3}$ 英寸厚以防弯曲。我有两块这种金属,当我研磨它们二者时,我曾检验哪块最好,然后再研磨另一块,看我能否使它比我放着的那一块更好。于是通过多次试验,我掌握了抛光的方法,直到我制成如上所说的这两块反射镜。因为经过反复实践对这一研磨技术比我描述的掌握得更好。我在沥青上研磨金属物镜之前,总是先用凹铜盘研磨沥青上的擦粉,直到它发出噪声,因为如果擦粉颗粒不是用这种方法牢固地黏结在沥青上，它们会经过滚上滚下，磨损和蹭坏金属物镜而使它布满小坑。

但是因为金属比玻璃更难抛光，而且以后很容易因失去光泽而无用，它反射的光又不像镀水银的玻璃那样多：我要提出用前侧磨成凹面、后侧磨成同样的凸面，并在凸侧上镀满水银的玻璃来代替金属。该玻璃必须是处处准确地同样厚薄，否则它会使物体看上去是带彩色的和模糊的。大约在五六年前，用这样的玻璃镜子我试做了一架 4 英尺长放大约 150 倍的反射望远镜，而我确信，这里只缺一名好的技师作出设计来使它完善，其他什么也不缺。由于该玻璃镜子是我们的伦敦技师中的一位按照诸如他们磨制望远镜透镜此类方法加工的，尽管它看起来加工得像加工玻璃物镜常有的一样好，可是当它被镀上水银时，反射就暴露出无数遍布玻璃表面的不等同性。而由于这些不等同性，而使物体在这种仪器中显得不清楚。因为由玻璃的任何不等同性所造成的反射光线的误差，比由类似的不等同性造成的折射光线的误差约大 6 倍。然而据这种实验我确信，玻璃凹侧的反射——我担心它会扰乱视觉——没有明显损害视觉，因此，要改善这些望远镜什么也不缺，只是缺乏能将玻璃研磨和抛光成真正的球面的工匠。一个 14 英尺长的望远镜的玻璃物镜，由一位技工在伦敦制造，我曾通过在带擦粉的沥青上研磨它而作了相当大的改善，而在研磨时将它轻快地靠在沥青上，以免得擦粉擦伤它。或许这种方法对于抛光这些玻璃反射镜不够好，但是我还未试验。但是试验这种或者其他任何一种他可能认为是更好的抛光方法的人，不用那种猛烈的方法来研磨它们，可以干得很好，以使他们的透镜准备抛光；我们的伦敦工匠们采用这种猛烈的方法，在研磨时紧压他们的玻璃。因为用这种猛烈的压力，玻璃在研磨时容易稍有弯曲，而这种弯曲无疑将损坏透镜的外形。因此，为了向诸如渴望设计玻璃镜外形的此类技师提出这些反射玻璃镜的考虑，我将在下一命题中描述这一光学仪器。

命题 8，问题 2

缩短望远镜

令 $ABCD$（图 1-29）表示一个透镜，它的前侧 AB 是一凹球

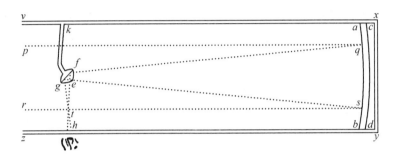

图　1-29

面，背侧 CD 是相应的凸球面，因此它的厚薄处处相同。令它不是一侧比另一侧更厚，以免它使物体显出带色和不清晰，并让它被加工得很合格，背侧遍镀水银；透镜固定在里面必须很黑的管子 $VXYZ$ 内。令 EFG 表示一玻璃或水晶棱镜，它放置在靠近管子的另一端，并在其中央，利用黄铜或铁制的柄 FGK 一端的平坦部分黏结此棱镜。令此棱镜在 E 处成直角，并令另外两个角 F 和 G 彼此精确相等，从而都等于半直角；又令两平侧面 FE 和 GE 都是正方形，从而第三侧面 FG 表示一矩形，它的长与宽的比值是 2 的平方根比 1。令棱镜这样放在管子中使镜子的轴可以垂直地穿过正方形边 EF 的中央，因此以 45 度的角穿过边 FG 的中央；又令边 EF 朝向镜子，棱镜与镜子是这样的距离以至于沿平行于镜轴入射到镜面的光线 PQ、RS 等由此可以在 EF 进入棱镜，而被 FG 边反射，并从 GE 边穿出棱镜到达 T 点，T 应当是镜子 $ABCD$ 和平凸目镜 H 的公共焦点，那些光线必定经过目镜到达眼睛。让经过目镜的光线经穿过一个打在铅、黄铜或银制小盘上的小孔即孔径射出目镜，目镜被此小盘挡住，

此孔应当不比光足以透过所需要的大。因为这样,将使物体清楚,其中的小盘使来自反射镜 *AB* 的边缘的光中所有有误差的部分都被挡住。这样一个仪器做好后,如果它有 6 英尺长(长度从反射镜算到棱镜,并由此算到焦点 *T*),在反射镜上开有 6 英寸的孔径,放大倍数在 200 和 300 倍之间。但是在孔 *H* 处比孔径开在反射镜处更有利于限制孔径。如果该仪器做得更长或更短,那么孔径必须与长度四次方根的立方成比例,而放大率与孔径成比例。反射镜至少比孔径大 1 或 2 英寸是方便的;而且反射镜的玻璃是厚的,在加工时不易被弄弯。棱镜 *EFG* 应不比需要的大,而且它的背侧 *FG* 不必镀水银。因为,不镀水银它也将反射从反射镜入射到它上面的全部光。

在这一仪器中物体是倒置的,但是可以通过将棱镜 *EFG* 的正方形面 *FE* 和 *EG* 磨成不是平面而是凸球面而使物体正立,到达棱镜前的光线以及往后棱镜与目镜间的光线都可以穿过。如果要求该仪器有较大的孔径,那也可以用中间充满水的两块玻璃组成的反射镜来做。

如果这一制造望远镜的理论最终能充分用于实践,那仍然存在超出望远镜性能的一定界限。因为,我们看恒星时所透过的空气在不停地抖动着;就像由高塔投射的阴影的颤动以及恒星的闪烁可以看到的那样。但是当我们用大孔径的望远镜观看时,这些恒星却并不闪烁。因为透过孔径的若干个部分的光,它们中的每个都是各自颤动的,由于它们不同的而有时是相反的颤动同时落到眼底的不同点上,以及它们各自被感知的颤动都太快而且太混乱。而所有这些被照亮的点组成一宽大的亮点,它由那些许多因很短暂和迅速的抖动而紊乱地、不可觉察地彼此混合的颤动点组成,从而使该恒星显得比原来更宽大,而整体则没有任何颤动。长望远镜会使物体显得比短望远镜更亮更大,但是它们不能使由大气抖动造成的光线混乱消除。唯一的补救办法是一种最清澈平稳,就像在云层之上最高的山顶上也许会发现的那样。

第二部分

命题 1—11

命题 1, 定理 1

被折射或反射的光中有诸颜色的现象不是由按光和阴影的不同界限而受到不同影响的光的新变异所造成的。

实验证据

实验 1 因为如果太阳光通过一个宽度为 $\frac{1}{8}$ 至 $\frac{1}{6}$ 英寸、或者略窄些的长形孔 F 进入一个很暗的室内（图 1-30，74 页）；尔后光束 FH 首先经过一块距离孔大约 20 英尺且平行于孔的很大的棱镜 ABC，再（以它会聚成白光的部分）穿过另一个宽度约 $\frac{1}{40}$ 至 $\frac{1}{60}$ 英寸的长形孔 H，而它开在黑色不透明物体 GI 上，置于与棱镜距离 2 至 3 英尺处，且取平行于棱镜和第一个孔的姿势，又如果这束白光传递穿过孔 H，尔后落到放在该孔后 3 至 4 英尺距离处的白纸 pt 上，并在纸上描出棱镜常见的各种颜色（假定红色在 t 处，黄色在 s 处，绿色在 r 处，蓝色在 q 处，紫色在 p 处）；你可以用一根粗细大约 $\frac{1}{10}$ 英寸的铁丝或者任一诸如此类的细长不透明物体，通过遮挡在 k、l、m、n 或 o 处的光线，去掉 t、s、r、q 或 p 处的任何一种

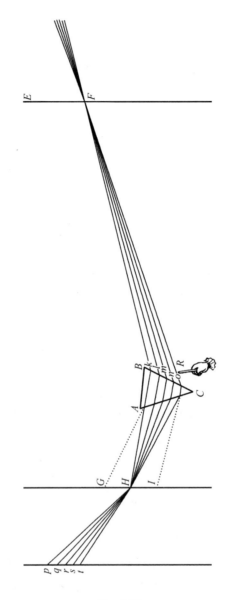

图　1-30

颜色,同时其他颜色保留在纸上如前;或者用一根稍粗些的障碍物你可以一起去掉每两种、或三种或四种颜色,其余的保留:所以,任何一种颜色都可以像紫色一样成为阴影边界朝着 p 的最外侧的颜色,任何一种颜色也可以像红色一样成为阴影边界朝着 t 的最外侧的颜色,而且任何一种颜色都可以与诸色内因障碍物 R 遮挡光的某个中介部分而形成的阴影相交界,而最后,其中每一种单独留下的颜色都可以与任何一端的阴影相交界。所有的颜色都使它们自己无关紧要地与任何阴影相交界,因此,这些颜色相互间的差异并不像迄今为止哲学家们的看法那样从阴影的不同边界产生,从而使光有不同的变更。在做这些试验时观察到,使孔 F 和 H 更窄多少,它们与棱镜的间距更大多少,暗室更暗多少,实验就会相应地做得更成功些;假定光不至于太弱,只要 pt 上的颜色足够可见。要为该实验取得一块足够大的实心玻璃棱镜将是困难的,因此必须用抛光玻璃板粘合成的棱柱状容器,并在里面注满盐水或者清澈的油。

实验 2 让太阳光通过宽为半英寸的圆孔 F 进入暗室(图 1-31),首先经过放在孔边的棱镜 ABC,再经过距离棱镜 8 英尺左右、宽略超过 4 英寸的透镜 PT,并从那里会聚于距透镜约 3 英尺处的其焦点 O,并在那里落到一张白纸 DE 上。如果纸垂直于入射到其上的光,如姿态 DE 所示,那么纸上 O 处的所有颜色呈现为白色。但是,如果将纸绕着平行于棱镜的轴旋转,使它相对于入射光甚为倾斜,如 de 或 $\delta\varepsilon$ 位置所示;那么同样的入射光在一种位置上呈现为黄色或者红色,在另一种位置上呈现为蓝色。在此,同一部分光在同一地点却会因纸的不同倾斜状态,在一种位置上呈现为白色,另一位置上为黄色或者红色,第三种位置上为蓝色,同时,在所有这些位置上光和阴影的边界以及棱镜的折射都保持相同。

实验 3 另外一个这样的实验可以更容易地进行如下。通过护窗板上的一个孔,让一束宽的太阳光束进入暗室,受到一块大棱镜 ABC 折射(图 1-32),棱镜折射角 C 大于 60 度,当光从棱镜出射而让它落到粘在一片硬板上的白纸 DE 上;而当纸与

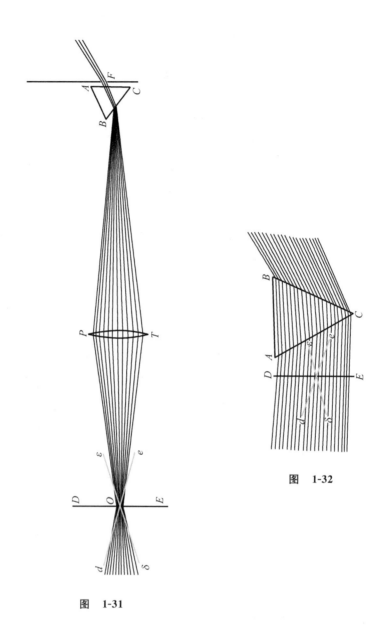

图　1-31

图　1-32

光相垂直时，如 DE 位置所示，纸上的该光完全呈现为白色；但是当纸相对于光十分倾斜，并采取始终保持与棱镜的轴平行的方式时,纸上的整束光的白度将会随着纸这样或那样倾斜而发生变化,在姿态 *de* 时变成黄色和红色,或在姿态 *δε* 时变成紫色。而如果用两块平行的棱镜对光作两次同样方式的折射,然后再落到纸上,那么这些颜色会变得更加明显。这里,落到纸上的白色宽光束中央部分没有为阴影的任一边界所变异,统统变成带有一种均匀的颜色的色光,纸的中央与两边颜色总是相同的;尽管在折射或阴影中或者投射在纸上的光中没有任何改变,这种颜色还是随着反射的纸的不同倾斜而改变。因此,这些颜色由某个其他原因所产生,而不是由为折射和阴影引起的光的新变异产生。

倘若要追究,其原因何在? 我回答,对于较大可折射光线比对于较小可折射光线更倾斜的处于姿态 *de* 的纸,受到后者的照明要比受到前者的更强,因此反射光中较小可折射光线占优势。在任何光中只要它们占优势,它们便会将此光染成红色或者黄色,正如在本编第一部分命题 1 的一些测量中所可呈现的,后文还将更充分地呈现。而处于姿态 *δε* 的纸,情况恰恰相反,较大可折射光线在那里占着优势,它们总是将光染成蓝色或紫色。

实验 4 孩子们玩的肥皂泡上有着各种各样的颜色,它们的情况变化多端,与任何边界或阴影无关。如果这样的一种肥皂泡用凹面透镜罩住,使其不会受到风或者空气流动的扰动,那么即当使人的眼睛和肥皂泡以及所有能够发光或者可以投下影子的物体都保持不动之时,色彩的情况也会缓慢而规则地变化。可见它们的颜色是由某个与任何阴影边界无关的规律性原因所产生。该原因有什么内容,将在下一编中说明。

这些实验还可以加上本编第一部分的实验 10,在那个实验中暗室里的太阳光,穿过束缚在一起成平行六面体的两个棱镜的平行表面,在它从棱镜组出射时便全部变成一种均匀的黄色或者红色。这里阴影的边界对这些颜色的产生丝毫不起作用。因为光可以从白色相继地变成黄色、橙色和红色,而阴影的边界没有任何改变。而且在出射光的两个边缘部分,阴影的相反边界本应产生不同的影响,但颜色不论是白色、黄色、橙色或者红色都是相同的一种;而在出射光的中央根本不存在阴影的边界,颜色却与边缘真正相同,整束光在其真正第一次出射时便是一种均匀的颜色,可以是白色的、黄色的、橙色的或者红色的,从那时起继续进行过程中颜色永远没有任何改变,而世俗却认为阴影的边界此类东西对其出射后的折射光中的颜色有影响。这些颜色也不可能是由折射所引起的光的任何新变异所产生的,因为它们相继地从白色变成黄色、橙色和红色,而折射保持相同的,更何况两棱镜的平行表面造成的两种相反方向的折射,它们会抵消相互间的影响。因此,这些颜色不是由折射和阴影引起的光的任何新变异所产生,而是有某种别的原因。这个原因的内容是什么,我们已在上述实验 10 中说明,兹不赘述。

　　该实验中还有另一重要情况。因为这一出射光是再被第三块棱镜 HIK(第一部分图 1-22,42 页)折射到纸 PT 上的,又描出常见的棱镜颜色红、黄、绿、蓝和紫色:如果这些颜色是由该棱镜的折射所引起的光的变异所产生的,那么它们就不能存在入射于该棱镜之前的光之中。而在这一实验中我们还发现,当通过将前两块棱镜绕其公共轴旋转而使得除了红色以外的所有颜色都消失时,那使红色得以单独留下的光,看起来在它入射到第三棱镜前是真正同样的红色。而一般地说我们通过其他实验发现,当将可折射性不同的光线彼此分离,并对其中任何一种分开加以考察时,该光所组成的颜色无论如何不能通过任何折射或者反射来加以改变,然而如果诸颜色正是由折射、反射和阴影造成的光的变异,那么就应该可以改变。颜色的这种不可改变性我将在下一个命题中表述。

命题 2,定理 2

　　所有单色光都有与其可折射程度相对应的固有颜色,

而该颜色不能通过反射和折射来改变。

在本书第一编第一部分命题 4 的一些实验中，当我把杂色光线彼此分开时，由这些分开的光线所形成的谱系按顺序，从最大可折射光线落在其上的端 p，到最小可折射光线落在其上的另一端 t，显现带上这一颜色系列紫、靛、蓝、绿、黄、橙、红，以及一切它们的中介程度的颜色成为一个持续变动的连续相继。由此可见，有多少种不同可折射性的光线，就出现多少色度。

实验 5　正如本编第一部分实验12所表述的，通过棱镜有时对这种光的一个小部分，有时对另一个小部分进行折射，我知道这些颜色不能被折射所改变。因为通过这种折射从未使光的颜色有过丝毫改变。如果红光的任何一部分被折射，那么它完全保持与折射前相同的红色。该折射不产生橙、黄、绿、蓝或其他新的颜色。重复折射也不使此颜色有任何改变，而总是保持与初始完全一样的红色。我也在蓝、绿及其他颜色中发现了同样的恒定性与不变性。如果我通过一块棱镜去观看被这种单色光的任一部分所照亮的任一物体，正如本编第一部分实验 14 所述，结果也是如此；我不能获得由这种途径产生的任一新的颜色。用复合光照明的所有物体，透过棱镜观看呈现模糊（如前所述），并带有各种新的颜色，但是用单色光照明的那些物体，通过棱镜观看呈现的与当用肉眼观看时一样清楚，颜色也相同。它们的颜色不因介入的棱镜的折射而有丝毫的改变。这里我说到颜色的一种明显的改变：因为这里我称为单色的光并不是绝对单色的，这里应当从其杂色性产生颜色的某些细小改变。但是，如果该杂色性像命题 4 提及的诸实验可能制备出来的那样小，那么该改变是不明显的，因此在以感觉为判据的实验中，这种改变应当根本不计。

实验 6　正像这些颜色不因折射而改变那样，它们也不因反射而改变。因为所有白色、灰色、红色、黄色、绿色、蓝色、紫色的物体，例如纸、灰烬、铅丹、雌黄、靛蓝颜料、金、银、铜、草、蓝花、紫罗兰、呈现各种颜色的水泡、孔雀羽毛、愈肾木（Lignum Nephriticum）酊以及诸如此类物体，在红单色光中全都呈现为红色，在蓝光中全都为蓝色，在绿光中全都为绿色，在其他单色光中也一样。这些物体在任一颜色的单色光中全都呈现为同样的颜色，这里仅有的差别在于其中有些物体对该光反射得强烈些，另一些物体则弱一些。我从未发现过任一物体，它通过反射单色光能使自己的颜色发生可感觉的改变。

这一切表明，如果太阳光只包含一种光线，那么整个世界上也只会有一种颜色。无论反射或者折射都将不可能产生任一新的颜色，所以说颜色的多样性取决于太阳光的组成。

定　　义

呈现为红色的或者更确切地说使物体呈现为红色的单色光和光线，我称为呈红的即造成红色的；那些使物体呈现为黄色、绿色、蓝色或紫色的光和光线，我称为呈黄的、呈绿的、呈蓝的或呈紫的，其余以此类推。而任何时候如果我说到光和光线是被呈色的或者被赋予颜色的，那么应该把我的话理解为不是在哲学上和严格地说的，而是粗略地和按诸如一般人在观看所有这些实验时容易形成的此类概念说的。因为严格地说光线是不被呈色的。在它们里面，只有某种激起这种或那种颜色的感觉的力量和属性。因为正如在一口钟、一根乐弦或者其他发声物体中声音只是一种颤动，在空气中声音只是从物体传播出来的该运动，在感觉器官中声音则是取声音的形式的该运动的一种感觉那样，物体的颜色正是对这种或那种光线的反射要比其余光线更丰富的属性；而光线的颜色只是光线将这种或那种运动传送到感觉器官的一种属性，在感觉器官中颜色则是取颜色形式的那些运动的感觉而已。

命题 3, 问题 1

确定与各种颜色对应的各种单色光的可折射性。

为解决这一问题,我做了下面的实验。

实验 7 当我已像本编第一部分实验5描述的那样,使得由棱镜形成的谱系的两条直线边 AF、GM(图 1-33)界限清楚时,

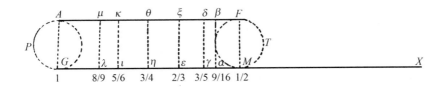

图 1-33

在它里面发现所有的单色与该部分的命题 4 描述的单光谱系中的有相同的相互顺序和位置。因为组成复合光谱系 PT 的、在像系的中央部分互相干扰和混合的诸圆,在其与那两条直线边 AF 和 GM 接触的最外部分并不互相混合。因此当界限清楚时,在这两条直线边中,通过折射没有新的颜色产生。我也观察到,如果在两个最外边的圆 TMF 和 PGA 之间的任何地方,一条如 $\gamma\delta$ 的直线横穿谱系,使其两端垂直地落在其直线边上,那里便呈现同一种颜色,而且从该直线的一端到另一端时色度也是相同的。因此,我在一张纸上描出了谱系的周边 $FAPGMT$;并在进行本编第一部分实验 3 时,我拿着这张纸使谱系可以落在这个描出的图形上,并使两者完全重合,同时一位其眼睛鉴别颜色比我更严格的助手横穿谱系画出直线 $\alpha\beta$、$\gamma\delta$、$\varepsilon\zeta$ 等,记下各种颜色的边界,即红色 $M\alpha\beta F$ 的、橙色 $\alpha\gamma\delta\beta$ 的、黄色 $\gamma\varepsilon\zeta\delta$ 的、绿色 $\varepsilon\eta\theta\zeta$ 的、蓝色 $\eta\iota\kappa\theta$ 的、靛色 $\iota\lambda\mu\kappa$ 的和紫色 $\lambda GA\mu$ 的各边界。

将这项工作多次在同一张纸和在几张纸上重复进行,我发现各次观察足够好地互相吻合,而且两条直线边 MG 和 FA 被上述横线按照一种音乐和弦的方式划分。让 GM 延长到 X,使 MX 可以等于 GM,并将 $GX,\lambda X,\iota X,\eta X,\varepsilon X,\gamma X,\alpha X,MX$ 的彼此比例表为数 $1,\dfrac{8}{9},\dfrac{5}{6},\dfrac{3}{4},\dfrac{2}{3},\dfrac{3}{5},\dfrac{9}{16},\dfrac{1}{2}$,正好代表调的各个和弦,大二度、小三度、四度、五度、大六度、七度和该调以上的八度和弦。而间隔 $M\alpha$、$\alpha\gamma$、$\gamma\varepsilon$、$\varepsilon\eta$、$\eta\iota$、$\iota\lambda$ 和 λG 则是各种颜色(红、橙、黄、绿、蓝、靛、紫)占据的区域。

现在到达那些颜色的极限(即点 M、α、γ、ε、η、ι、λ、G)的各光线折射之差所对的这些间隔或区域,可以没有任何可见的误差地被认为正比于那些具有共同的入射正弦的各光线的折射正弦之差;因此既然从玻璃到空气的最大与最小可折射光线的共同入射正弦(用前述方法)被求得与各自折射正弦之比等于 50 比 77 和 78,那么将折射正弦 77 和 78 之间的差值按照直线 GM 划分成那些间隔一样进行划分,你就会得到 $77,77\dfrac{1}{8},77\dfrac{1}{5}$,$77\dfrac{1}{3},77\dfrac{1}{2},77\dfrac{2}{3},77\dfrac{7}{9},78$ 各值,它们就是各光线从玻璃到空气的折射正弦,其共同的入射正弦为 50。所以,所有呈红光线从玻璃到空气的入射正弦与其折射正弦之比不会大于 50 比 77,不会小于 50 比 $77\dfrac{1}{8}$,但是它们按一切中介比例彼此变动。而呈绿光线的入射正弦对其折射正弦之比,则取 50 比 $77\dfrac{1}{3}$ 到 50 比 $77\dfrac{1}{2}$ 之间的全部比值。属于其余待定义颜色的光线折射,由上述类似极限来限定。呈红光线的折射正弦从 77 扩展到 $77\dfrac{1}{8}$,呈橙光线的从 $77\dfrac{1}{8}$ 到 $77\dfrac{1}{5}$,呈黄光线的从 $77\dfrac{1}{5}$ 到 $77\dfrac{1}{3}$,呈绿光线的从 $77\dfrac{1}{3}$ 到 $77\dfrac{1}{2}$,呈蓝光线的从 $77\dfrac{1}{2}$ 到 $77\dfrac{2}{3}$,呈靛光线从 $77\dfrac{2}{3}$ 到

$77\frac{7}{9}$，呈紫光线从 $77\frac{7}{9}$ 到 78。

这些就是玻璃到空气所作折射的规律，由此再据本编第一部分的公理 3，很容易导出空气到玻璃的折射定律。

实验 8　我还进一步发现，当光从空气经过若干个相邻的折射媒质，例如水和玻璃，由此再进入空气时，无论折射表面是彼此平行的还是倾斜的，每当光经过两次相反的折射，它是如此准确以致其出射所沿直线与入射所沿直线保持平行时，此后继续保持白色。但是，如果出射光线对于入射光线倾斜，那么出射光线的白度从出射地方开始在传递中逐渐地在其边缘染有颜色。这我用几块棱镜放在盛水的棱柱状容器中通过折射光做了试验。现在那些颜色利用其不等同折射显示出各种杂色光线的一种彼此发散和分离，如下面要更充分地说明的那样。而且与此相反，不变的白度表明，在光线的相同入射中，没有这样的出射光线的分离；因而，它们全部折射并没有不等同性。由此我们似乎得到了下述两个定理：

1. 当折射是从各种较密媒质直接进入同一种较疏媒质（例如空气）时，各种光线的折射正弦超出它们共同入射正弦的过量值相互间有一定的比例。

2. 同一种光线从一种媒质进入到另一种媒质时，入射正弦与折射正弦的比值，由第一媒质到任何第三媒质入射正弦与折射正弦的比值和第三媒质到第二媒质入射正弦与折射正弦的比值组成。

据第一条定理，每一种光线从任何媒质进入空气的折射，都能通过已知的任何一种光线的折射得知。例如，要求得每一种光线从雨水到空气的折射，将从玻璃进入空气的折射正弦减去共同的入射正弦，余数将是 $27, 27\frac{1}{8}, 27\frac{1}{5}, 27\frac{1}{3}, 27\frac{1}{2}, 27\frac{2}{3}$, $27\frac{7}{9}, 28$。现在假定从雨水进入到空气时，最小可折射光线的入射正弦与其折射正弦之比为 3 比 4,而表明这两个正弦差值 1 与入射正弦值 3 之比,等于上述最小余数 27 与第四个数 81 之比;而 81 便将是雨水进入空气的共同入射正弦,如果你把上述所有余数分别加到这一入射正弦上去,那你便可得到所要求的诸折射正弦值:$108, 108\frac{1}{8}, 108\frac{1}{5}, 108\frac{1}{3}, 108\frac{1}{2}, 108\frac{2}{3}, 108\frac{7}{9}, 109$。

据第二条定理,就了解从一种媒质进入另一种媒质的折射,只要你掌握了从两种媒质分别进入到任一第三种媒质的折射。例如任一光线从玻璃进入空气的入射正弦与其折射正弦之比为 20 比 31,又同一光线从空气进入水的入射正弦与其折射正弦之比为 4 比 3;那么该光线从玻璃进入水的入射正弦与其折射正弦之比将为 20 比 31 和 4 比 3 的交联,即为 20 与 4 的乘积和 31 与 3 的乘积之比,或者说为 80 比 93。

而将这两个定理收纳到光学中来,便会有足够的余地根据一种新的方式恢弘地去掌握这门学科,不只是通过讲授那些有助于改善视觉的东西,而且还通过从数学上解释能因折射而产生的所有各种颜色现象。为要做到这一点,只是必须求出杂色光线的分离,及其各种各样的混合和在任一种混合中的比例关系。按照这样的论证途径,除对论证没有必要的某些其他现象外,我几乎构思出了这几编所描述的所有现象;并且根据我在这些试验中获得的成果,我敢断言,对于会正确地论证、又以优质玻璃和足够谨慎地来做所有试验的人来说,预期的结果是不会得不到的。但是他首先应该知道,什么颜色会由按给定的比例混合的任何颜色产生。

命题 4,定理 3

颜色可以通过复合产生,就颜色的外观而言这类颜色应当与单色光的颜色相同,但是就颜色的不变性和光的组成来说却并不相同。并且那些颜色复合越多,它们就越不纯正、越不强烈;并且复合过多,它们就可以变淡,变弱,直到颜色消失,而混合变为白色或者灰色。可能也有通过复合产生的颜色,并不与单色光的任何一种颜色充分相同。

例如单一的红色和黄色的混合,组成一种橙色,它在颜色的外观上与非混合的棱镜产生的颜色系列中处于红黄之间的那种橙色相同;但是一种橙色光就可折射性而言是单一的,而另一种橙色光却是复合的,而且如果通过棱镜观看,一种橙色光的颜色是不变的,另一种橙色光的颜色会变并分解成它的组分颜色,即红色与黄色。而按照同样方法,其他相邻的单一颜色可以复合成新的颜色,相似于中介的单一颜色,例如黄色与绿色复合成相似介于两者之间的颜色,尔后如果再加上蓝色便会形成一种绿色,它是参加复合的三种颜色的中间色。另一方面,例如黄色与蓝色,如果是等量复合,它们便形成中介的绿色,在复合中同等地靠近它们自己(黄色与蓝色),从而保持如同处于平衡状态,既不更倾向这一侧的黄色,也不更倾向另一侧的蓝色,而是通过它们的混合作用仍然保持一种中间色。在这种混成的绿色中可以进而加入一些红色和紫色,绿色并不立即消失,而只是变得不那么纯正和鲜明,又通过增加红色和紫色,绿色会变得越来越淡,直到当添加的颜色成主流时,绿色被胜过而转变成白色或者某种别的颜色。所以如果将所有种类的光线复合成的白色太阳光加到任何一种单色光的颜色中去,那么该颜色不会消失或改变其色种,只是被冲淡,而随着加入的白光越来越多,该颜色会不断地变得越来越淡。最后,如果将红色和紫色混合,那么按照它们的不同比例会产生出各种紫红颜色,以致在外观上与任何单色光的颜色都不相同。而这些紫红色与黄色和蓝色混合,则可以产生出其他新的颜色。

命题 5,定理 4

白色和所有介于白色与黑色之间的灰色,可以由各种颜色复合而成,而太阳光的白色由按一定比例混合的原色复合而成。

实验证据

实验 9　太阳光通过护窗板上的一个小圆孔进入一间暗室,在那里经一块棱镜折射后在对面的墙上投下太阳的彩色像 PT(图 1-34)。我把一张白纸 V 以这样的方式放到该像处,由

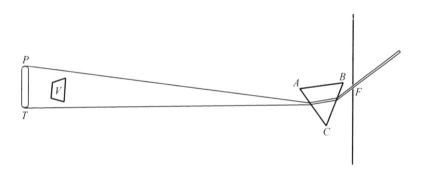

图　1-34

于彩光从那里反射出来而可以照明该纸,而且在其从棱镜到谱系的路上该光的任一部分也没有被挡住。而我发现,当此纸被放在距任何一种颜色近于距其他颜色时,它便呈现它最靠近的那种颜色;但是当纸与所有颜色的距离都相等或者几乎相等,从而使所有颜色的光都可以均等地照明这张纸时,纸便呈现出白色。而纸在最后一种位置时,如果挡住某些颜色,那么纸就失去其白色,同时呈现出其余没有被挡住的那些光的颜色。所以说,纸被各种颜色(即红、黄、绿、蓝、紫)的光所照明,此光的每一部分在它入射到纸上继而反射到人

眼之前一直保持着它的固有颜色,以致如果它不是单独的(此光的其余的光线已被挡住),就是它最多,并在从纸上反射的光中占优势,那么它就会以其颜色呈现纸上;可是它与其余颜色按一定比例混合,它使纸看起来就是白色的,因此通过与其余颜色的复合而产生该光。从谱系反射的彩光的各部分,在它们由此经过空气传播的时候,保持其固有颜色,因为无论在何处落到任一观察者的眼睛,它们总是使谱系的各部分在其固有颜色下呈现。因此,当它们落到纸 V 上时,它们保持其固有颜色,从而那些颜色的交迭和充分混合,复合成由此反射的光的白色。

实验 10 令谱系或太阳像 PT(图 1-35)现在落在距棱镜 ABC 约 6 英尺远,宽超过 4 英寸的透镜 MN 上,而且这样布置以便透镜能够将棱镜发散出的彩色光会聚并重新相遇于其焦点 O,O 点离透镜大约 6 至 8 英尺远,光在那里垂直地落到白纸 DE 上。而如果你前后移动这张纸,那就会觉察,在透镜附近,例如在 de 处,整个太阳像(假定在 pt)按上面说明的方式强烈地带色呈现在纸上,而且离开透镜后退,这些颜色将不断地彼此趋近,通过愈益混合而不断地相互冲淡,直到最后纸到达焦点 O,在那里因完全混合,颜色将完全消失而转化成白色,这时呈现在纸上的全部光就像一个小白圆。尔后通过进一步从透镜后退,原先会聚的光线这时在焦点 O 彼此交叉,再从此发散,从而使诸颜色再次出现,只是顺序相反;假定在 $\delta\epsilon$ 处,原先在下的红色 t,此时在上,而原先在上的紫色 p,此时在下。

现在让我们把纸停在焦点 O,光在那里完全呈现为白色的和圆的,再让我们来考虑它的白色性。我说,这是由各种会聚颜色复合而成的。因为如果在透镜处挡住那些颜色中的任何一种,白色便消失,并变成未被挡住的其他颜色复合而成的那种颜色。然后如果让挡住的诸色通过并落到此复合颜色上,那么它们便与它混合,而经过它们的混入,白色又得到恢复。例如,如果挡住紫色、蓝色和绿色,那么留下的黄色、橙色和红色将在纸上复合成一种橙色;然后如果让挡住的诸颜色通过,那么它们将落在这种复合成的橙色上,和它一起再复合成白色。同样如果挡住红色和紫色,留下的黄色、绿色和蓝色便在纸上复合成一种绿色,然后让红色和紫色通过并落在这种绿色上,便和它一起又复合成白色。而且从这些论证中可以进一步看出,在这种白色的组成中,各种光线并没有通过相互作用使它们颜色性质发生任何变化,只是彼此混合,并通过其颜色的一种混合生成白色。

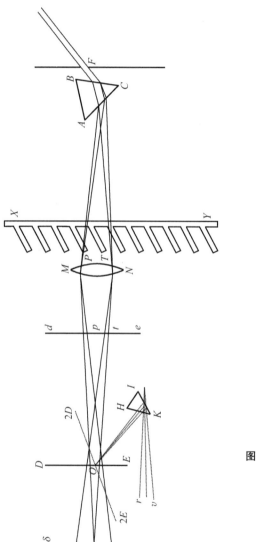

图 1-35

如果纸放在焦点 O 之外,假定在 $\delta\varepsilon$,然后让红色在透镜处交替地先被挡住再让通过,纸上的紫色没有因而受到任何改变,正像如果各种光线在它们相交于焦点 O 时相互作用,应当并不彼此改变一样。同样,纸上的红色也不会被与它相交的紫色的任何交替地挡住和通过的紫色所改变。

而如果纸放在焦点 O,O 处的白色像用棱镜观看,并被该棱镜折射而转移到地方 $\gamma\upsilon$,看起来带有各种颜色(即紫色在 υ 处,红色在 γ 处,其余颜色在中间),然后让透镜处的红色频繁地轮流被挡住和让通过,γ 处的红色就会相应地时而消失、时而再现,但是 υ 处的紫色并不因而受到任何改变。同样,在透镜处交替地挡住和通过蓝色,υ 处的蓝色也将相应地消失和再现,在 γ 处的红色并不造成任何变化。因此,红色取决于某种光线,蓝色取决于另一种光线,它们在焦点 O 彼此混合,并不相互作用。其他的颜色依此类推。

我进一步考虑到,当最大可折射光线 Pp 和最小可折射光线 Tt 因会聚而相互倾斜时,如果纸放在焦点 O 处与那些光线非常倾斜,那么它就可以反射其中一种光线比反射别种光线更多,而用该方法,焦点处反射光就会带有占优势的光线的颜色,假定那些光线在焦点处形成的白色的组成中,分别保持着它们的颜色或颜色的性质。但是如果它们在白色中没有保持自己的颜色,而是全部分别具有一以白色感激起视觉的属性,那么它们就永不会因为这样的反射而失去它们的白色性。于是我把纸偏转得十分倾斜于此光线,如同第一编第二部分实验 2 那样,可以比其余光线更多地反射,最后白色便相继地变成蓝色、靛蓝色和紫色。接着我把纸朝相反方向倾斜,反射光中最小可折射光线可以比其余光线更多,而白色便相继地变为黄色、橙色和红色。

最后,我制作了一个梳子型的仪器 XY,它有 16 根齿,齿宽约 l 英寸半,齿的间隙宽约 2 英寸。然后在靠近透镜处我把这个仪器的诸齿相继插下,用插下的齿挡住一部分颜色,其余颜色继续穿过齿的间隙到达纸 DE,并在纸上描出一个圆形的太阳像。但是我先把纸这样放置,以便于当梳子移开时像可以呈现出白色;然后把梳子像上面所说的那样插入,由于一部分颜色在透镜处被挡住,而使白色像总是改变成那些未挡住的颜色复合而成的颜色,并且该颜色因梳子移动而不断地作这样的改变,以便在每个齿通过透镜时,一切颜色(红、黄、绿、蓝、紫红)确实是一种接一种地出现。因此我让所有的齿相继经过透镜,在移动较慢时,纸上会出现一个不断的颜色程序相继;但是如果我将移动加速得这样快,以致这些颜色因为它们的快速相继而无法彼此区分,那么单色的外观就不见了。再也看不出红色、黄色、绿色、蓝色或紫色,有的只是它们全体混淆而生成的一种均匀白色。这种所有颜色混合而成白色的光中,没有一部分是真正的白色。一部分是红色,另一部分是黄色,第三部分是绿色,第四部分是蓝色,第五部分是紫红色,在到达感觉器官之前每一部分都保持着它们的固有颜色。如果视觉印象一个接一个缓慢地相随,以致这些印象能分别地被感受,那么所有的颜色便会成一种连续相继,一个接一个地形成一种清楚的感觉。但是如果这些印象彼此相随这样迅速,以致不能逐个地感受它们,那么所有印象便形成一种共同的感觉,这不是这种颜色或那种颜色单独形成的感觉,而是使它自己对所有的颜色感觉不偏不颇,而这是一种白色的感觉。由于这种相继的迅速,各种颜色的印象在感觉器官中被混淆起来,并从那种混淆中形成一种混合的感觉。如果使一块燃烧着的煤沿着圆周迅速而不停地旋转,那么整个圆周看起来都像火;其原因是,煤在该圆周上各个地方的感觉都在感官上保持印象,直到煤再次转回到同一地方。同样在诸颜色的快速连续中,每一种颜色的印象都保持在感官中,直到所有颜色完成一次循环,第一种颜色再次回来。因此,所有相继颜色的印象共同在感觉器官中联合地激起一种它们全体的感觉,所以这项实验表明,所有颜色的混合感觉确实激起和产生了一种白色的感觉,也就是说,白色是由所有颜色复合而成的。

而现在如果把梳子移开,那么所有颜色可以立刻从透镜到达白纸，在纸上相互混合，一起从那里反射到观察者的眼睛；这时，它们在感官中的印象混合得更加细致和充分，应当更为激起一种白色的感觉。

你可以用两块棱镜 HIK 和 LMN 代替此透镜，由于彩色光在这两块棱镜中的折射方向与第一次折射时相反，这两块棱镜可以使发散光线会聚并在 O 处再次相遇，如图 1-36 所示。因为在 O 处它们相遇并混合，像使用透镜时一样它们复合成白光。

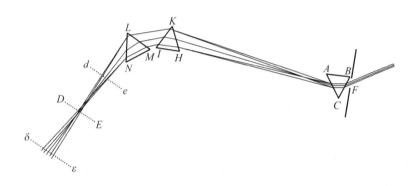

图　1-36

实验 11　令太阳的彩色像 PT（图 1-37）像第一编[①]实验 3 那样落在暗室的墙上，并通过与 ABC 平行放置的一个棱镜 abc 观察，经 abc 折射而成该像，并让它呈现出比原先低，假定它在正对着红色 T 的 S 处。如果你走近像 PT，那么谱系 S 与像 PT 一样呈现长形和彩色；但是如果从它后退，那么谱系 S 的颜色就会越来越收缩，直到最后消失，同时谱系 S 也成为理想的圆形并且是白色的；如果你进一步后退，颜色又再次出现，只是顺序相反。这时该谱系 S 在该情况下显示出白色，从像 PT 向棱镜 abc 会聚的各种光线经棱镜的这样的不均匀折射，以便在它们从棱镜到眼睛的路上它们可以看成是从谱系 S 的同一点发散出来

────────────

①　参见本编第一部分实验 3，图 1-13。——译者注。

的,因此尔后落到眼底的同一点上,并在那里相混合。

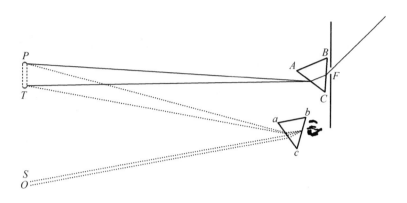

图 1-37

进一步说,在此使用梳子,可以用梳子的各齿相继遮挡在像 PT 处的各种颜色;当梳子缓慢移动时,谱系 S 将不断地带有相继的颜色:但是当通过加速梳子的运动,颜色的相继是如此迅速,以致不再能分别看出它们时,通过一种对它们全体的混淆和混合感觉,谱系 S 将显现为白色。

实验 12 太阳通过一块大棱镜 ABC(图 1-38)照着紧靠棱镜

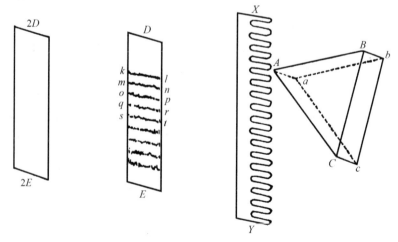

图 1-38

后面的梳子 XY，太阳光通过齿间狭缝落在白纸 DE 上。齿的宽度等于齿间狭缝宽度，七根齿包括其间狭缝共计 1 英寸宽。这时，当纸和梳子的间距约为 2,3 英寸时，通过梳子的几条缝的光描出这么多的色带，如 kl、mn、op、qr 等等，它们彼此平行、邻接、没有任何白色的混合。如果梳子连续地上下往返运动，这些色带便在纸上升降；而当梳子运动得这样快，以致诸颜色不能一一区分时，因为颜色在感觉器官中混淆和混合，整张纸便显现为白色。

这时让梳子静止，并让纸离开棱镜更远，各颜色条就会越来越膨胀并相互扩张，而通过它们的颜色因混合将彼此冲淡，最后，纸与梳子的间距大约为 1 英尺或者略多一些时（假定在 $2D2E$ 处），诸颜色彼此冲淡到变为白色。

这时用任一障碍物挡去通过任何一个齿的间隙的所有光，以便从那里来的色带隐去，你可以看到其余色带的光会扩展进入到隐去的色带的地方，那会出现颜色。让被遮挡的色带光像原先一样通过，它的颜色落在其他诸色带上，并与它们混合，便又恢复白色。

这时让纸 $2D2E$ 处相对于光线大大倾斜，以便最大可折射光线能比其余光线反射得更多，纸上的白色因这些光线的超量而变成蓝色和紫色。让纸朝着相反方向作同样大的倾斜，以便最小可折射光线这时能比其余光线反射得更多，并由于这些光线的超量而使得白色变成黄色和红色。因此，在该白色光中各种光线确实保持着自己的色性，这使一旦任一种光线比其余光线更多时，它们由于自己的超量和优势而造成它们的固有颜色显现出来。

通过本编这第二部分实验 3 应用的同一论证方法，可以得出结论，所有折射光在它真正第一次出射时显现的白色如同它入射前一样白，这种白色是由各种颜色复合而成的。

实验 13 上述实验中梳子的几个齿间隙起着同样多个棱镜的作用，每条间隙都产生一块棱镜的现象。在那里用若干块棱镜来替换那些间隙，我试验通过混合它们的颜色来复合出白色，只用了三块棱镜来做，也只用两块棱镜来做如下。取两块棱镜 ABC 和 abc（图 1-39），它们的折射角 B 和 b 相等，相互平行放置，以使一块棱镜的折射角 B 可以与另一块棱镜底上的角 C 相接触，而它们出射的两个平面 CB 和 cb 可以对着同一方向。然后，让通过它们的光落在与棱镜的距离约 8 至 12 英寸的纸上。由两块棱镜的内极限 B 和 C 产生的颜色将在 PT 混合，并在那里复合成白色。因为如果将其中一块棱镜取走，另一块棱镜形成的颜色便显现在地方 PT，而当此棱镜放回到它原来的地方时，这样它的颜色又能在那里落在另一块的颜色上面，两者的混合将恢复成白色。

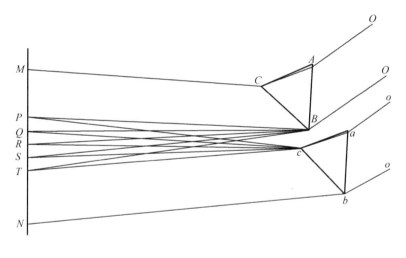

图　1-39

正如我试验过的那样，当下面棱镜的角 b 稍大于上面棱镜的角 B，并在内角 B 和 c 之间留出一定的间隙 Bc，如图所示，并且折射平面 BC 和 bc 既不对准同一方向也不互相平行时，这种实验也是成功的。因为对这种实验的成功所必需的，莫过于所有种类的光线可以均匀地在纸上的地方 PT 混合。如果来自上方棱镜的最大可折射光线占据着 M 至 P 的所有区域，那么来自下方棱镜的同种光线应该从 P 开始并且占据从这里朝着 N 的所有其余区域。如果来自上方棱镜的最小可折射光线占据区域 MT,那么来自另一块棱镜的同类光线应该从 T 开始并且占据剩下的区域 TN。如果具有中等程度可折射性并来自上方棱镜的光线中的一种伸展过区域 MQ,那些光线的另一种伸展过区域 MR,而其中第三种伸展过区域 MS,那么来自下方棱镜的同类光线应该分别照射在余下的区域 QN、RN、SN。而对所有其他种光线的理解将是同样的。因为这样一来每一种光线将被均匀而同等地散射穿过整个区域 MN,因此在各处都以同样的比例混合,它们必定在各处产生同样的颜色。因此,既然通过这种混合它们在外部区域 MP 和 TN 产生白色,那么它们也必定在内部区域 PT 中产生白色。这就是在这个实验中借以产生出白色的复合原因,并且无论我通过什么样的其他方法来进行同样的复合,结果总是白色。

最后,如果用一把大小合适的梳子的诸齿,交替地挡住两块棱镜落到区域 PT 上的带色光,那么当梳子移动缓慢时,区域 PT 总是显现出颜色,但是当梳子加速到一定程度时,相继的颜色不能再彼此区分,它便显现为白色。

实验 14 到目前为止,我已通过对棱镜各种颜色的混合产生出了白色。如果这时要把自然界物体的各种颜色混合起来,那么就将稍浓的肥皂水上搅动冒起一层泡沫,待泡沫稳定一会儿后,对专心地观察它的人来说,将在各个肥皂泡表面上到处都呈现出各种颜色;但是对离开肥皂泡一定远近的人来说,他就不能将诸色彼此区分,整个泡沫层将变白到一种完全的白色。

实验 15 最后,在通过将画家使用的色粉混合起来,力图复合出一种白色时,我考虑所有的色粉确实把照明它们的很可观的一部分光消除和阻遏住。因为它们成为带色的,就由于更多地反射自己颜色的光,又较少地反射所有其他颜色的光,然而它们反射自己颜色的光不如白色物体反射的那样多。例如,将铅丹与白纸放在由于棱镜的折射而在暗室中形成的谱系的红光之中,如本编第一部分实验 3 所述;白纸将显得比铅丹更明亮,因此白纸比铅丹更多地反射呈红光线。而如果把它们放在任何其他颜色的光中,纸反射的光将以一个更大的比例超过铅丹反射的光。其他颜色的色粉中也发生类似的事情。因此我们并不指望,通过这种色粉的混合能得到一种像纸一样强烈而纯正的白色,只能得到某种灰暗的白色,犹如光明与黑暗或者白色与黑色的混合所能产生的那种白色,这就是一种灰色或者暗褐色、或者黄褐色,诸如人的指甲、老鼠、灰烬、一般的石块、砂浆、大路上的尘土以及类似物体的颜色。我常常通过各种色粉的混合来得到这样一种暗白色。例如一份铅丹与五份铜绿(Viride Eris)复合成像小家鼠一样的暗褐色。因为这两种颜色各自都是其他颜色的复合色,两者合在一起便构成一切颜色的混合;所用的铅丹比铜绿少,这是因为它的颜色纯正。另外,一份铅丹与四份蓝颜料(blue bise)复合成一种略带紫红的暗褐色;而在这种混合中加入按适当的比例的雌黄与铜绿的某种混合物,混合物便失去原有的紫红色泽而成为纯暗褐色。但是不用铅丹此实验做得最成功。我把画家用的某种纯正的鲜紫红粉一点一点地加到雌黄中去,直到雌黄不再呈黄色,而转变成粉红色为止。然后我通过加入一些铜绿和比铜绿稍多一些的蓝颜料来冲淡该红色,最后变成这样一种灰色或者浅白色,它在诸色中不比一色更偏于一色。就这样它变成一种在白色性上等于灰烬、木材的新剖口或者人的皮肤的颜色。雌黄比任何其他色粉反射更多的光,因此也比其他色粉更加有助于复合颜色具有白色性。要精确地定出比例可能是困难的,因为同一种色粉有不同的质量。因此,按照色粉的颜色较为或较不纯正和鲜明,取用的比例应该小些或大些。

现在考虑到这些灰色和暗褐色也可以通过白色和黑色的混合来产生,从而与完全白色的区别并不在于颜色的种类,而是在于明亮的程度方面,这就表明,为使它们成完全白色,所必需的莫过于尽可能地增加它们的光;而反过来说,如果增加它们的光能促使它们趋向完全白色性,由此也就可以接着说,它们与最佳的白色属于同一种类颜色,差别仅在于光的数量。对此我作了下述试验。我取上面提及的第三种灰色混合物(即由雌黄、紫红粉、蓝颜料和铜绿),在我室内地板上厚厚地涂了一层,在那里太阳通过打开的窗扉照在它上面;靠近它,在阴影处我放一张同样大的白纸。然后从它们出发走到 12 至 18 英尺的距离,以致我便不能辨认此色粉表面的不平整性,也不能辨认表面沙子般的粉粒投下的小影子;色粉就呈现强烈白色,甚至在白色度上超过白纸本身,尤其是在云彩把纸上的光稍微遮去一些之时,这时与色粉相比纸就显得发灰,就像原先与纸相比色粉显得发灰一样。但是通过将纸放在太阳能通过窗户玻璃照亮的地方,或者通过关住太阳能通过玻璃照在色粉上的窗户,或者用其他类似的适当方法增加或减少照在色粉上和纸上的光,使得照在色粉上的光以这样一个合适的比例强于照在纸上的光,那么它们在白色度上就显得完全相同。正当我做这个试验的时候,一位朋友来看我,我将他堵在门边,我先不告诉他这是什么颜色,或我正在做什么;我问他,这两种白色哪一种最白,它们在哪一方面有差异?在他走到能看清它们的距离后,他回答说,它们两者都是挺白的,然而他既无法说出哪一种最白,也无法说出它们的颜色在哪一方面有差异。这时,如果你考虑到,阳光下色粉的这种白色是由一些颜色复合成的,这些颜色又是各种组分色粉(雌黄、紫红粉、蓝颜料和铜绿)在同样的阳光下所具有的,那么通过这一实验以及前一个实验,你必定会认识到完全的白色可以由各种颜色复合而成。

从刚才所说的也可以明白,太阳光的白色是由太阳光包含的各种光线所具有的全部颜色复合而成,当这些光线因其各自的可折射性不同而彼此分开时,确实使它们照射的纸张或任何其他白色物体呈色。因为那些颜色(据第二部分命题 2)是不可变革的,每当所有这些光线连同它们的那些颜色再次混合时,便又重新形成像原先一样的白光。

命题 6，问题 2

在各种原色的混合中，已知每一种原色的数量和性质，求复合的颜色。

以 O 为圆心（图 1-40）、OD 为半径画一个圆 ADF，并将周

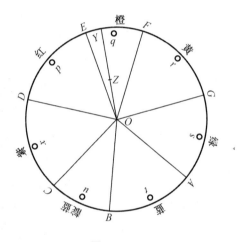

图 1-40

长分成七个部分 DE、EF、FG、GA、AB、BC、CD，它们正比例于七种乐音，或八声 sol、la、fa、sol、la、mi、fa、sol 的音程，它包含在一个八声中，也就是正比于数 $\frac{1}{9}$，$\frac{1}{16}$，$\frac{1}{10}$，$\frac{1}{9}$，$\frac{1}{10}$，$\frac{1}{16}$，$\frac{1}{9}$。令第一部分 DE 代表红色，第二部分 EF 橙色，第三部分 FG 黄色，第四部分 GA 绿色，第五部分 AB 蓝色，第六部分 BC 靛蓝色，第七部分 CD 蓝色。并假设它们是未复合光的全部颜色，这些颜色彼此间逐步过渡，如同它们被棱镜所形成的那样，圆周 DEF-GABCD 代表从太阳彩色像的一端到另一端整个颜色系列，所以从 D 到 E 是一切程度的红色，在 E 点是介于红色与橙色之间

的中等（平均）色，而从 E 到 F 是一切程度的橙色，在 F 点是介于橙色和黄色之间的平均色，从 F 到 G 是一切程度黄色，如此等等。令 p 是弧 DE 的重心，而 q、r、s、t、u、x 分别是弧 EF、FG、GA、AB、BC 和 CD 的重心，并围绕这些重心作相应的小圆，让它们正比于被表述的已知混合的光线的数量：就是说，圆 p 正比于混合中的呈红光线的数量，圆 q 正比于混合中的呈橙光线的数量，其余以此类推。求出所有这些圆 p、q、r、s、t、u、x 的共同重心。令该重心为 Z；并从圆 ADF 的中心出发，经过 Z 向圆周画直线 OY，点 Y 在圆周上的地方应当表示在已知的混合中所有颜色的复合产生的颜色，而直线 OZ 应当正比于颜色的纯度或强度，也就是说，正比于它与白色性的距离。例如，如果 Y 落在 F 和 G 的中央，那么被复合颜色应当是正黄色；如果 Y 从正中偏向 F 或 G，那么复合的颜色相应地应当是一种偏橙或绿的黄色。如果 Z 落在圆周上，那么颜色应当强烈和鲜明至最高程度；如果它落在圆周和圆心的中点上，那么它应当只有一半那么强烈，就是说，它应当是如同通过以等量的白色冲淡最强的黄色会形成的这样一种颜色；而如果它落在圆心 O 上，那么颜色应当已全部丧失其强度，成了一种白色。但是注意，如果点 Z 落在直线 OD 上或者附近，主要的成分是红色和紫色，那么复合而成的颜色便不属任何棱镜产生的颜色，而是一种偏红或紫的紫红色，这要根据 Z 点究竟是趋向直线 DO 的 E 一侧或者 C 一侧来确定，一般来说这种复合的紫色比非复合的紫色更明亮、更鲜艳。同样如果只有两种原色，它们在圆周上的位置恰好相对，以均等比例混合，那么 Z 点应当落在圆心 O，然而这两种颜色复合成的颜色不应当是完全的白色，而是一种淡而不显的颜色。因为我还从未能够通过只两种原色的混合而产生出完全的白色来。我不知道能否可能取圆周上等距离的三种原色的混合来复合出完全的白色，但是取四种或五种原色，我就不那么怀疑，而是可以的。这些只不过是一点好奇心，或对于理解自然界的各种现象不重要的事。因为在自然界产生的一切白色中，都是利用所有种类的光线的混合,从而是所有颜色的一种复合。

为了给出这个准则的一个例子,设想有一种颜色是由这些单一颜色组成的:1份紫色、1份靛色、2份蓝色、3份绿色、5份黄色、6份橙色和10份红色。按这些份数的比例分别作出圆 x、v、t、s、r、q、p,就是说,这样如果圆 x 是1,那么圆心也可以是1,圆 t 是2,圆 s 是3,以及圆 r、q 和 p 分别是5、6和10。然后我找出这些圆的公共重心 Z,并通过 Z 引直线 OY,点 Y 落在圆周上介于 E 和 F 之间,它距 F 稍近于距 E。由此推断,由这些成分复合而成的颜色是一种橙色,在黄色与红色之间稍偏向于红色。同样我还求出 OZ 略小于 OY 的二分之一,我由此推断,这种橙色的纯度和强度略小于非复合成的橙色的一半;这是说,它是这样一种橙色,如同可以通过单一橙色与好的白色以线段 ZY 与 OZ 之比混合而形成的,这个比例并不是橙色粉与红色粉量之比,而是这两种色粉的反射光之比。

我认为这个准则对实践是足够精确的,尽管不是在数学上精确;通过挡住本编实验10中的透镜处的任何颜色,可以在感觉上充分地证明它的正确性。因为其余的那些未被挡住的颜色在到达透镜焦点时,将在那里复合成的颜色,与按照本准则应当从它们的混合中得到的颜色精确地一致或很接近。

命题7,定理5

宇宙中所有由光形成而不依赖于想象力的颜色,不是单色光的颜色,就是那些单色光颜色复合而成的颜色,后者精确地或者很接近地符合前述问题中的准则。

因为已经证明(第二部分命题1),折射形成的颜色的变化并不像哲学家们的不变的和普遍的观点那样,是由于受到了那些折射或者光和阴影各种界限的影响所致的光线的新变异所造成的。也证明了,单色光线的各种颜色确实与它们的可折射程

度有恒定的对应关系（第一部分命题 1 和第二部分命题 2），而
且它们的可折射程度不能通过折射和反射来改变（第一部分命
题 2），并从而它们的那些颜色同样是不可改变的。还通过对各
单色光的折射或者反射分离直接证明了单色光的颜色不能改变
（第二部分命题 2）。还证明了，当各种光线混合并在交叉中通
过同一区域时，它们并不相互作用以致改变彼此的颜色性质（第
二部分实验 10），只不过通过混合它们在感官中作用引起一种
不同于各自单独引起的感觉，那是一种介于它们固有颜色之间
的一种平均的颜色感觉；特别是当通过所有种类光线的汇集和
混合而生成一种白色时，这种白色就是各种光线各自具有的颜
色的全部混合（第二部分命题 5）。在该混合中的光线并不失去
或者改变它们各自的颜色性质，只是它们的所有各种作用在感
官中混合，引起了介于所有颜色之间的一种平均颜色感觉，即白
色感觉。因为白色是所有颜色的一种平均，使它本身不偏向于
任何一种颜色，因此可以同样容易地带上它们中任何一种颜色。
一种红色粉与少许蓝色粉混合，或者一种蓝色粉与少许红色粉
混合，都并不立即失去其颜色，但是一种白色粉与任何色粉混
合，便立即带上了该颜色，并且它能够同样带上无论什么样的任
一颜色。也已证明，因为太阳光是所有种类光线的混合，所以它
的白色性来自于所有种类光线的颜色的一种混合；那些光线从
一开始就具有它们各自的颜色性质以及各自的可折射性，并且
尽管它们在任何时候都可能受到任何折射或者反射，可是这些
性能都将永久保持不变。也无论什么时候利用任何方法（如通
过第一部分实验 9，10 中的反射，或者如所有折射现象中都会发
生的折射）将太阳光中的任何一种光线与其余光线分离，它们就
显示出自己的固有颜色。这些都已得到了证明，所有这一切的
总和相当于将要在这里证明的命题。因为如果说太阳光是各种
光线的混合，其中每一种光线原来就有各自的可折射性和颜色
性质，并且尽管它们的折射与反射，以及它们的各种分离或混
合，它们都永久保持自己原有的性能等同不变；那么世界上所有

颜色必定如同恒久地应该来源于这些光线的原始颜色性质，这些光线组成了颜色可见的光。因此，如果要知任何颜色究竟是什么道理，那么我们要做的事情莫过于考查太阳光中的光线怎样通过反射或折射或者其他原因而彼此分离，或者混合在一起；换句话说，是查明形成该颜色的是光中的哪几种光线，取什么样的比例；然后通过最后一个问题去弄清，那些光线（或者说它们的颜色）按该比例混合，能产生出这种颜色。这里我所说到的颜色是就它们从光产生而论。因为有时候颜色的出现是由于其他原因，例如我们在梦中凭借幻想力看到颜色，或者疯人看到在他面前根本不存在的事物；或者我们的眼睛在受到撞击时看到火花，或者紧压眼睛的一角，同时朝另一方向观看，而看到类似于孔雀羽毛的斑斓色彩。在没有这些或类似的原因的地方，颜色总是对应着一种或者多种组成光的光线，正如我在迄今我能考察的各种各样的颜色现象中不断发现的那样。在下面的各命题中我将给出在最主要的记录的现象中的这方面的事例。

命题 8，问题 3

根据已发现的光的性质去解释棱镜形成的颜色。

令 ABC（图 1-41，103 页）表示一块折射太阳光的棱镜，太阳光是通过一个与棱镜差不多宽的孔 $F\varphi$ 进入暗室的。并令 MN 表示一张白纸，折射后的光投射在它上面，设最大可折射即最深的呈紫光线照在区域 $p\pi$，最小可折射即最深的呈红光线照在区域 $T\tau$。呈靛和呈蓝之间的中间种类光线照在区域 Qx，中间种类的呈绿光线照在区域 Rp，呈黄和呈橙光线之间的中间种类光线照在 $S\sigma$ 区域，其他的中介种类光线照在相应的中介区域。因为这样，各种光线相应地投落的区域将一个接一个地往下分布，这是因为各种光线有不同的可折射性所致。现在，如果纸是这样靠近棱镜，以致区域 PT 和 $\pi\tau$ 互不交迭，它们之间的 $T\pi$ 区域便受

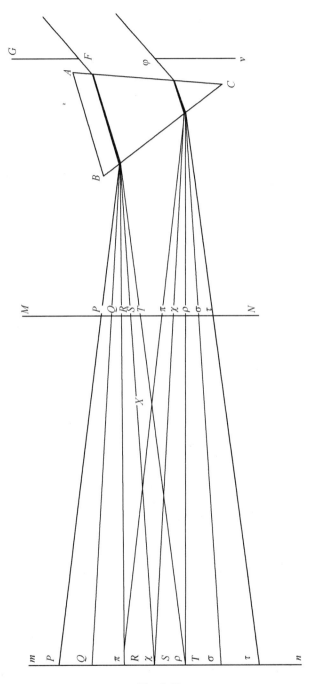

图　1-41

到一切光线的照射,相互间的比例即为它们刚从棱镜出射时的比例,因此区域 $T\pi$ 是白色的。但是另一方面,区域 PT 和 $\pi\tau$ 都将不受到它们全体的照射,因此出现了颜色。尤其在 P 点,只有最外边的呈紫光线单独照射,颜色一定是最深的紫色。在 Q 点呈紫和呈靛光线混合,必定是较偏靛蓝的一种紫色。在 R 点的呈紫、呈靛、呈蓝和一半的呈绿光线混合,它们的颜色必定(据问题 2 的结构)复合成介于靛色和蓝色之间的一种中间色。在 S 点除了呈红和呈橙光线外的所有光线都混合起来,根据同样的准则,它们的颜色应当复合成一种浅蓝色,在绿与靛间更偏绿色。从 S 过渡到 T,这种蓝色将变得越来越弱,越来越淡,一直到 T 点所有种类颜色都开始混合在一起,结果成为白色。

再就是,在白色的另一侧的 τ 点,只有最小可折射的即最远的呈红色光线,颜色必定为最深的红色。在 σ 点红和橙混合将复合成一种偏橙的红色。在 ρ 点红、橙、黄和一半的绿色必定复合成介于橙和黄之间的一种中间色。在 χ 点除去紫和靛蓝以外的所有颜色,混合后将复合成一种浅黄色,在绿与橙色之间更偏绿色。而这种黄色在从 χ 到 π 的过渡中不断变得更弱、更淡,在 π 点因所有种类光线的混合而成为白色。

如果太阳光是完全白色的话,那么这些颜色就应该呈现出来:但是因为太阳光偏黄,使太阳光发黄的那些超量的呈黄光线与 S 和 T 之间的浅蓝色混合,将使它变成一种浅绿,所以按从 P 到 τ 的顺序颜色应该是紫、靛、蓝、很弱的绿、白、弱黄、橙、红。根据计算也是这样:而乐意观看棱镜形成的颜色的人们,将发现自然界中确实如此。

当把纸放在棱镜与 X 点之间时,这些是白色两侧的颜色,在 X 点这些颜色相遇,中间的白色便消失了。因为如果把纸放得离棱镜远些,光的中央部分将缺少最大可折射和最小可折射光线,在那里可以找到的其余光线,将通过混合而产生出一种比原先更纯正的绿色。同样,黄色和蓝色这时将变为复合成分更少,因此将比原先色彩更强烈。而这也是与经验相符的。

而如果有人透过棱镜观看黑暗背景中的一个白色物体,那么外缘上出现颜色产生的原因与将要呈现的那种颜色产生的原因,对将考虑一下它的人来说差不多是相同的。如果一个黑色物体以白色物体作为背景,透过棱镜呈现的颜色是由白色物体的光导出的,这些颜色散布到黑色物体区域,因此它们呈现的顺序与一个白色物体以黑色为背景时呈现的正好相反。当观看一个物体,它的某些部分不如其他部分明亮时,将作同样的理解。因为在较明亮和较不明亮的部分边界上,颜色总是应该根据同一原理从较明亮处光的富余中产生,颜色的种类与较黑部分仿佛是全黑时一样,只是更弱、更淡一些。

关于用棱镜形成颜色的论述,可以很方便地应用于望远镜和显微镜的透镜以及人眼体液形成的颜色中去。因为如果望远镜的物镜一侧比另一侧厚,或者如果用任一不透明物体遮住透镜的或人眼瞳孔的一半,那么物镜、或者物镜和人眼的未遮住部分可以看成侧面弯曲的劈,每块玻璃或其他透明物的劈,具有一块棱镜对穿过它的光进行折射的效应。

在第一部分实验 9,10 中已说清楚了,如何由光的不同可反射性形成颜色。但是在实验 9 值得注意的是,当太阳的直射光是黄色的时候,反射光束 MN 中呈蓝光线的超出只能使该黄色变成有点偏蓝的淡白色,还不足以使它带有一种清晰的蓝色。因此为了得到一种更好的蓝色,我通过将此实验略作变动,用云的白光代替了太阳的黄光,如下:

实验 16 令 HFG(图 1-42,106 页)表示放在室外的一块棱镜,而 S 表示观察者的眼睛,它通过棱镜观看云彩,云光从侧面 FIGK 进入棱镜,并在棱镜中被底面 HEIG 反射,再穿过棱镜侧面 HEFK 出射到人眼。而当棱镜与人眼放置适当,致使底面上的入射角与反射角可以均为 40 度左右时,观察者将看到一条蓝色的弓形从底面的一端延伸到另一端,它的凹边对着观察者,底面中此弓形外面的部分 IMNG 要比其另一侧的另一部分

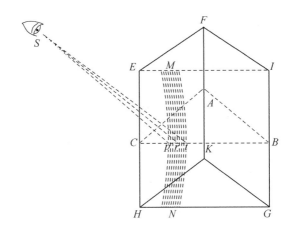

图 1-42

$EMNH$ 更明亮。这个蓝色 MN 正是通过一个对特殊界面的反射形成,看起来是这样奇怪的一种现象,并且这样难用哲学家的一般假说来解释,以致我不得不认为它是值得注意的。现在为了理解其中的道理,设以平面 ABC 垂直地切割棱镜两个侧面和底面。从人眼到该平面切割底面的交线 BC,引直线 Sp 和 St,角 Spc 成 $50\frac{1}{9}$ 度,角 Stc 成 $49\frac{1}{28}$ 度,而点 p 是一个极限,在它的外边没有最大可折射光线能通过棱镜底面并被折射,其入射是这样,以致它们可以被反射进入人眼;而点 t 是最小可折射光线的类似的极限(即在其外它们中没有能通过底面的),其入射是这样的以致它们可以被反射进入人眼。在 p 和 t 中点取的 r 点将是可折射性居中的光线的类似极限。因此所有落在底面 t 点以外(即在 t 和 B 之间)并能从那里进入人眼的最小可折射光线,将全部被反射:但是在 t 的内侧(即在 t 和 C 之间)许多这样的光线将穿过底面。而所有落在底面 P 点之外(即 p 和 B 之间),并能从那里反射到人眼的最大可折射光线,将在那里被反射,但是在 p 和 C 之间的每处,许多这样的光线将穿过底面而被折射;对 r 点两侧的中间可折射性光线也作同样的理解。由此得知,棱镜底面

在 t 和 B 之间的每处，必定因所有种类光线全部被反射进入人眼而看起来又白又亮。而 p 和 C 之间的每处，因为每一种光的许多光线都透射过去的缘故，看起来浅淡模糊而灰暗。但是在 r 点以及 p 和 t 之间的其他地方，所有较大可折射光线都反射到人眼而许多较小可折射光线却透射过去，反射光中超量的最大可折射光线将使该反射光带上它们的颜色，即紫色和蓝色。在棱镜两端 HG 和 EI 之间任何地方取直线 CB，都会出现这种现象。

命题 9，问题 4

根据已发现的光的性质解释虹的颜色。

虹只能出现在阳光下的雨中，如果向上喷水，可以在高处碎裂、散射成水滴，如同雨一般降落，也能人为地形成虹。因为太阳照在这些水珠上，肯定能使虹出现在一个观察者面前，只要他相对雨和太阳站在适当位置上。由此可见，虹是太阳光在降落的雨滴中折射而形成的。这一点一些古人就已经认识到了，后来斯帕拉托（Spalato）的大主教、著名的安东尼奥·德·多明尼斯（Antonius de Dominis）在他的《视觉范围和光度》一书中作了更充分的揭示和解释，该书由他的朋友巴尔洛图斯（Barlotus）于 1611 年在威尼斯出版，在这以前 20 多年书已写成。书中他讲解了，内虹是怎样通过太阳光在球形水滴内的两次折射和其间的一次反射形成的，以及外虹又是怎样通过每颗水滴内的两次折射和其间的两种反射形成的。他还利用实验证明了他的解释，实验是用一个盛满水的管瓶和几个盛满水的玻璃球泡来做的，把它们放在阳光下使得这两条虹的色彩出现在其中。笛卡儿在他的《大气现象》（Meteors）一书中提出了同样的解释，并改进了对外虹的解释。但是当时他们都不理解颜色的真正来源，有必要在这里作一些进一步的探索。因此为了理解虹是怎样形成的，令一滴雨滴或者任何其他球形透明物体用球 $BNFG$

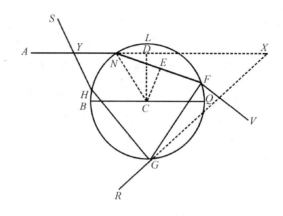

图　1-43

（图 1-43）表示，C 为球心，CN 为半径。又令 AN 为在 N 点入射的一条太阳光线，它从该点折射到 F，在那里或者让它通过折射穿出球面趋向 V，或者被反射到 G；而在 G 点或者让光线通过折射面射出趋向 R，或者被反射到 H；而在 H 点让它通过折射而射出趋向 S，与入射光线相交于 Y。延长 AN 和 RG，相交于 X。分别作垂线 CD 和 CE 至 AX 和 NF，延长 CD 直到它与圆周交于 L。平行于入射光线 AN 作直径 BQ。令空气到水的入射正弦与折射正弦之比为 I 比 R。现在，如果你设想入射点 N 从 B 连续地移动到 L，弧 QF 将起初增大，而后减小，光线 AN 和 GR 所夹的角 AXR 也将相应变化；当 ND 与 CN 之比为 $\sqrt{I \cdot I - R \cdot R}$ 比 $\sqrt{3R \cdot R}$ 时，弧 QF 和角 AXR 达到最大，在这种情况下 NE 与 ND 之比为 $2R$ 比 I。同样，光线 AN 与 HS 所夹的角 AYS 也将是起初减少，然后增加，当 ND 与 CN 之比为 $\sqrt{I \cdot I - R \cdot R}$ 比 $\sqrt{8R \cdot R}$ 时达到最小，在这种情况下 NE 与 ND 之比为 $3R$ 比 I。同样，下一条出射光线（即三次反射后的出射光线）与入射光线 AN 所夹之角，将在 ND 与 CN 之比为 $\sqrt{I \cdot I - R \cdot R}$ 比 $\sqrt{15R \cdot R}$ 时达到其极限，在这种情况下 NE 与 ND 之比为 $4R$ 比 I。该出射下一条光线（即四次反射后的出射光线)与入射光线所夹的角将在 ND 与 CN 之比为 $\sqrt{I\cdot I-R\cdot R}$ 比 $\sqrt{24R\cdot R}$ 时达到极限,在这种情况下 NE 与 ND 之比为 $5R$ 比 I;如此无限进行下去,数值 $3,8,15,24$ 等可由算术级数 $3,5,7,9$ 等项连续相加而获得。数学家不难考察所有这一切的正确性。

这时观察到,正如在太阳来到北回归线时,一连很长的一段时间内白昼的增减量只是一个很小的数值一样;当增加距离 CD 时,这些角达到它们的极限,也是一连在一段时间内它们改变自己的量很少,因此落在 BL 象限中的一切点 N 上的光线将以这些极限角出射的,比以其他倾角出射的数量要大得多。还进一步观察到,可折射性不同的光线将具有自己的出射极限角。因此,相应于不同可折射程度,在不同的角度有最多的出射,从而彼此分离显现出各自的固有颜色。根据前面的定理可以容易地通过计算得到那些角。

因为在最小可折射光线的正弦 I 和 R(如在前面求出的)为 108 和 81,因此通过计算将由此求得最大的角 AXR 为 42 度 2 分,而最小的角 AYS 为 50 度 57 分。而在最大可折射光线中正弦 I 和 R 为 109 和 81,通过计算将求得最大的角 AXR 为 40 度 17 分,最小的角 AYS 为 54 度 7 分。

现在设 O(图 1-44,110 页)为观察者的眼睛,而 OP 为平行于太阳光线画出的一条直线,并令 POE、POF、POG、POH 分别是 40 度 17 分,42 度 2 分,50 度 57 分和 54 度 7 分角,而这些角都环绕其公共边 OP 旋转,另一边应当分别为 OE、OF、OG 和 OH,这四条边绘出了两条雨虹 $AFBE$ 和 $CHDG$ 的边界。因为如果 E、F、G 和 H 是放在由 OE、OF、OG 和 OH 描出的锥形表面上任何地方的雨滴,并且受到太阳光线 SE、SF、SG 和 SH 的照射;角 SEO 等于角 POE,即等于 40 度 17 分,将是最大可折射光线经一次反射后能被折射到人眼的那个最大角度,因此在直线 OE 上的所有雨滴都将最大可折射光线最大量地传送到人

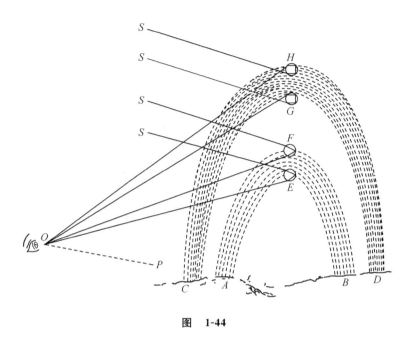

图　1-44

眼,从而以该区域中最深的紫色激起感觉。与此相类似,角
SFO 等于角 POF,即等于 42 度 2 分,它将是最小可折射光线经
一次折射后从雨滴中出射的最大角度,因此那些光线大量地从
直线 OF 上的雨滴最多地进入人眼,并以该区域中最深的红色
激起感觉。按照同样的论证,具有中等程度可折射性的光线应
当最多量地从 E 和 F 之间的雨滴射出,中间颜色按其可折射程
度要求的顺序激起感觉,也就是说在从 E 到 F 或者说从虹的内
侧到外侧的过渡中,按紫、靛、蓝、绿、黄、橙、红这一顺序。但是
紫色因白色云光的混合而显得暗弱,并偏于紫红。

另外,角 SGO 等于角 POG,即等于 50 度 51 分,它应当是最
小可折射光线经两次反射能从雨滴出射的最小角度,因此最小
可折射光线应当最多地从直线 OG 上的雨滴射到人眼,以该区
域中最深的红色激起感觉。而角 SHO 等于角 POH,即等于 54
度 7 分,它应当是最大可折射光线经两次反射能从雨滴中出射
的最小角度;因此那些光线应当最多地从直线 OH 上的雨滴射

到人眼，以该区域中最深的紫色激起感觉。按照同样的论证，在 G 和 H 之间的区域的雨滴应当以中间颜色按其可折射程度要求的顺序激起感觉，也就是说，在从 G 到 H 或者说从虹的内侧到外侧的过渡按红、橙、黄、绿、蓝、靛、紫这一顺序。因为这四条直线 OE、OF、OG、OH 可以位于前面提到的锥形表面上任何地方，所以所说的那些直线上的雨滴和颜色要理解为在那些表面任何地方的雨滴和颜色。

这样，就应当有两条彩色的虹形成，一条在内侧且较强，它是通过雨滴一次反射形成，另一条在外侧且较弱，是经两次反射形成；因为每一次反射都使光变弱。它们的颜色按相反顺序排列，两条虹的红色与其间的区域 GF 接界。内虹 EOF 横穿彩色测得宽度应为 1 度 45 分，外虹 GOH 的角宽度应为 3 度 10 分，其间的距离 GOF 应为 8 度 15 分，内虹最大半径即角 POF 为 42 度 2 分，外虹最小半径处 POG 为 50 度 57 分，这些是假定太阳为一个点时，这两条虹会有的测量结果；因为按太阳是有宽度的，这两条虹的宽度会增大，它们之间的距离则会减少半度，所以内虹角宽度为 2 度 15 分，外虹则为 3 度 40 分，内、外虹间距为 8 度 25 分，内虹最大半径为 42 度 17 分，外虹最小半径为 50 度 42 分。当两条虹的颜色显得既明亮又完整时，发现它们在天空的大小与此很接近。有一次我曾经用这样的方法测得，内虹最大半径约为 42 度，该内虹中红、黄和绿色共占 63 至 64 分，最外面的暗弱红色为云的亮度掩没，为此我们可以给它 3、4 分多一些，蓝色的宽度约占 40 分，其中不包括紫色，它被云光的亮度掩没如此厉害，以致我不可能测量它的宽度。但是假定蓝色和紫色合在一起的宽度等于红色、黄色和绿色合在一起的宽度，那么这虹的总宽度将为 $2\frac{1}{4}$ 度左右，如上所述，此虹与外虹之间最小距离约为 8 度 30 分。外虹比内虹宽，但它是这样暗弱，特别是它的蓝色一侧，以致我不可能清楚地测量它的宽度。另一次，当两条虹显得更清楚时，我测得内虹宽度为 2 度 10 分，外虹的红色、黄色和绿色总宽度与内虹中同样这几种颜色的总宽度之比为 3 比 2。

对于雨虹的这种解释，可以进一步通过下述著名的实验（安东尼奥·德·多明尼斯和笛卡儿做的），得到更进一步的证实，实验是将一个盛满水的玻璃球泡悬挂在阳光下的任何地方，采取这样一种姿势来观看它：使得从球泡来到人眼的光线与太阳光线的夹角或者为 42 度或者为 50 度。因为如果角度在 42 或 43 度左右，那么观察者（设在 O 点）应当在球泡迎着太阳的一侧看到一片纯正的红色，此时球泡是在 F，而如果该角变小（设球泡下降到 E），那么在球泡的同一侧上将相继地显现出其他颜色，即黄色、绿色和蓝色。但是如果角度取为 50 度左右（设球泡上升到 G 位置），那么在球泡迎着太阳的一侧上便显现出一种红色，而如果角取较大（设球泡上升到 H），那么红色将相继地转变成其他颜色，即黄色、绿色和蓝色。我也做过类似的实验，是让球泡静止，人眼向上或向下移动，或者相反地移动它以形成适当大小的角。

我曾经听到过这样的说法，如果蜡烛的光被棱镜折射到人眼，那么当蓝色落在眼睛上时，观察者应当在棱镜中看到红色。而当红色落在眼睛上时，他应当看到蓝色；而如果说这是肯定的，那么球泡和雨虹的色彩就应该以一种与我们所发现的相反的顺序显现出来。但是蜡烛光的颜色很微弱，看来错误是从辨明什么颜色落在人眼上的困难而产生的。因为相反地，我有时有机会在棱镜折射的太阳光中观察到，观察者总是看到那种照在他眼睛上的棱镜中的颜色。并且我还发现同样的事用烛光时也是正确的。因为当将棱镜沿着蜡烛与人眼之间的连线慢慢地移动时，棱镜中首先出现的是红色，以后才是蓝色，因此每一种颜色当它落到人眼时是可见的。而红色首先通过人眼，以后是蓝色。

通过雨滴受到两次折射而没有任何反射的光，应当在与太阳约为 26 度的距离上看起来最强，而在与太阳的距离增大或减小两个方向上都逐渐减弱。并且对于穿透球形冰粒的光也作同样的理解。而如果冰粒像它通常的那样稍显扁平，那么透射光在稍小于 26 度的距离是如此强以致在太阳或月亮的周围形成一圈晕；每当冰粒适当地成形时，晕便可以带色，这时它必定是由最小可折射光线形成的内圈是红色的，而由最大可折射光线形成的外圈是蓝色的；如果冰粒中心有不透明的雪粒，那么上述现象尤其明显，这时雪粒遮挡了晕内圈的光（如惠更斯所观察到的那样），而使晕的内侧因此比不然的情况更为界限分明。这样的冰粒尽管是球形的，可是因雪粒的挡光而可以形成这样一种内部为红色而外部无色的晕，并且红色比外部更暗，正如晕通常形态那样。因为在紧挨着雪粒通过的那些光线中，呈红的将是被折射最小，所以沿最直接的线射向人眼。

经过雨滴要受两次折射以及三次或者更多次反射的光，难以强到足以产生一条可以看得出的虹；但是在那些惠更斯用来解释幻日（Parhelia）的冰柱中产生的虹或许是可见的。

命题 10，问题 5

根据已发现的光的性质解释自然界物体的持久颜色。

这些颜色是从这样的原因产生出来，一些自然界的物体反射某些种光线要比反射其余光线更多，另一些自然界的物体则反射另一些种光线比反射其余光线更多，铅丹对最小可折射即呈红光线的反射最多，因此显现为红色。紫罗兰对最大可折射的光线反射最多，因此才得到自己的颜色，其他物体也是如此。每一个物体反射自己的颜色要比反射其余颜色更多，并从其在反射光中的超量和占优势而得到了自己的颜色。

实验 17 因为按照本编第一部分命题 4 所提出的问题的解答获得单色光，如果你把各种颜色的物体放在单色光中，那么你将发现,正如我做过的那样,每一个物体在它自己的颜色的光中看起来最鲜艳和明亮。朱砂在单色红光中最为鲜艳,在绿光中则会明显地较不鲜艳,而在蓝光中甚至更加不鲜艳。靛蓝在紫蓝光中最为鲜艳,当将它从那里逐步地移过绿和黄光,到红光,它的光彩会渐渐消失。韭葱对绿光,其次是对蓝光和复合有绿光的黄光的反射更强烈于对其他颜色——红光、紫光,对其余颜色光的反射也是如此。但是为使这些实验更加明白,应该选择诸如具有最纯正和最强烈的颜色的此类物体,将那些物体中的两个一起比较。例如,如果朱砂和佛青蓝或者某些其他纯正的蓝色物体一起放在红单色光中,两者都将呈现为红色。但是朱砂会表现出一种格外明亮和鲜艳的红色,而佛青蓝却是一种暗淡而又模糊的暗红色;而如果它们一起放在蓝单色光中,两者都会呈现蓝色,但是佛青蓝表现出一种格外明亮和鲜艳的蓝色,而朱砂则是一种浅淡的暗蓝色。毋庸置疑,朱砂比佛青蓝反射红光多得多。而佛青蓝则比朱砂反射蓝光多得多。用铅丹和靛青,或者用任何两个其他的有色物体,只要适当地考虑它们的颜色和光的不同强弱,那么同样的实验也可以取得成功。

由于这些实验清楚地揭示了自然界物体颜色的成因,因此通过第一部分的前两个实验,这种成因可以得到进一步的证实和澄清,从而也证明了,在这种物体中反射光的颜色不同,它们的可折射程度也不同。因此这是肯定的;一些物体对较大可折射光线的反射更多,另一些物体则对较小可折射光线的反射更多。

而且这不仅是这些颜色的一种真正成因,而且甚至是唯一的成因,由这种考虑可以进一步显现出来,单色光的颜色不可能经自然界物体的反射而改变。

因为如果物体通过反射丝毫也不可能改变任何一种光线的颜色,那么它们只能通过反射那些属于自己的颜色,或者反射那些通过混合必定产生出它的颜色,才能使自己呈现颜色,此外别无他法。

但是在做这种实验时务必注意使光充分单色。因为物体如果受到普通的棱镜色照射，那么正如我已凭经验发现的那样，它们将呈现的既不是自己在白昼光下的颜色，又不是投射在它们上面的光的颜色，而是介于两者之间的某种中间色。因此，铅丹（举例来说）用普通的棱镜绿色照明，将呈现的既不是红色，又不是绿色，而是橙色或黄色，或者介于黄绿之间，以照明它的绿光中复合成分多少为转移。例如因为铅丹在受到白光照明时呈现红色，白光中所有种类的光线是等量地混合的，而在绿光中所有种类的光线并非等量混合，入射的绿光中超量的呈黄、呈绿和呈蓝光线会使那些光线在反射光中造成这么大的丰度，以致使颜色从红色移向它们的颜色。还因为按它们的数量比例铅丹反射呈红光线最多，其次是呈橙和呈黄光线；按光的比例这些光线在反射光中多于在入射绿光中，从而使反射光从绿色移向它们的颜色。因此，铅丹将呈现的既非红色也非绿色，而是介于两者之间的一种颜色。

在透明有色液体中可观察到，它们的颜色往往随着厚度而改变。例如，锥形玻璃容器内盛着一种红色液体，放在光和人眼之间看起来，在液体的厚度薄的底部是一种浅淡的黄色，在液体的厚度厚些的稍高处变成橙色，在液体的厚度更厚些的地方则成为红色，在液体的厚度最大的地方红色最深而且最暗。因为可以设想，这样一种液体对呈靛和呈紫光线的阻挡最容易，对呈蓝光线较困难一些，对呈绿光线更加困难，对呈红光线则是最困难的。而且如果液体的厚度只是多到足够挡住胜任数量的呈紫和呈靛光线，而不怎么削弱其余光线数量，那么这其余光线必定（据第二部分命题 6）复合成一种淡黄色。但是如果液体厚到这么大程度，以致挡住了大量的呈蓝光线和一定量的呈绿光线，那么余下的光线必定复合成橙色；而在液体是这么厚以致挡住大量的呈绿光线和相当大量的呈黄光线之处，余下的光线必定开始复合成一种红色，随着液体的厚度的逐渐增加，越来越多的呈黄和呈橙光线被挡住，以至于除呈红者外没有什么光线可以通过,这种红色必定会变得更深更暗。

有一个这种类型的实验是哈雷(Halley)先生最近告诉我的。他曾在潜水容器中潜入到海水深处;在一个阳光明媚的日子里,他潜入水下数英寻之深,太阳光直接经过海水和容器上的一个小玻璃窗照到他的手的上部,他发现该部位呈现出一种红色,像是一种玫瑰红蔷薇花的颜色,而下面的海水和受到下面的海水反射光照射的他的手的上部看起来发绿。由此可以推断,海水最容易将呈紫和呈蓝光线反射回去,而让呈红光线最顺利、最大量地穿透到很大深度。因此在海水的所有大深度处的太阳直接光,因其中呈红光线占优势而必定呈现为红色;并且深度越大,该红色就越纯正、越强烈。而在诸如呈紫光线几乎穿透不到的这样的深处,呈蓝、呈绿和呈黄光线由于从下面反射回来的要比呈红光线多得多,而必定复合为绿色。

现在,如果有两种颜色纯正的液体(设为红色和蓝色),而且两者的厚度都足以使各自的颜色充分纯正;尽管每一种液体单独来看是相当透明的,可是两者叠加在一起你将还是不能看透。因为,如果只有呈红光线通过一种液体,而只有呈蓝光线通过另一种液体,那么就没有一种光线能先后通过这两种液体。胡克(Hook)先生曾偶然用盛有红色和蓝色液体的两个劈形玻璃容器做过这种实验,并为意想不到的结果而感到惊讶,当时还不知道其中的原因;尽管我没有亲自做过这种实验,可是他的惊讶使我越发相信他的实验。不过,倘若他要重复此项实验,务必注意液体要有很好、很纯正的颜色。

既然物体之所以是有颜色的是因为它们对这种或那种光线的反射或者透射要比其余光线更多,那么可以设想,物体把没有反射或者透射的那些光线阻挡并禁锢在其自身之中了。因为如果把打成箔的黄金放在人眼与光之间,光看起来是蓝中带绿,所以大块的金是让呈蓝光线进入到其体内,并在体内来回反射,最终被阻挡并被禁锢起来,同时又把呈黄光线反射出去,从而看起来为黄色。根据同样的道理,金箔因反射而呈黄色,因透射光而呈蓝色,而金块无论人眼从什么位置去看都是黄色的;有一些液体,例如愈肾木(Lignum nephriticum)酊以及几种玻璃,它们对一种光的透射最多,对另一种光的反射最多,因此随着人眼相对于光的不同位置而看成不同的颜色。但是,如果这些液体或者玻璃很厚很大,以致没有光能通过它们,那么即使我尚未用体验来证实,我还是毫不怀疑它们一定会像所有其他不透明物体一样,人眼处在一切位置看,它们呈现同一种颜色。因为就我观察所及,所有带色物体只要做得足够薄,都可以看透,因此在一定程度上是透明的,与带色的透明溶液不同的仅在于透明的程度;这些液体以及那些物体有足够的厚度都会成为不透明的。一种由于透射光而呈现任何一种颜色的透明物体,也可以从由于反射光而呈现同样颜色,该颜色的光被物体背面或者物体外空气反射。于是通过将物体做得很厚,并在它后面涂沥青以减少其背面反射,以便从涂料颗粒反射回来的光占优势,这样该反射颜色会减弱以至消失。这种情况下,反射光颜色很容易偏离原透射光的颜色。但是该带色物体或溶液何以反射某种光线,而在内部传播或者透射其他种光线,这一问题将在下编中述及。本命题中我只要求自己阐述清楚物体具有这些性质并能显示出颜色。

命题 11,问题 6

通过带色光的混合,复合出与一个太阳直接光束颜色和本性相同的一束光,并以此检验前述命题的真实性。

令 ABCabc(图 1-45)表示一块棱镜,太阳光通过孔 F 进入暗室,用此棱镜折射往透镜 MN,并在透镜上 p、q、r、s 和 t 描出通常的颜色紫、蓝、绿、黄和红,再让这些发散的光线为此透镜所折射朝 X 再次会聚,在那里它们的所有那些颜色按照前面已经说明过的那样通过混合而复合成一种白色。然后让另一块棱镜

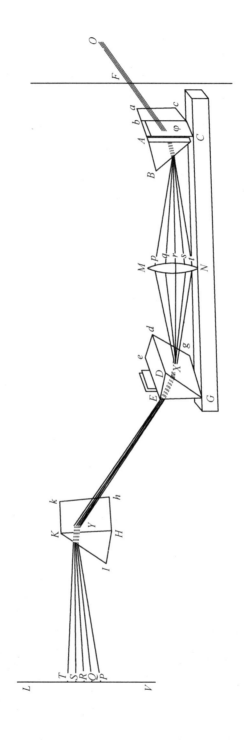

图　1-45

$DEGdeg$ 平行于前一棱镜放置在 X，将该白光向上折射趋向 Y。让两块棱镜的折射角以及各自与透镜的距离都相等，以使从透镜向 X 会聚的光线不经折射会在那里交叉并再次发散，可以通过第二棱镜的折射恢复其平行性从而不再发散。于是那些光线重新复合成一束白光 XY。如果其中某一块棱镜的折射角较大，该块棱镜就必须相应地较为靠近透镜。你要知道什么时候这两块棱镜和透镜恰到好处地安装在一起，可以通过观察来自第二棱镜的光束 XY 直到光的最边上是否完全白色，以及与棱镜所有的距离上是否始终像一束太阳光那样完全和全部是白色。达到这种情况，棱镜和透镜的相对位置必定是正确的；于是如果借助于如图中所示的一块长木条，或者一段管道，或者为该目的而制备的某个其他的类似装置，将它们按该位置牢固地组成，那么你可以用这种复合光束 XY 来做那些曾在太阳直接光中做过的所有同样的实验。因为就我观察所及，这种复合光束具有同样的外观，并被赋予与太阳直接光束同样的性质。而在用这束光做实验时，你可以通过在透镜处遮挡 p、q、r、s 和 t 中的任何颜色，看这种实验所产生的颜色怎样不外乎是光线在棱镜所具有的那些在它们参加这一光束复合之前的颜色：所以它们并不是由于折射或反射所致的光的任何新的变异所造成，而是因原来被赋予自己呈色性质的光线的各种分离和混合所造成。

例如，因此装一个宽为 $4\frac{1}{4}$ 英寸的透镜，并在透镜两侧各 $6\frac{1}{4}$ 英尺距离上装两块棱镜，来产生这样一种复合光束；为检验通过棱镜形成的颜色起因，我用另一块棱镜 $HIKkh$ 来折射复合光束 XY，从而在后面的纸 LV 上投射出通常的棱镜颜色 $PQRST$。然后，通过遮挡透镜上的颜色 p、q、r、s、t 中的任何种类，我发现纸上同样的颜色会在纸上消失。所以，如果在透镜处遮挡紫红色 p，那么纸上的紫红色 p 就会消失，或许除蓝色外的其余颜色会保持不变,至于隐藏在透镜处的蓝色中的某些紫红色,可能通过后面说的两次折射与蓝色分离。同样,通过遮挡透镜上的绿色,纸上的绿色 R 便会消失,其余的颜色也是如此;这就清楚地表明,因为白光束 XY 由透镜上不同颜色的各种光线复合而成,所以往后由于新的折射而从它出射的颜色不外乎是它的白色性是复合的那些光。棱镜 $HIKkh$ 的折射在纸上产生了颜色 $PQRST$,不是由于光线的颜色性质的改变,而是由于在它们进入折射的白光束 XY 的组成之前具有了真正的相同的颜色性质的分离。因为不然的话,属于在透镜上一种颜色的光线,可能是在纸上的另一种颜色,与我们发现的东西相反。

此外,为了考察自然界物体颜色的成因,我又将这样的物体放在光束 XY 中,并发现它们全都在那里呈现出它们自己的那些在白昼光下具有的颜色,而且它们的颜色依赖于诸光线,这些光线在参加光束的组成之前于透镜处已具有相同的颜色。例如,受到这一光束的照明的朱砂呈现与白昼光中一样的红色;而如果你在透镜上挡住呈绿和呈蓝光线,朱砂的红色性会变得更加纯正和强烈:但是如果你在那里挡住呈红光线,它便不再呈现红色,而是成为黄色或者绿色,或者某种其他颜色,以你不遮挡光线种类为转移。因此,金在这种光 XY 中呈现出与白昼光中一样的黄色,但是通过在透镜上挡住适量的呈黄光线,它便呈现象银一样的白色(正如我已试验过的那样),这表明金的明黄色性由已被挡住的光线的超量所产生,当让这些光线通过时会给该白色性带上自己的颜色。所以当把愈肾木浸出液(也正如我已试验过的那样)放在这一光束 XY 中时,通过反射一部分光看来是蓝色的,而通过透射一部分光看来是红色的,如当在白昼光中看到的一样是红色的;但是如果你在透镜处遮挡蓝色,那么浸出液便失去它反射的蓝色,同时它透射的红色依旧完整,而由于丧失某些呈蓝光线,以此它被减轻,变得更加强烈而纯正。与此相反,如果在透镜处挡住呈红和呈橙光线,那浸泡液便失去它透射的红色，而同时它的蓝色将保留，并变得更加纯正和完全。这表明浸泡液并不将光线带上蓝色和红色，而只是让那些光线（原来是呈红的）最多地透过，将那些光线（原来是呈蓝的）最多地反射。按照同样的方法，用人工光束 XY 来试验它们，可以检验其他现象的原因。

1661 年夏天，19 岁的牛顿进入剑桥大学三一学院学习。当时关于光的主流假说来自笛卡儿的思想。1664 年夏天，牛顿开始怀疑笛卡儿学说的精确性。他已经想到光有可能是一些微粒，这样就很容易解释光的反射、折射等现象。

1664 年 8 月，牛顿在斯陶尔布里奇市集上买到一个三棱镜，开始按照笛卡儿的书做一些关于光的颜色的实验。

剑桥大学三一学院正门
（王克迪摄）

1664 年，牛顿在进行三棱镜实验
图中左边是牛顿，右边是牛顿的室友兼助手威金斯。

剑河上"最美的桥"（王克迪摄）

1668 年，牛顿取得硕士学位，1669 年 10 月牛顿应聘剑桥大学卢卡斯讲座教授。牛顿担任卢卡斯教授的第一次上课就以光学为主题。牛顿的课以自己的实验发现为基础，并加以严格的数学支持，这很少有学生能听得懂，多数情况下，没有一个学生听课，牛顿就对着墙壁念讲义。

英国皇家学会保存的牛顿制造的反射式望远镜

1669 年，牛顿以金属磨成的反射镜代替凸透镜作为物镜，制成了第一台反射式望远镜。这架望远镜长 6 英寸，直径 1 英寸，放大率为 30~40 倍，而当时一架长约 2 英尺的普通折射式望远镜只能放大 13~14 倍。

1671 年牛顿将望远镜带到皇家学会展示。反射望远镜的成功为牛顿赢得了极大的声望。1672 年 1 月，牛顿当选为皇家学会会员。

令人惊异的是，这架望远镜的每一个零部件，甚至冶炼合金和研磨镜面都是牛顿自己完成的。

凯克望远镜的主镜　位于夏威夷的凯克望远镜，其主镜直径 10 米，由 36 面 1.8 米的六角形镜面拼合而成。凯克望远镜属于反射式望远镜，也是世界上最大的光学天文望远镜。

Theory of Light and Colours

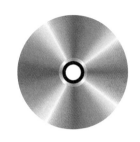

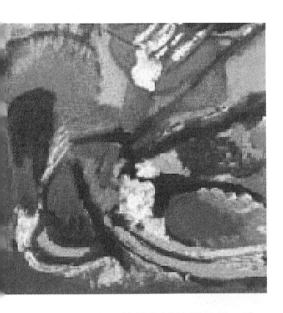

以色彩变幻为主题的抽象派绘画作品 从亚里士多德以来到笛卡儿都认为白光是纯洁的、均匀的，是光的本质，而色光只是光的变种。黄色和蓝色可以调配出绿色的经验也使牛顿同时代的人无法接受不同的色光相对独立的观点。

1672 年，牛顿发表了论文《关于光和颜色的理论》（*Theory of Light and Colours*）。

虽然白光通过三棱镜后形成彩色光谱的现象前人早已发现，但是牛顿首先将这一现象解释为白光是由光谱中各种色光混合而成的。这是牛顿对颜色理论的一个重要贡献。牛顿还以此解释了折射式望远镜的色散现象，他制造反射式望远镜就是为了避免物镜的色散效应，验证自己的理论。

在这篇论文里牛顿用微粒说阐述了光的颜色理论。他认为，光的复合和分解就像不同颜色的微粒混合在一起又被分开一样。

胡克 （Robert Hooke，1635—1703），英国物理学家，于1665 年出版了一部重要的著作《显微术》。这是第一部论述显微镜使用方法的著作，书中包含很多光学的基本理论。

1672 年，牛顿提交《关于光和颜色的理论》时，胡克任英国皇家学会秘书。胡克只是很快地审阅了一遍论文就草率地得出了否定的结论。胡克称，根据他自己的实验，甚至牛顿在论文中提到的实验，胡克都可以证明光是一种脉冲。胡克认为光是"以太"的一种纵向波，光的颜色是由其波动频率决定的。

第一次波动说与粒子说的争论由"光的颜色"这根导火索引燃了。

波动学说的支持者，荷兰著名天文学家、物理学家和数学家惠更斯继承并完善了胡克的观点。惠更斯认为：光是一种机械波，传播它的物质载体是"以太"。1678 年，惠更斯公开发表了关于反对微粒学说的演说。指出，如果光是微粒性的，那么光在交叉时就会因发生碰撞而改变方向，但当时并没有发现这种现象。1690 年，惠更斯出版了系统阐述光的波动理论的著作《光论》。

惠更斯 （Christiaan Huygens, 1629—1695）

绕过树枝的水波　衍射是波的一个重要特征。这幅图中树枝未能挡住水波的前进，能够说明波的衍射。早在 1655 年，意大利数学教授格里马耳迪（Francesco Maria Grimaldi，1618—1663）就已经发现了光的衍射现象，成为光的波动说的一个有力证据。

　　1687 年，牛顿就出版了《自然哲学之数学原理》，奠定了整个经典力学的框架。牛顿成了当时无人能及的一代科学巨匠。然而牛顿的光学研究成果《光学》一书直到胡克去世后的第二年（1704 年）才正式出版。此时，惠更斯也已去世，波动学说一方无人应战。整个 18 世纪，几乎无人向微粒学说挑战，也很少再有人对光的本性作进一步的研究。右图为 1704 年《光学》第一版的封面。

OPTICKS:

OR, A

TREATISE

OF THE

REFLEXIONS, REFRACTIONS,

INFLEXIONS and COLOURS

OF

LIGHT.

ALSO

Two TREATISES

OF THE

SPECIES and MAGNITUDE

OF

Curvilinear Figures.

LONDON,

Printed for Sam. Smith, and Benj. Walford,
Printers to the Royal Society, at the *Prince's Arms* in
St. *Paul's* Church-yard. MDCCIV.

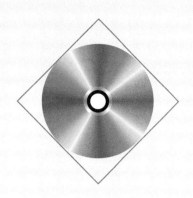

《光学》是一部实验科学的优秀范本

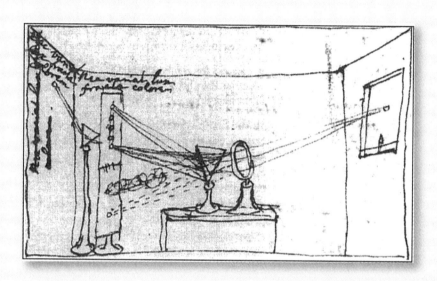

牛顿的光学实验手稿

在《光学》中我们可以看到，牛顿是在反复设计并进行试验（第一编共十几个色散实验）之后才建立他的"光色理论"的。通常情况下，书中的每一个命题或定理，牛顿都会设计好多个实验。

比萨斜塔（周雁翎摄）

16—17世纪，物理学之所以成为独立的严密学科，乃取决于实验观察和数学表述两个方面。近代科学的先驱伽利略首先倡导了两者相结合的研究方法；牛顿则完善和发展了这种研究方法。

虽没有确切的证据表明伽利略曾在比萨斜塔做过落体实验，但这一传说本身就足以说明伽利略所倡导的实验科学方法。这对于近代科学的建立是至关重要的。

伽利略（Galileo Galilci，1564—1642）意大利物理学家、天文学家、经典力学和实验物理学的先驱。

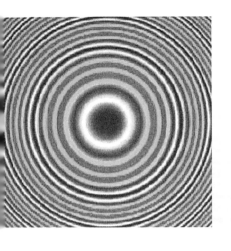

"牛顿环" 《光学》的第二编探讨薄膜的颜色。牛顿将两块不同的圆透镜叠合一起，使二者中心重合，四周则形成空隙（空气薄膜）。让日光照射上去，观察到如图所示的环形彩色条纹，用单色光照射时则看到明暗相间的条纹。这就是著名的"牛顿环现象"。《光学》详细记录了不同薄膜所呈现的"牛顿环"的不同构成、环的不同宽度、不同颜色环的排列次序等。

孔雀及其羽毛的精细结构 《光学》第二编第三部分命题5认为，物体的透明部分，按照它们的不同尺寸，反射一种颜色的光线，而透射另一种颜色的光线。

牛顿观察到孔雀羽毛的完全相同部分，按不同的方位显现出不同的颜色。牛顿认为，羽毛的颜色是由它们很薄的透明部分产生的，是源于非常纤细的毛发状细丝构造。

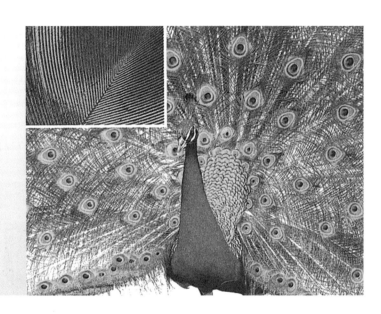

冰洲石晶体的双折射现象 图中冰洲石晶体后面的字母因光线的双折射现象而出现重影。在第三编疑问25中，牛顿描述了冰洲石的双折射现象，认为波动说无法解释其原因。牛顿还进一步思考，光线是否还具有未被发现的固有特性。

《光学》第三编共给出11项关于光线的拐折以及由此产生的颜色的观察结果，并提出31个发人深省的疑问，作为全书的终结。

利用晷影位置指示时间的水平日晷

　　影子的存在说明了光的直线传播。

　　牛顿持微粒说的一个直观原因就是光的直线传播。牛顿认为，光如果是一种波，它应该同声波一样可以绕过障碍物、不会产生影子。在《光学》中，牛顿用微粒说解释各种光学现象，这与牛顿所创立的质点力学体系是一致的。尽管与胡克、惠更斯等人论争，牛顿同时也考虑光在另一类条件下可能具有波动性。由本书清楚可见，经典力学的缔造者牛顿在光学研究上同样富有洞察力、预见性。应当说，牛顿的早期研究，特别是他的光谱分析以及对光之本性的探讨，对于后来光学的发展、甚至对于20世纪量子理论的酝酿和建立，都有一定的奠基作用。

第二编

· Book Two ·

　　关于薄的透明物体的反射、折射和颜色的观察——评论前述观察——关于自然界的永久颜色和它们与透明薄片的颜色之间的类似性——关于厚透明抛光片的反射和颜色的观察。

第一部分

关于薄的透明物体的反射、折射和颜色的观察

别人曾经观察到，当透明物质（如玻璃、水、空气等）通过被吹成泡泡或者用别的方法形成片状而做得很薄时，确实就会按其不同的薄度呈现出不同的颜色，尽管在较大厚度的情况下它们呈现很清澈而无色。在前一编我避免论及这些颜色，因为它们看起来是一种比较困难的事，而且对确定在该编中所论述的光的性质并不是必要的。但是，因为对于完善光的理论，特别是对于其颜色或透明度所依赖的那一部分自然界物体的构造来说，它们会导致进一步的发现，所以我在这里对它们作一说明。为了使这一论述简短明了，我先表述我的观察的主要内容，再讨论和利用它们。这些观察是：

观察 1　将两个棱镜紧紧地压在一起，使得它们的侧面（这些面碰巧是微凸的）在某处互相接触，我发现在它们接触的地方成为绝对透明的，好像在那里它们已经是一块连续的玻璃。因为当光是如此倾斜地投射到两棱镜之间其他地方的空气上以致被全反射时，在该接触地方似乎是完全透射的，于是看上去它像一个黑暗的斑点，因为少有或没有可觉察到的光像从其他地方那样从那里反射出来；而当透过它看时，由于被挤压在玻璃之间的空气形成一个薄层的地方，似乎是（可以说是）一个孔。透过这个孔，可以清楚地看见外面的物体，而透过其间有空气的玻璃

◀ 英国伦敦西敏寺教堂

的其他部位却根本不能看见。尽管玻璃只是有一点点凸，可是这种透明斑点还是有可观的宽度，此宽度似乎主要是从玻璃的那些部分由于相互压力而内陷造成的。因为它们很紧密地挤压在一起，斑点的宽度变得比用其他方法产生的要宽得多。

观察 2 当通过环绕其公共轴转动两棱镜，使空气层是这样微小地倾斜于入射光线，以致其中一些光线开始透射时，在空气层里边产生许多细长的颜色弧，当你看它们时起初它们的形状几乎像图 2-1 中描绘的那样成螺线形。而通过继续转动棱镜，这些弧增大并且越来越绕着上述透明斑点弯曲，直到它们完成一些围绕着透明斑点的圆圈或者环，后来又逐渐变得越来越收缩。

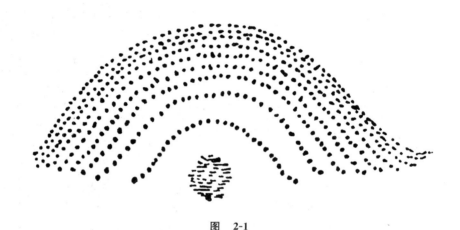

图　2-1

这些弧最初出现时是紫色和蓝色的，在它们之间是一些白色的圆弧，通过棱镜的继续转动，它们的内侧立即变成略带红色和黄色，而它们的外侧与蓝色相毗连。于是此时这些颜色的顺序从中心暗色斑点起，为白色，蓝色，紫色，黑色，红色，橙色，黄色，白色，蓝色，紫色，等等。但是黄色和红色比蓝色和紫色弱得多。

两棱镜继续绕它们的轴转动，这些颜色越来越收缩，由一侧缩向白色,直到它们完全消失在白色里。然后在那些部位的圆环呈现没有任何其他颜色混合的黑色和白色。但是,通过进一步转动棱镜,颜色又再度从这白色中出现,在其内侧是紫色和蓝色,外侧是红色和黄色。于是,这时其顺序从中心点起是白色,黄色,红色;黑色;紫色,蓝色,白色,黄色,红色,等等,与前面现的顺序相反。

观察 3　　当这些圆环或者其中的一部分仅仅呈现为黑色和白色时,它们是很清楚和界限分明的,并且此黑色看来像中心斑点的黑色一样强烈。在颜色开始从白色中出现的诸圆环的边界上,颜色也相当清晰,这使得它们中可见的达到很大数目。有时候我数出 30 个系列以上(每一个黑色和白色环算一个系列),而看得见的就更多了,只是由于它们太细微,我不能数清它们。然而在圆环呈现许多颜色的棱镜的其他位置上,我只能辨别出其中的八、九个系列,而且那些系列的外观也很模糊和浅淡。

在这两个观察中,要清楚地看见这些圆环,而且除了黑色和白色外,没有任何别种颜色,我发现有必要使眼睛与这些环保持适当的距离。因为,尽管我的眼睛对环平面的倾斜相同,可是由于靠得更近,就会从白色中出现一种带蓝的颜色,由于这种颜色越来越扩展进黑色,而使圆环较不清晰,还使白色带上一点红色和黄色。我还发现,我透过比我的眼睛的瞳孔还窄的、平行于棱镜的一个狭缝或长形孔观察并保持靠近它,我能看见圆环比用别的方法看到的要清晰得多,而且可见的数量也要大得多。

观察 4　　为了更好地观察当光线对空气层倾斜越来越小时从白色圆环中出现的颜色顺序,我取两个物镜,一个是 14 英尺望远镜用的平凸透镜,而另一个是用于约 50 英尺望远镜上的大型双凸透镜,将平凸透镜以其平的侧面朝下,放在双凸透镜上面,我慢慢地将它们挤压在一起,使颜色相继出现在圆环的中央,然后又缓慢地将上透镜从下透镜往上举起,使这些颜色相继在同一地方再度消失。通过将透镜挤压在一起而最后出现在其他颜色中央的颜色，在它最初出现时，看上去像一个从圆周到圆心颜色几乎是均匀的圆环，再进一步压紧透镜时这色环就不断变宽，直到一种新颜色出现在它的圆心，于是它变成一个包围着新颜色的圆环。更进一步压紧透镜时，这个圆环的直径会增大，而它的环道或周边的宽度则减小，直到另一种新的颜色出现在最后一个色环的圆心。如此进行下去，直到第三、第四、第五种以及别种后随的新颜色相继出现在那里，并且变成包围着最内层颜色的一组色环，最后一个是黑色斑点。反之，将上透镜从下透镜举起时，圆环的直径就会减小，它们的环道宽度增大，直到它们的颜色相继到达圆心，这时它们的宽度相当大，我就较以前更容易认出和识别它们的色种了。我用这种方法观察了它们的序列和量值如下：

紧接着由透镜接触而形成的透明中心斑点之后相继出现蓝色，白色，黄色和红色。这蓝色的量是如此之少，以至于我既不能从棱镜造成的圆环中认出它，又不能很好地识别出其中的任何紫色，但是黄色和红色都很多，看上去与白色的程度差不多，比蓝色要强四五倍。紧接地包围着这些颜色的下一个圆环的按其颜色的次序是紫色，蓝色，绿色，黄色和红色；这些颜色全都丰满而鲜明，只是绿色除外，它在量上很少，并且看起来比其他颜色微弱和浅淡得多。在其余四种颜色当中，紫色的量最少，而蓝色比黄色或红色少。第三个圆环或序列是紫红色，蓝色，绿色，黄色和红色。其中的紫红色看起来比前一个圆环的紫色带红色些，而绿色就丰富得多了，如同黄色以外的其他颜色一样旺盛丰富，但是红色开始有点浅淡，大大偏于紫红。在这以后，接着是绿色和红色的第四个圆环。绿色丰富而鲜艳，在一侧上偏蓝，而在另一侧则偏黄。但是，在这第四个圆环上，既没有紫色、蓝色，也没有黄色，而红色显得很不完全也不鲜明。接着又出现的颜色也变得越来越不完全和浅淡，直到三四个循环之后，它们就终结于完全的白色了。当将透镜压得最紧致使黑色斑点出现在圆心时,它们的形式描绘在图 2-2 里;图中,a、b、c、d、e;f、g、h、i、k;l、m、n、o、p;q、r;s、t;u、x;y、z,表示圆心算起的颜色顺序为黑色、蓝色、白色、黄色、红色;紫色、蓝色、绿色、黄色、红色;紫红色、蓝色、绿色、黄色、红色;绿色、红色;绿蓝色、红色;绿蓝色、淡红色;绿蓝色、红白色。

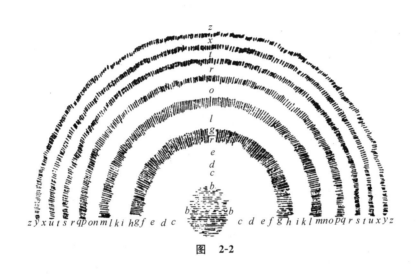

图　2-2

观察 5　要确定每种颜色借以产生的透镜的间隔或其间空气的厚度,我测量了在其环道最亮部分的起初六个圆环的直径,并把它们平方,发现其平方成奇数的算术级数:1,3,5,7,9,11。由于透镜中的一个〔一侧〕是平面,而另一个〔两侧都〕是球面,因此两者在那些环处的间隔必定成同一个级数。我也测量了在较亮的颜色之间暗或弱的环的直径,并发现它们的平方成偶数的算术级数:2,4,6,8,10,12。精确地进行这些测量是很费劲而困难的,我在透镜若干部位重复测量若干次,由这些测量的吻合使我确认了它们。并且我将同样的方法用于测定下面的观察中一些别的色环。

观察 6　第六个圆环在其环道最亮部分的直径是 $\dfrac{58}{100}$ 英寸,双凸物镜磨成的球面直径大约为 102 英尺,由此我推得在该环处的空气的厚度或者透镜的空隙间隔。但是过一些时间之后,怀疑在做这个观察时,我测定的球的直径不够精确,也不肯定平凸透镜是不是真正平的,在我认为平的一侧是否没有稍微凹进或者凸起的地方;是否像我时常干的那样,我没有将透镜挤压在一起使它们互相接触(因为通过把这种透镜挤压在一起,它们的某些部分容易发生内陷,从而使圆环变得明显的比假定透镜保持其形状时会有的宽度为宽)。我重复这个实验,并发现第六个亮环的直径大约是 $\frac{55}{100}$ 英寸。我又用如同我手边所有一样的另一个望远镜上的一个物镜重复这个实验。这是一个两侧磨成同一球面的双凸透镜,其焦点离开透镜 $83\frac{2}{5}$ 英寸。因此,如果亮黄光的入射和折射正弦之比假定是 11 比 17,那么,透镜据以成形的球的直径经过计算将求得 182 英寸。我将这透镜放在一块平面玻璃上,致使在除了透镜重量外没有任何其他压力的情况下,黑色斑点出现在色环的圆心。然后我尽可能精确地测量第五个暗圆环的直径,得到它是 $\frac{1}{5}$ 英寸。这一测量是用圆规的两个尖端在上透镜的上表面上进行的,我的眼睛在透镜上方近乎垂直的距离大约是八九英寸,透镜厚 $\frac{1}{6}$ 英寸,由此容易推得二透镜之间的这个环的真实直径比其在透镜上测得的直径大,约成 80 比 79 的比例,从而等于 $\frac{16}{79}$ 英寸,而其真实半径等于 $\frac{8}{79}$ 英寸。球面直径(182 英寸)与第五个暗环半径($\frac{8}{79}$ 英寸)之比等于这个半径与第五暗环处的空气厚度之比,因此这厚度为 $\frac{32}{567931}$ 或 $\frac{100}{1774784}$ 英寸;而它的 $\frac{1}{5}$ 即为 $\frac{1}{88739}$ 英寸,是这些暗环的第一个所在处空气的厚度。

我用另一个两侧磨成同一个球形的双凸物镜来重复同一个

实验。它的焦点离开透镜 $168\frac{1}{2}$ 英寸,因此该球形的直径为 184 英寸。将这个透镜放在同一块平面镜片上,在不施压力于透镜的情况下,当黑色斑点清楚地出现在色环的圆心时,用圆规在上透镜上量得第五个暗环的直径是 $\frac{121}{600}$ 英寸。因为上透镜厚为 $\frac{1}{8}$ 英寸,而我的眼睛离开透镜 8 英寸,从而两透镜之间第五个暗环的真实直径是 $\frac{1222}{6000}$ 英寸,根据球的直径,正比于此数之半的第三个值是 $\frac{5}{88850}$ 英寸。因此这就是第五个暗环处的空气厚度,如上所述,它的 $\frac{1}{5}$,即为 $\frac{1}{88850}$ 英寸是在第一个环处的空气厚度。

我通过在一块打破了的平面镜上放置这些物镜来试验同一个问题,得到了这些环的同一测量结果:它使我依赖它们,直到能够用磨成更大的球面的透镜来更精确地测定它们,不过用这种透镜必须格外注意用一块真正平的镜子。

当我的眼睛位于上方几乎垂直于透镜、离入射光线大约 1 英寸或 $1\frac{1}{4}$ 英寸、离透镜 8 英寸时,我取这些尺寸以便光线对透镜的倾角约为 $4°$。由此,通过下一个观察,你就会明白,要是光线垂直于透镜上,这些环所在之处的空气厚度将小到半径(radius)[①] 与 $4°$ 角的正割之比,即 10 000 比 10 024。因此,让求得的厚度按这个比例减少,并且它们将变为 $\frac{1}{88952}$ 和 $\frac{1}{89063}$,或者(取最接近的大数)$\frac{1}{89\,000}$ 英寸。这就是由垂直光线产生的第一个暗环的最暗部分处的空气厚度;这个厚度之半乘以级数 1,3,5,7,9,11,等等,就可给出所有最亮的环的最亮之处的空气厚度,即 $\frac{1}{178\,000}$,$\frac{3}{178\,000}$,$\frac{5}{178\,000}$,$\frac{7}{178\,000}$,等等,它们的算术平均值 $\frac{2}{178\,000}$,

---

① 参见第一编"公理 5"及图 1-1,不是这里所说的暗环半径。下同。——译者注

$\dfrac{4}{178\,000}$，$\dfrac{6}{178\,000}$，等等，便是所有暗环的最暗之处的空气层厚度。

观察 7 当我的眼睛垂直地位于透镜上方环的轴线上时，环最小；而当倾斜地观察它们时，它们变大，当我把我的眼睛从轴线移开时，环会继续增大。部分地通过测量在我的眼睛的几种倾角下同一个圆环的直径，部分地用别的方法，如也通过在很大的倾角下使用两个棱镜，我发现环的直径，进而在所有那些倾角下在环周边上的空气厚度，正差不多成下表所示的比例：

在前面二栏中表示入射和出射光线对空气层的倾角，即它们的入射和折射角。在第三栏中分几部分表示那些倾角下任一色环的直径，其中的 10 指当光线垂直时的那个直径。而第四栏中，分几部分表示在该环周边上空气的厚度，其中的 10 也指当光线垂直时空气的厚度。

从这些测量结果我似乎可以推出这一规律：空气的厚度与一个角的正割成比例，此角的正弦是入射和折射正弦之间的某一个比例中项。根据这些测量我能够确定，该比例中项是从较大的正弦算起（即从当光线从玻璃进入空气层时所作的折射的正弦，或从当光线从空气层进入玻璃所作的入射的正弦算起）的那些正弦之间的 106 个算术比例中项的第一个。

观察 8 环中央的暗斑点也按眼睛的倾斜度增大，尽管这种增大几乎是不可察觉的。但是，如果使用棱镜而不是使用物镜，那么当观察的角度倾斜到没有颜色出现在其周围时，暗斑点的增大就会更明显。当光线最倾斜地入射到其间的空气上时，这个暗斑点最小，而当倾斜度逐渐减小时，它就会变得越来越大直到色环出现，接着再减小倾角，暗斑点虽然还增大，但不像以前增加得那样多。因此，很明显，透明性不仅是在透镜的绝对接触处，而且也在它们有某些小间隙的地方。

空气上的入射角		进入空气的折射角		环的直径	空气厚度
度	分				
00	00	00	00	10	10
06	26	10	00	$10\frac{1}{13}$	$10\frac{2}{13}$
12	45	20	00	$10\frac{1}{3}$	$10\frac{2}{3}$
18	49	30	00	$10\frac{3}{4}$	$11\frac{1}{2}$
24	30	40	00	$11\frac{2}{5}$	13
29	37	50	00	$12\frac{1}{2}$	$15\frac{1}{2}$
33	58	60	00	14	20
35	47	65	00	$15\frac{1}{4}$	$23\frac{1}{4}$
37	19	70	00	$16\frac{4}{5}$	$28\frac{1}{4}$
38	33	75	00	$19\frac{1}{4}$	37
39	27	80	00	$22\frac{6}{7}$	$52\frac{1}{4}$
40	00	85	00	29	$84\frac{1}{12}$
40	11	90	00	35	$122\frac{1}{2}$

我有时观察到,在几乎垂直地观察的情况下,该斑点的直径是在第一个色圆环或色循环上的红色的外圆周直径的$\frac{2}{5}$到$\frac{1}{2}$之间。

而当倾斜观察时,它就整个地消失,并变成不透明的和像玻璃其他部分一样白。由此可以推断,此时透镜几乎不或根本不互相接触,当垂直观察时,在该斑点周边处的间隙大约是它们在上述红色圆周处的间隙的$\frac{1}{5}$或$\frac{1}{6}$。

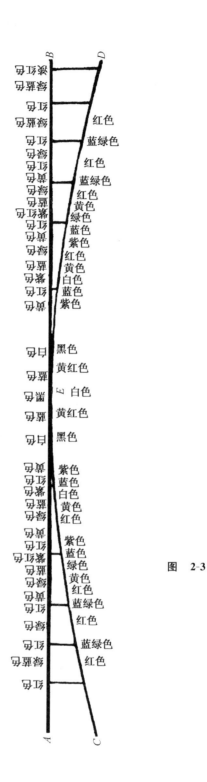

图 2-3

观察 9 透过两个邻接的物镜观看,我发现其间的空气既可以通过透射光,又可以通过反射光现出色环。这时中心斑点是白色的,从它起颜色顺序是:黄红色;黑色,紫色,蓝色,白色,黄色,红色;紫色,蓝色,绿色,黄色,红色,等等。但是这些颜色都很微弱和浅淡,除非光很倾斜地穿透玻璃;因为按该方式它们就会变得相当鲜明。仅有的第一环的黄红色就像观察4里的蓝色一样,又少又弱,以致几乎辨别不出来。把光的反射产生的色环与透射产生的色环相比较,我发现白色与黑色,红色与蓝色,黄色与紫色,以及绿色与红色和紫色的复合色相对。就是说,当透过去观看时玻璃上那些黑色的部分,当正面观看时却呈现白色,二者相反。同样地,在一种情形下呈现为蓝色的那些部分,在另一种情形下则呈现为红色。其他颜色依此类推。在图 2-3 中已经为你描绘过这种方式,那里 *AB*、*CD* 是在 *E* 点相接触的透镜的表面,二者之间的黑线是它们成算术级数的距离,上面描出的颜色是通过反射光看到的,而下面的颜色则是通过透射光看到的。

观察 10 将两物镜边稍稍弄湿,水慢慢浸润入它们之间,因而圆环变少了,颜色也变得更弱,这样,当水浸润进去时,在其最初到达的它们之间的一半地方,看来会与另一半隔开,从而收缩成一个较小的腔室。通过测量,我发现它们的直径与由空气形成的同样的环的直径之比约为 7 比 8,因而由水和空气这两种媒质造成的同样的环处的透镜间隙之比大约是 3 比 4。也许这是一个普通的准则,即如果任何其他或多或少比水稠密的媒质被挤压在透镜之间,那么它们在由此而产生的环处的间隙与由其间的空气所形成的间隙之比,等于度量从该媒质进入空气所作的折射的两正弦之比。

观察 11 当水处于透镜之间时,如果我施压于上透镜边缘的不同部位使圆环灵活地从一个地方移动到另一个地方,一个小的斑点就会迅速地随着它们的中心移动,而当周围的水浸润到该地方时,它就立即消失。它的外形如同其间的空气所造成的那样,而且它呈现出同样的颜色。但是它不是空气,因为在那里任何气泡都是在水中的,它们不会消失。反射必定是由一种较稀薄的媒质所造成的,这种媒质可能在浸润进水的地方沿着透镜后撤。

观察 12 这些观察都是在户外进行的。但是,为了进一步考察色光投落到透镜上的效应,我把房间弄暗,并通过投射到一张白纸上的棱镜颜色的反射进行观察,我的眼睛取这样的位置以便我能够通过透镜的反射看见这张带色的纸,如同通过普通镜子的反射那样。用这种方法,色环变得比在户外观察时清楚,并且可见的环数也多得多。有时候我能看见其中 30 多个环。相反,在户外我顶多只能看到八九个环。

观察 13 让一名助手绕其轴线来回转动棱镜,使得一切颜色可以相继投落在纸的那个部位上,这个部位通过从透镜上色环出现的那个部位的反射而为我所见,这样,一切颜色就可以相继地从环上反射到我的眼睛,此时我就让它保持不动,我发现红光所形成的环明显地大于蓝光和紫光所形成的环,而且很愉快地看到这些环随着光颜色的变化而逐渐地扩展或收缩。由最边上的红光形成的任一环处的透镜的间隙与由最边上的紫光形成的同一环处的间隙之比,大于 3 比 2,小于 13 比 8。根据我的大多数观察结果,这个比值是 14 比 9。而且这个比值在我的眼睛取所有倾斜度的情况下,看来都几乎相同,除非用两个棱镜来代替这些物镜。因为这时我的眼睛取某一大的倾角时,不同颜色形成的环似乎是相等的,而取更大的倾角时,紫色形成的环就会大于红色形成的同样的环,在这种情况下,棱镜的折射造成最大可折射的光线比最小可折射的光线更倾斜地投落到空气层上。这样,只要色光足够强烈和丰富到使这些色环可觉察,实验就会成功。由此可以推断,如果最大可折射和最小可折射的光线丰富到足以使这些色环可觉察,而没有别种光线混合,那么此比值就会比 14 比 9 大一些,设想为 $14\frac{1}{4}$ 或 $14\frac{1}{3}$ 比 9。

观察 14 当棱镜绕其轴匀速转动,使所有几种颜色相继投射到物镜上,从而使环收缩和扩展时,由其颜色的变化这样地造成的每一个环的收缩或扩展,对红色最迅速,对紫色最缓慢,而对中介的颜色则有中等程度的快慢。比较由每种颜色的所有程度造成的收缩和扩展的量,我发现对红色最大,黄色较少,蓝色更少,而紫色最少。为了尽可能恰当地对它们收缩或扩展的比例作出估计,我观测到由红色的所有程度造成的任一个环的直径整个收缩或扩展与由紫色的所有程度造成的同样的环的直径整个收缩或胀大之比,约等于 4 比 3 或 5 比 4,而且当光是黄色和绿色之间的中间颜色时,环之直径很接近于由最边上的红色形成的同一个环的最大直径与由最边上的紫色形成的环的最小直径之间的算术平均值;与由棱镜折射所产生的长形谱系的颜色中发生的情况相反,在那里红色最收缩;紫色最扩展,而且在一切颜色正中间的是绿色和蓝色的界限。看来我可以由此推断,透镜之间空气的诸厚度彼此相比很接近于定出第六大调音符 5,6,3,4,5,6 的六分弦长,在这里环是由五种主要颜色(红色、黄色、绿色、蓝色、紫色)的界限按顺序(即按极红色,橙色当中的红色和黄色的界限,黄色和绿色的界限,绿色和蓝色的界限,靛蓝当中的蓝色和紫色的界限,和极紫色)相继产生的。但是,认为透镜之间空气的诸厚度彼此之间相比等于定出第八大调音符 5,6,4,5,6,3,4,5 的八个弦长的平方的立方根,即等于 $1,\frac{8}{9},\frac{5}{6},\frac{3}{4},\frac{2}{3},\frac{3}{5},\frac{9}{16},\frac{1}{2}$ 这些数的平方的立方根,与观察多少更好地相吻合。这里诸环是由七种颜色(红、橙、黄、绿、蓝、靛蓝、紫)的界限按顺序相继产生的。

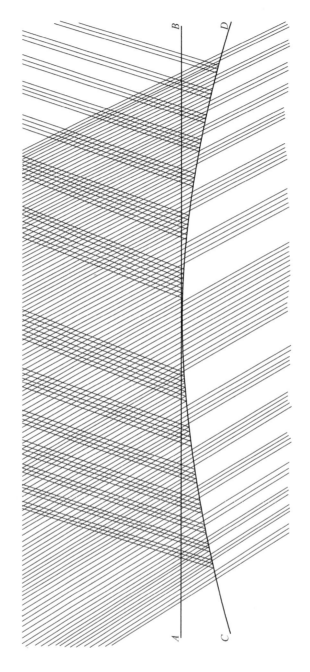

图　2-4

观察 15 这些环不呈现像户外产生的那些环那样的各种颜色，而是呈现它们仅借以照明的该棱镜的一切颜色。并且通过将棱镜颜色直接投射到透镜上，我发现投落到色环之间的暗区上的光透射过透镜而没有颜色变动。因为放置在它后面的一张白纸上，就会描绘出与那些被反射的颜色相同的诸环，大小与它们的邻区相同。由此看来，这些环的成因是明显的，即，透镜之间的空气按其不同的厚度，被配置为一些地方反射而另外一些地方透射任一颜色的光（像你看到的图2-4中所示），并且在反射一种颜色光的同一地方透射另一种颜色的光。

观察 16 由任何棱镜颜色形成的这些环的直径之平方，如同观察 5 中那样成算术级数。当第六个环由柠檬黄色形成并在几乎垂直地观察时，它的直径大约是 $\frac{58}{100}$ 英寸，或者小一点，这与观察 6 相符合。

前面的观察是在一种较稀疏的薄媒质中进行的，它为一种较致密的媒质所限定，例如压在两块棱镜之间的空气或水。在随后的那些观察中将一种弄薄了的较致密的媒质做成里边的较稀疏的媒质的外表，例如，白云母（Muscovy）片、水泡和一些别的界限着空气的一切边缘的薄物质。

观察 17 如果把先通过在其中溶入一些肥皂来造成黏滞的水吹成泡泡，那么不一会它就会呈现出带上各种各样颜色，这是一种普通的观察。为了保护这些泡泡，避免外部空气的扰动（这种扰动会使这些颜色中的一种在另一种中间做不规则的运动，这样就不能对它们作精确的观察），一旦吹成任何一个泡，我就马上用清澈的玻璃将它罩起来，通过这种方法它的颜色就按一种很有规则的顺序出现了，如同许多同心圆环围绕着水泡的顶点。当由于水不断下沉而使水泡变得更薄时，这些环便慢慢地扩展开来，并且布满了整个水泡，按次序向下达到水泡的底部，在那里相继消失。与此同时，在顶点处现出所有颜色之后，在那里，诸环的中心长出一个小圆黑斑点，就像观察 1 中的那个斑点一样，它不断地扩展，直到它的宽度超过 $\frac{1}{2}$ 或 $\frac{3}{4}$ 英寸之时水泡破裂。起初，我以为在该地方没有光从水里反射出来，但是，更仔细地观察它时，我在这个黑斑里边看到几个更小的斑点，它们比其余地方更黑暗得多，由此我明白了在不如这些斑点那样暗的其他地方存在某种反射。通过进一步的实验，我发现能够看到一些东西（如蜡烛或太阳）的像很弱地反射，这种反射不仅来自那个大而黑的斑点，而且也来自它里边更暗的小斑点。

除了上述色环外，还时常会出现各种颜色的一些小斑点，由于水的下沉的某些不等同性，而使它们在水泡侧面上升和下降。有时候水泡侧面上产生的小而黑的斑点会上升到水泡顶点的较大的黑斑点处，并与之合并。

观察 18 因为这些水泡的颜色比两块透镜之间变薄的空气的颜色更扩展而鲜艳，所以更容易被识别。我将在这里向你进一步描述颜色顺序的具体情况，当在水泡后面放上一种黑色的物质时，当通过天空在白色时的反射检查它们时，它们能被观察到。它们是这样一些颜色：红色、蓝色；红色、蓝色；红色、蓝色；红色、绿色；红色、黄色、绿色、蓝色、紫红色；红色、黄色、绿色、蓝色、紫色；红色、黄色、白色、蓝色、黑色。

最初三个红色和蓝色的系列是很浅淡和模糊的，特别是第一个系列上的红色，看上去在一定程度上像是白色。在这些系列中，除了红色和蓝色外，几乎没有任何其他可觉察到的颜色，仅是蓝色（主要是第二个系列的蓝色）偏一点绿。

第四系列上的红色也是浅淡而模糊的，不过不如前面三个系列之甚；继红色之后就是若有若无的黄色，但是绿色很丰满，它起初偏一点黄，然后变成相当轻快和鲜明的柳绿，后来就变成带蓝的颜色了，但是后继的既没有蓝色，也没有紫色。

第五系列上的红色起初十分偏向紫红色，后来变得比较明亮和轻快，但还不是很纯的红色。继之而来的是一种很明亮和强烈的黄色，只是量很少，而且很快转成绿色，但是该绿色丰满，也较前面的绿色更纯正、深浓和鲜明些。该色以后跟着一种极美的晴空蓝色，然后是紫红色，它比蓝色的量少，而且相当偏红色。

第六个系列上的红色起初是一种很美丽和鲜艳的猩红色，不久就变成一种更明亮的颜色，非常纯正而轻快，是在一切红色中最为纯的。继鲜艳的橙色之后是一种极其鲜明和丰满的黄色，也是一切黄色中显得最纯的，它起初变成绿黄色，再转成绿蓝色；在黄色和蓝色之间的绿色很少且浅淡，看上去与其说是绿色，倒不如说是绿白色。紧接着的蓝色变得很纯，是一种很鲜明的天蓝色，但是比前面的蓝色尚略逊一筹；而紫色强烈且深浓，简直不带红色。但是量比蓝色少。

最后一个系列上的红色紧接紫色，看上去色调鲜红，不久变成一种更明亮的偏橙的颜色；跟在其后的黄色起初相当纯正和鲜艳，但是后来变得较浅淡，直到逐渐地终结于完全的白色。如果肥皂水很黏和韧性好，那么这种白色就会慢慢地散布和扩展于水泡的较大部分；在顶点逐渐变得浅淡，在那里最后于许多地方分裂，并随着那些裂缝扩大，就会出现一种相当纯但仍较模糊阴暗的天蓝色；在这些蓝色斑点之间白色缩小，直到变成类似于不规则网络上的一些线条，接着很快消失，留在水泡整个上部的是上述的暗蓝色。按上述方式，这种颜色向下扩展，直到有时覆盖整个水泡。与此同时，在顶点的颜色显得比底部暗蓝，也布满许多圆形蓝色斑点（比其余部分暗些），随后会出现一个或更多个很黑的斑点，而在那些黑斑点里边又出现别的更强的黑色斑点，这就是我在前面观察中提到过的情形。接着这些黑斑又逐渐扩大，直到水泡破裂为止。

如果肥皂水不是很黏，黑色斑点就会在白色中突发，而没有任何可察觉到的蓝色介入。有时候,在中介颜色来得及显示之前,这些黑色斑点也会在先前的黄色,或者红色,或者也许还会在第二系列的蓝色里边突发。

通过这段描述,你可能感觉到这些颜色与观察 4 中所描述的空气的颜色有着多么大的相似性,尽管成相反顺序,由于这些颜色是在水泡最厚时开始出现的,因此从水泡最低和最厚的部分往上数是最方便不过的。

观察 19　从我的眼睛的几个倾斜位置看出现在水泡顶部的颜色环,我发现随着倾角增大,它们会明显地扩展,但还远比不上像观察 7 里通过弄薄的空气所造成的扩展那样大。因为在那里当最倾斜地观察时,颜色环被扩展这么大以致达到空气层的这样一个部位,比垂直观察时这些颜色出现之处的厚度要厚 12 倍多;反之,在这种情况下,当最倾斜地观看时色环达到之处的水泡厚度与当垂直观看时呈现色环的那种厚度之比小于 8 比 5。根据我最好的观测结果,是在 15 比 10 和 $15\frac{1}{2}$ 比 10 之间;这是一个比另一情况小大约 24 倍的增量。

有时候水泡的厚度会变得处处均匀,除了黑色斑点附近的水泡顶部以外,正如我所知道,因为眼睛取不同的位置,它都表现出同样的颜色外观。另外,在其表现圆周上通过最倾斜的光线所看见的颜色会与在别的地方通过对它较少倾斜的光线见到的颜色不同。几个观察者从很不相同的倾角看,可以看见不同颜色的它的同一部分。这时在水泡的相同的地方,或者在厚度相等的若干地方观察到多少颜色,是随光线的不同倾角而变动;借助观察 4、观察 14、观察 16 和观察 18,正如后文对它们的解释,我推断出在几个倾角下对现出任一相同颜色所必需的水的厚度,非常接近这个表中表示的比例。

对水的入射角		进入水里的折射角		水的厚度
度	分	度	分	
00	00	00	00	10
15	00	11	11	$10\frac{1}{4}$
30	00	22	1	$10\frac{4}{5}$
45	00	32	2	$11\frac{4}{5}$
60	00	40	30	13
75	00	46	25	$14\frac{1}{2}$
90	00	48	35	$15\frac{1}{5}$

在头两栏中表示光线对水表面的倾角（即它们的入射和折射角）。这里我假定度量它们的正弦取约数为 3 比 4，尽管或许溶解在水里的肥皂会稍微改变水的折射性能。在第三栏中，在那几个倾角下显示任一种颜色的水泡厚度分几部分表示，其中的 10 就指光线为垂直时水泡的厚度。如果应用适当的话，根据观察 7 发现的准则与这些测量结果很好地吻合；也就是说，在眼睛的不同倾角下，对于显示出同一种颜色所必不可少的水膜的厚度，与一个角的正割成比例，这个角的正弦等于从较小的正弦算起（即从当光线由空气进入水里作折射时的折射的正弦，或者从入射的正弦算起）的入射和折射正弦之间 106 个算术比例中项的第一个。

有时候我观察到，通过加热而在磨光的钢上发生的颜色，或者将铸钟金属及某些其他金属材料熔融后倒在地上，让其在空气中冷却后发生的颜色，都像水泡的颜色，从不同的倾角观看它们，颜色也有一点变化；特别是观察到，深蓝或紫色，当很倾斜地观看时，变成深红色。但是，这些颜色的变化不像水形成的颜色的变化那样大和明显。因为大多数金属当加热或熔化时都有熔渣即金属的玻璃化部分不断地冒出和涌到表面,它们通过薄玻璃似的外壳的形式覆盖金属而产生这些颜色,它们比水致密得多;而我发现,由于眼睛倾斜而造成的在最致密的薄物质的颜色上的变化是最小的。

观察 20 这正如观察 9 中说的那样,水泡通过透射光而显示出与通过反射所呈现的相反的颜色。这样,当通过水泡反射的云光来观看水泡时,在水泡表观圆周上显示红色,如果在同一时刻或稍后,透过水泡看时,那么水泡圆周上的颜色将是蓝色的。相反,当通过反射光它现出蓝色时,通过透射光它将现出红色。

观察 21 通过将很薄的白云母片弄湿,它的薄度可以使相同的颜色出现,这些颜色变得更微弱和阴暗,尤其弄湿与眼睛相反一侧更是如此。但是我不能觉察出色种的任何变动。所以,对于产生任何颜色所必需的薄片厚度仅依赖于它的密度,而与周围媒质的密度无关。因此,通过观察 10 和观察 16 可以知道水泡,或白云母片,或其他物质在它们产生的任何颜色时所具有的厚度。

观察 22 一个薄的透明物体比周围媒质致密,现出的颜色要比稀疏得多的媒质所现出的更轻快而强烈,如我在空气和玻璃上特别观察到的。因为在灯炉上把玻璃吹得很薄,这些为空气所包围的薄片的确比两块透镜之间形成的空气薄层呈现出强烈得多的颜色。

观察 23 比较从几个环上反射出来的光的量,我发现来自第一个或最内层的环的光量最为丰富,在较外边的环上光量变得越来越少。第一个环上的白色也比没有环的薄媒质或薄片的那些部分所反射的要强;因为我从一定距离处观看能够清楚地觉察到由两块物镜造成的诸环,或者将相隔较久的两次吹成的两个水泡作比较,第一个水泡上的白色是继所有颜色之后出现的,而在另一个水泡上白色先于所有颜色出现。

观察 24 当两块物镜互相重叠放置以便使色环出现,尽管用肉眼只能识别出这些环中的八九个,可是透过一个棱镜来观看它们,我看得见的环就要多得多,多到我能够数出 40 多个环,还有许多别的环是这样小和彼此这样接近,以至于我的眼睛不能分开地盯住它们,以便将它们数出来。但是根据它们的范围,我有时估计出它在 100 个以上。我相信此实验可以改进到发现数目大得多的环。因为它们看来好像真是无限多,尽管可见的仅限于通过棱镜折射所能将它们分开的。这一点我以后将要说明。

但是,这仅仅是这些环的一侧即折射所朝向的、通过该折射呈现清楚的侧面,而另一侧却变得比当用肉眼看时还混乱,以致在那里我只能识别出一两个环,有时候连一个也识别不出来,而用肉眼我还能辨别出其中八九个环。在这另一侧面上出现为数众多的圆缺即弧,因为它们绝大部分都不超过整圆的三分之一。如果折射很大,或者棱镜离物镜很远,那么这些弧的中间部分也会变得相当混乱,以致消失而形成一个均匀的白色,与此同时,在每一侧面上,这些弧的末端以及离中心最远的整段却变得比以前清楚,其呈现的样式描绘在图2-5中。

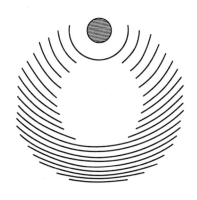

图　2-5

这些看上去最清楚的弧仅仅是白色和黑色相继的，没有任何别种颜色混杂。但是在其他地方呈现一些颜色，其顺序通过折射倒转成这样的方式，即，如果我先把棱镜放得很靠近物镜，然后逐渐将棱镜移离物镜趋近我的眼睛，那么，第二、第三、第四以及后继的环的颜色就会向出现在它们中间的白色区收缩，直到它们完全消失于弧中间的白色里，而往后颜色以相反的顺序重新出现。但是，在弧的末端，它们始终保持其顺序不变。

有时候我这样地放置一个物镜在另一个上面，使得对肉眼来说，它们到处都好像是均匀的白色，而丝毫没有任何色环显露，然而透过一个棱镜观看它们，却发现有大量的色环。同样地，白云母片和在灯炉上吹制成的玻璃泡，虽然它们不是薄到出现肉眼可见的任何颜色的程度，而透过棱镜却出现丰富多彩的颜色，这些颜色不规则地上下排列成波浪形式。同样，在水泡开始出现肉眼可见的颜色之前，已透过棱镜出现许多围绕着的并排的和水平的环；为了产生这种效应，有必要将棱镜放得平行于或接近平行于地平面，并将它安排得使光线可以向上折射。

第二部分

评论前述观察

我作了这些颜色的观察后,在我利用它们来阐明自然界物体的颜色成因之前,通过其中一些最简单的,诸如观察 2,3,4,9,12,18,20 和 24,我先解释较复合者,是方便的。首先,为了说明观察 4 和观察 18 中的颜色是如何产生的,在从 Y 点起的任一直线上(图 2-6,148 页)取长度 YA、YB、YC、YD、YE、YF、YG、YH,令它们的相互比例等于数 $\frac{1}{2}$,$\frac{9}{16}$,$\frac{3}{5}$,$\frac{2}{3}$,$\frac{3}{4}$,$\frac{5}{6}$,$\frac{8}{9}$,1 的平方的立方根,从而表示发出第八大调全部音符的乐弦之长度,就是说,它们与数 6 300,6 814,7 114,7 631,8 255,8 855,9 243,10 000成比例。在点 A、B、C、D、E、F、G、H 作垂线 $A\alpha$、$B\beta$、等等,用垂线间隔表示标于下面的与之相对应的几种颜色的范围。然后按标于划分点的数 1,2,3,5,6,7,9,10,11……所表示的比例划分线 $A\alpha$。再经过这些分点从 Y 画出直线 11、$2K$、$3L$、$5M$、$6N$、$7O$……

现在,如果假定 $A2$ 表示任一薄透明物体的厚度,在这个厚度上第一个环或者说第一个颜色系列最外边的紫色反射最多,那么,根据观察 13,HK 将表示它的这样一种厚度,在这个厚度上在同一系列中最远的红色反射最多。同样,按照观察 5 和观察 16,$A6$ 和 HN 也将表示第二个系列中那些极端的颜色反射最多时的厚度,而 $A10$ 和 HQ 是第三个系列中那些极端的颜色反射最多时的厚度,等等。按照观察 14,任一中介颜色反射最多时厚度将由线段 AH 到线段 $2K$、$6N$、$10Q$ 等等的中介部分的距离来确定,与之相对应的那些颜色的名称标在下面。

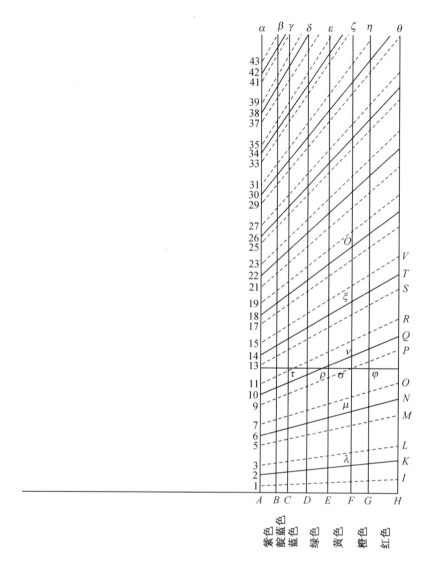

图 2-6

此外,为了确定每一个环或系列里这些颜色的范围,令 A1 表示最小的厚度,A3 表示最大的厚度,在此范围内第一个系列中极紫色被反射,又令 HI 和 HL 表示极红色的同样的范围,而令中介色被线段 1I 和 3L 的中介部分所限定,标出与之相对应的那些颜色的名称,等等。但还得提请注意,在中间区域 $2K$、$6N$、$10Q$,等等假定反射是最强并由此向每一侧的这些界限 $1I$、$3L$、$5M$、$7O$,等等逐渐减少,这里,你不必设想它们被精确地限制,而是无限地衰减下去。相反,我已给每一个系列指定同样的范围,我这样做是因为尽管第一个系列上的颜色看来似乎比其余的稍宽一些,这是由于在那里反射较强所致,可是那种不等同性是如此不明显以致几乎不能通过观察来确定。

现在按照这个描述,设想几种原始颜色的光线交替在区域 $1I$、$L3$、$5M$、$O7$、$9P$、$R11$,等等反射,而在区域 $AHI1$、$3LM5$、$7OP9$,等等透射,那就容易知道于户外在一个透明薄物体的任一个厚度时什么颜色必定出现。因为如果用一个尺子平行于 AH 安放,AH 与尺子的距离代表了物体的厚度,那么尺子与交替的区域 $1IL3$、$5MO7$,等等相交之处将表示被反射的原始颜色,在户外所呈现的颜色是由这些原始颜色复合而成的。这样,如果要求得第三个颜色系列里绿色的成分,那就将尺子置于如你所见的 $\pi\rho\sigma\varphi$ 处,并根据它在 π 处经过某种蓝色,在 σ 处经过黄色以及在 ρ 处经过绿色,你可以得出结论,在物体那个厚度上显示的绿色主要由原始的绿色组成,但是不无混有某种蓝色和黄色。

利用这种方法,你可以明白,从环中心向外,颜色应当按如观察 4 和观察 18 中对它们所描述的顺序相继出现。因为如果从 AH 逐渐移动尺子通过所有的距离,忽略了表示几乎没有由最薄物质所作的反射的第一个区域,那么,尺子将首先到达 1 处的紫色,接着很快到达蓝色和绿色,它们与紫色一起复合成蓝色,然后又到达黄色和红色,由它们进一步加上那种蓝色便转变为白色,这种白色在尺子的边缘从 1 移到 3 时始终存在,那以后,由于其组分颜色相继缺乏,首先转而复合成黄色,接着是红色,最后红色在 L 处终结。接着又开始第二个系列的颜色,按尺子边缘从 5 移到 O 的顺序相继,而且比前面的强烈,因为更加扩展和分离。由于同样的理由,代替先前白色,让与在蓝色和黄色之间的是一种橙色、黄色、绿色、蓝色和靛蓝色的混合,所有这几种颜色在一起应当出现一种浅淡而不完全的绿色。第三个系列的颜色都这样按顺序相继出现,起初是紫色,它受到来自第二个系列的红色的一点干扰,从而是一种带红的紫红色;其次是蓝色和绿色,它们更少有别的颜色混杂,所以比前面的颜色更强烈,尤其绿色更是如此;接着来的是黄色,其中某些趋向绿色者清楚而纯正,但是它趋向后继的红色的那部分却也像该红色那样有第四个系列的紫色和蓝色混杂,因而大大偏紫红的各种程度的红色是复合的。应该继这种红色之后出现的这种紫色和蓝色,混有和隐含有它,那里继之以绿色。而这绿色起初大大偏蓝,但是很快就变成一种纯正的绿色,是第四个系列里仅有的无混杂和强烈的颜色。因为当它濒于黄色时,开始为第五个系列的颜色所干扰,由于它们的混入而使继之而来的黄色和红色很浅淡而造成不清,尤其作为弱色的黄色几乎不能显示出来。这以后,几个系列的颜色干扰愈甚,它们的颜色变得越来越混杂,到三、四个循环(其中红色和蓝色交替占优势)以后,所有各种颜色在所有地方都相当均匀地融为一体,从而复合成一种均匀的白色。

因为,按照观察 15,在具有一种颜色的光线透射之处,有另一种颜色的光线被反射,在观察 9 和观察 20 中,由透射光所产生的那些颜色的成因由此也就显而易见了。

带色的薄片和微粒的厚度

		空气	水	玻璃
	很黑	$\frac{1}{2}$	$\frac{3}{8}$	$\frac{10}{31}$
	黑色	1	$\frac{3}{4}$	$\frac{20}{31}$
	黑色开始	2	$1\frac{1}{2}$	$1\frac{2}{7}$
它们的第一级颜色	蓝色	$2\frac{2}{5}$	$1\frac{4}{5}$	$1\frac{11}{22}$
	白色	$5\frac{1}{4}$	$3\frac{7}{8}$	$3\frac{2}{5}$
	黄色	$7\frac{1}{9}$	$5\frac{1}{3}$	$4\frac{3}{5}$
	橙色	8	6	$5\frac{1}{6}$
	红色	9	$6\frac{3}{4}$	$5\frac{4}{5}$

第二级颜色			
紫色	$11\frac{1}{6}$	$8\frac{3}{8}$	$7\frac{1}{5}$
靛蓝	$12\frac{5}{6}$	$9\frac{5}{8}$	$8\frac{2}{11}$
蓝色	14	$10\frac{1}{2}$	9
绿色	$15\frac{1}{8}$	$11\frac{2}{3}$	$9\frac{5}{7}$
黄色	$16\frac{2}{7}$	$12\frac{1}{5}$	$10\frac{2}{5}$
橙色	$17\frac{2}{9}$	13	$11\frac{1}{9}$
鲜明的红色	$18\frac{1}{3}$	$13\frac{3}{4}$	$11\frac{5}{6}$
猩红	$19\frac{2}{3}$	$14\frac{3}{4}$	$12\frac{2}{3}$

	空气	水	玻璃
第三级颜色			
紫色	21	$15\frac{3}{4}$	$13\frac{11}{20}$
靛蓝	$22\frac{1}{10}$	$16\frac{4}{7}$	$14\frac{1}{4}$
蓝色	$23\frac{2}{5}$	$17\frac{11}{22}$	$15\frac{1}{10}$
绿色	$25\frac{1}{5}$	$18\frac{9}{10}$	$16\frac{1}{4}$
黄色	$27\frac{1}{7}$	$20\frac{1}{3}$	$17\frac{1}{2}$
红色	29	$21\frac{3}{4}$	$18\frac{5}{7}$
蓝红	32	24	$20\frac{2}{3}$

第四级颜色			
蓝绿	34	$25\frac{1}{2}$	22
绿色	$35\frac{2}{7}$	$26\frac{1}{2}$	$22\frac{3}{4}$
黄绿	36	27	$23\frac{2}{9}$
红色	$40\frac{1}{3}$	$30\frac{1}{4}$	26

第五级颜色	绿蓝	46	$34\frac{1}{2}$	$29\frac{2}{3}$
	红色	$52\frac{1}{2}$	$39\frac{3}{8}$	34
第六级颜色	绿蓝	$58\frac{3}{4}$	44	38
	红色	65	$48\frac{3}{4}$	42
第七级颜色	绿蓝	71	$53\frac{1}{4}$	$45\frac{4}{5}$
	微红的白色	77	$57\frac{3}{4}$	$49\frac{2}{3}$

如果不仅是这些颜色的顺序和种类,而且是颜色得以显示的薄片即薄物体的准确厚度,都要求以一英寸的几分之一来度量,那么该值也可以借助于观察 6 和观察 16 得到。因为根据那些观察,处在两个透镜之间、产生最初六个环的最亮部分的薄空气层的厚度分别为 $\frac{1}{178\,000}$,$\frac{3}{178\,000}$,$\frac{5}{178\,000}$,$\frac{7}{178\,000}$,$\frac{9}{178\,000}$ 英寸。假设在这些厚度上最大量反射的光是明亮的柠檬黄色、即黄色和橙色的交界色,那么这些厚度将是 $F\lambda$、Fu、Fv、$F\xi$、Fo、Fr。不言而喻,容易确定由 $G\varphi$,或者尺子与 AH 的任一别的距离所代表的是什么样的空气层厚度。

此外,因为根据观察 10,处于同样的透镜之间、现出相同颜色的空气与水的厚度之比是 4 比 3,又根据观察 21,薄物体的颜色不因周围媒质的变化而变化;那么显示出任一颜色的水泡的厚度将是产生同一种颜色的空气层厚度的 $\frac{3}{4}$。因此,按照同样的观察 10 和观察 21,对中等可折射光的折射而言,一块玻璃片的厚度,可以用正弦的比例 31 比 20 来度量,也可以说是产生同样颜色的空气层厚度的 $\frac{20}{31}$;别的媒质也有同样的数值。我并不能肯定这个 20 比 31 的比例对所有的光线都有效;因为其他种类的光线的正弦具有别的比例。但是,这些比例的差是如此小,以致我这里不去考虑它们。根据这些理由,我编制出下面的表,在那里边当每种颜色最强烈和特定时的空气、水和玻璃的厚度用 1 000 000 等分之几英寸来表示。

如果将这个表和图 2-6(148 页)相比较,你就会明白那里关于每种颜色的成分、即复合成它的原色的组成情况,从而你能判断它的强度和不完善性;这足可以解释观察 4 和观察 18,除非要求进一步描述出两个物镜重叠放置时怎样出现颜色的方式。为了做到这一点,画一个大圆弧和一条与此弧相切的直线,以及若干条平行于该切线的隐线,隐线到切线的距离由该表中标出的与不同颜色相对应的数值来表示。这个弧和它的切线将表示界限其间的空气层的透镜的两个表面;这些隐线与弧相交的地方将表示与中心、即收缩点多少距离上每种颜色被反射。

这个表还有别的用途:借助于它,观察 19 中水泡的厚度由所呈现的颜色来确定。因此,自然界物体的构成部分的大小可通过它们的颜色来推测,这一点以后将给予说明。同样,如果两个或更多个很薄的片重叠放置以组成一个厚度与它们全都相等的薄片,那么,所产生的颜色也可以由此确定。例如,正如胡克(Hook)先生在他的《显微术》(*Micrographia*)一书中提到的,他观察到,把一块淡黄色的白云母片放在一块蓝色的同类玻璃片上,就会复合成一种很深的紫色。第一级的黄色是淡黄色,根据这个表现出这种颜色的薄片厚度是 $4\frac{3}{5}$,再加 9,即加上显示第二级的蓝色的厚度,和数是 $13\frac{3}{5}$,这就是显示第三级的紫红色的厚度。

其次,为了说明观察 2 和观察 3 的情况,即色环可以怎样(通过环绕公共轴转动棱镜,这种方式与那些观察中所表述的相反)转变成白色和黑色的环,后来又怎样再转变成色环,这时每个环上的颜色接相反次序排列。必须记住,这些色环由于光线相对于两透镜间的空气层倾斜而扩展,并根据观察 7 中的表,当光线最倾斜时,色环的扩展即环直径的增加是最明显和迅速的。这时由于所说的空气层第一个表面对黄色光线的折射比对红色光线的折射大,从而使这些黄色光线更倾斜于第二个表面,在这个表面上它们被反射而产生色环,因此,每一个环上的黄色圆环将比红色环扩展得更甚;扩展宽的超出值的增大视光线的倾斜度增大而定,直到最后黄色变得与同一环上红色的范围相等。根据同样的理由,绿色、蓝色和紫色也随其光线更加倾斜而扩展宽,从而都变得很接近等于红色的范围,就是说,到环中心的距离相等。于是同一环上的所有颜色必然重合,通过它们的混合而呈现出一个白色环。而在这些白色环之间必定有一些黑暗的环,因为它们并不像以前那样铺开而相互干扰。也由于那个理由它们必定变得更加清楚,而且使大得多数目的环成为可见的。但是最倾斜的紫色会与它的范围成比例地比别的颜色稍微扩展一些,所以非常易于出现在白色的外缘上。

以后,随着光线的更大的倾斜,紫色和蓝色就变得比红色和黄色更明显地扩展,因此离环中心也就更远,各种颜色必然以与以前它们所具有的相反的顺序从白色中出现;紫色和蓝色在每一个环的外缘,而红色和黄色则在环的内侧。由于紫色光线的倾角最大,在一切扩展中成最大比例,将最先出现在每个白色环的外侧,而且成为比其余颜色更丰富。属于不同环的几个系列的颜色由于它们的伸展和铺开,将再度开始互相干扰,从而使这些环变得较不清楚,可见的环也不那么多。

如果用物镜来代替棱镜,那么所现出的环并不因眼睛的倾斜而变成白色和清楚,由于光线在其穿越透镜间的空气的路程中,几乎平行于它们最初入射到透镜上的那些直线,因此,具有不同颜色的光线,不像棱镜里发生的情况那样,对于空气一种颜色的光线比另一种倾斜。

这些实验还有另一种情况要考虑,那就是为什么在一定距离上观看时显得清楚的黑色和白色环,就近看时竟然会不仅变得模糊,而且在每一个白色环的两边出现一种紫色。而原因是,在瞳孔不同部位进入眼睛的光线相对于透镜有不同的倾角,如果分开考虑,那么,最倾斜的那些光线现出的环将比倾角最小的光线现出的更大。这样,最倾斜的光线就会使每一个白色环的周边宽度向外扩张,而倾角最小的光线则使它向里扩张。这种扩张有多大取决于倾角的差有多大;就是说,取决于瞳孔能有多宽,或者眼睛与透镜有多近。紫色的宽度必定是扩张最甚的,因为容易激起该颜色的感觉的光线是对薄空气层的第二个即较远的表面最倾斜、并在此表面上被反射的,而且也有倾斜度的最大变化,这使那种颜色最快地从白色边缘上出现。而当每一个环的宽度这样地扩展时,暗间隙势必缩小,直到相邻的环,起初是外边的,接着是较靠近中心的都变成连续的,并且融合为一体,因此,这些环再也不能分开识别了,而好像构成一片均匀划一的白色。

在所有观察当中,没有一个像观察 24 的那样伴随着奇特的情况。那些情况中主要的是,在对肉眼来说好像是一片均匀划一的透明白色、没有任何阴影界限的薄片上,棱镜的折射竟会造成色环出现,尽管棱镜通常只能在颜色被阴影所界限或具有不均匀地发亮的地方造成物体显出是有色的;并且它竟会造成那些环非常清楚和白色,尽管它一般使物体变得模糊和带色。这些事情的原因你将通过以下考虑来理解:当用肉眼观看时,所有色环都事实上在薄片上,尽管由于环的周边宽度大而使它们如此之甚地相互干扰而融合在一起,致使它们看上去构成一片均匀的白色。但是当光线通过棱镜到达眼睛时,每个环上几种颜色的环道都会发生折射,按照它们可折射的程度,其中一些比另一些折射得厉害些:借此,环一侧上的颜色(即在其圆心一侧的圆周上)变得更为延伸和扩展,在另一侧上的颜色则变得更复杂和收缩。而且在那里通过适当的折射,它们收缩得如此之甚以至于几个环都会变得比相互干扰时更狭窄,如果组分色收缩得如此之甚以致整个地重合,那么它们必定显得清楚而白色,但是,在另一侧,那里每个环的环道会由于其颜色进一步的延伸而造成更宽，它必定比以前更甚地与别的环互相干扰，从而变得不甚清楚。

为了略进一步解释这个现象，设同心圆 AV 和 BX（图 2-7）表示任一级的红色和紫色，它们与中介颜色一道构成这些环中的任何一个。这时，透过一个棱镜来观看这些颜色，紫色圆 BX 将因折射较大而它的位置转移得比红色圆 AV 更远，所以所作得的折射面向圆心的那一侧上更为趋近红色圆。

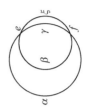

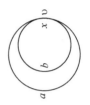

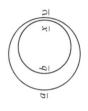

例如，如果红色转移到 av，那么紫色就可能转移到 bx，因此比以前更趋近红色圆于 x，并且如果红色更远地转移到 av，那么紫色就可能同样更远地转移到 bx，以致同红色圆在 x 处相合；又如果红色还更远地转移到 $\alpha\gamma$，那么紫色就可能同样还更远地转移到 $\beta\xi$，以致超出红色圆到 ξ 处，并且与红色圆相合于 e 和 f。这一点，不仅就红色和紫色，而且就所有其他中介颜色，乃至就那些颜色的每个循环来说都是可以理解的，你将容易看出同一循环或级上的那些颜色如何由于它们在 xv 和 $\gamma\xi$ 处靠近，在 xv、e 和 f 处重叠，应当形成相当清楚的圆弧，尤其在 xv，或 e 和 f 处更是如此，并且它们会各自出现在 xv，而在 xv 由于它们的重合而显示白色，在 $\gamma\xi$ 处重又各自出现，但还是成与它们以前具有的相反的顺序，而仍然保持 e 和 f 以外的颜色。然而在另一侧，在 ab、ab 或 $\alpha\beta$ 处，这些颜色由于扩

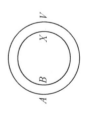

图 2-7

展和铺开以致跟别的级上的颜色相干扰,而必然变得模糊得多。同样的混乱状态也会发生在 e 和 f 之间的 $\gamma\xi$ 处,如果折射很大,或者棱镜离物镜很远,那么,在这种情形里,这些环的绝大部分将会看不到,仅仅在 e 和 f 处保留两小段弧,它们相互间的距离还会因移开棱镜更远离物镜而增大。这些小弧的中央必定最清楚、最白,而在其末端处它们开始变得模糊,它们必定是带色的,由于它们横穿中介的白色,因此每个弧的一端上的颜色必定与另一端上的颜色在顺序上相反;即它们偏向 $\gamma\xi$ 的末端,在靠近中心的那一侧上将是红色和黄色,而另一侧则是蓝色和紫色。但是,它们的偏离 $\gamma\xi$ 的另一端,向着中心的那一侧相反地会现出蓝色和紫色,另一侧则是红色和黄色。

这时因为所有这些东西都是根据光的性质通过数学推理方法得出的,所以其真实性可以通过实验来证明。例如,在一个暗室里,透过一个棱镜来观看这些环,一名助手将各种棱镜颜色在一堵墙上或者一张纸上来回移动,从那里这些颜色再被反射出来,与此同时观察者的眼睛、棱镜和物镜都安置稳定(如观察 13 中所述);由几种颜色相继形成的圆环的位置将这样来找:彼此相对关系如我在图中描述过的 $abxv$ 或 $abxv$,或 $\alpha\beta\xi\gamma$。用同样的方法,也可以考察其他观察的解释的真实性。

如上所述,可以理解水和薄玻璃片的同样的现象。但是在那些玻璃的小碎片上,还有这种值得进一步注意的现象:把这些碎片平放在桌上,绕其中心转动,同时透过一个棱镜观察它们,它们会在某些姿态下显现出不同颜色的波纹;其中一些碎片仅仅在一、二个位置上显现出这些波纹,但是大多数在所有位置上都显现出这样的波纹,并且多半使波纹出现在整块碎片的各处。其原因是,这种碎片的表面不是平整的,而是有许多坑洼和隆起,无论坑洼多么浅,都会少许改变碎片的厚度。因为在那些坑洼的不同侧面上,按新讲的原因,那里应当在棱镜的各种姿态下出现波纹。尽管它只是玻璃的一些很小的和很窄的部分,这些波纹多半是由其造成,看来它们可能会扩展到整块玻璃上面,因为有几个级的颜色是来自其中最狭窄的部分的，就是说，几个环的颜色被混乱地反射，又通过棱镜的折射而延伸、分离，再按照它们的折射程度分散到不同的地方，从而构成如同从玻璃该部分杂乱地反射的若干颜色级那样多的波纹。

这些是薄片或泡泡的主要现象，对这些现象的解释有赖于光的性质，对于它们我已在前面阐明过了。根据光的性质来推断，你所见到的这些现象确实都是必然与光的性质相一致，甚至对于它们的很小的细节也都成立，不仅如此，而且的确大大有助于它们的证明。所以，根据观察 24 看来，由薄片或泡泡造成的几种颜色的光线，就像由棱镜的折射造成的一样，有不同的可折射程度；由此每个级上的那些颜色在薄片或泡泡反射时都与其他级上的那些颜色混杂，它们由于折射而分离，又结合在一起以致变成像圆弧那样可见。因为如果光线全都有相同的可折射性，那么，对于肉眼看来是均匀的白色就不可能通过折射而得到它的各部分，并转置和排列成黑色和白色的弧。

看来，不同类型的光线的不相等折射，也不是由任何意外的不规则性而发生；例如脉纹、不平整的抛光或者玻璃气孔的意外位置；空气或以太里的不等同的和偶然的运动，同一种光线展开、分裂或分割成许多发散的部分；等等。因为，承认任何这样的不规则性，对于折射使那些色环变得像观察 24 里它们所发生的那样很清楚和界限分明是不可能的。因此，有必要认为，每种光线都有它固有的和恒定的可折射程度与它共生，据此，它的折射永远是合理地规则地进行的；不同的光线有不同的可折射程度。

而通常讲的光的可折射性，也可以用来理解它们的可反射性，也就是说，理解光线的被反射的属性，有的发生在薄片或者泡泡的较大厚度时，而别的发生在其厚度较小时；即这些属性也是与光线共生的，并且是不可改变的；这一点可以由观察 13、观察 14 和观察 15 与观察 4 和观察 18 相比较来表明。

通过前面的观察也表明，白色是所有颜色的一种一致的混合，并且光是具有一切颜色的光线的混合。因为，考虑到观察3、观察12和观察24里大量的颜色环就清楚了，尽管在观察4和观察18里只现出这些环当中的八、九个，可是实际上有大得多的数目，它们相互干扰和混合得如此之甚，以致在那八、九个循环之后，完全地彼此扩张，从而构成一种均一而明显地匀称的白色。因此白色必定是所有颜色的混合，而传播到眼睛里的此光必定是具有一切颜色的光线的混合。

此外，根据观察24看来，在颜色和可折射性之间存在一种不变的关系；最大可折射的光线是紫色的，最小可折射的光线是红色的，那些中间颜色的光线有与之相称的中等可折射性。根据观察13、观察14和观察15，与观察4或观察18相比较，在颜色和可折射性之间看来也存在同一不变的关系。在相同情况下，紫光在任一薄片或者泡泡的最小厚度上反射，而红光在最大的厚度上反射，中间的颜色光则在中间的厚度上反射。由此推断，光线的带色的属性也是与其共生的，是永远不变的；因而，在世界上颜色的一切产生和出现，不是从折射或反射在光里造成的任何物理变化得出的，而仅仅是从光线凭借它们不同的可折射性或可反射性而引起的各种混合或者分离得出的。在这一点上，颜色科学变成一种像光学的任何别的部分一样的真正数学上的思维。我的意思是，到目前为止，颜色与光的本性有关，并且不是由于想象力或者眼睛受到打击或压迫而产生或改变的。

第三部分

关于自然界物体的永久颜色和它们与透明薄片的
颜色之间的类似性

我现在讲本计划的另一部分内容，就是讨论透明薄片的现
象怎样与所有其他自然界物体的现象保持相关。关于这些物体
我已经谈过，它们呈现若干颜色，取决于它们倾向于最大量地反
射原来具有那些颜色的光线。但是它们借以反射某些光线比反
射其他光线更大量的性质还有待于发现；在以下的命题中我将
力图阐明这些问题。

命 题 1

那些具有最大折射本领的透明物体表面反射最大量的
光，即这些表面居中造成两媒质的折射密度相差最大。而
在折射相等的两媒质的界面上没有反射。

反射与折射的相似性将通过以下讨论而显示出来：当光从
一种媒质倾斜地入射到另一种媒质而发生偏离垂直线的折射
时，这两种媒质的折射密度之差越大，造成全反射所必需的入射
倾角越小。因为对圆半径来说，正弦是度量折射的，在全反射开
始时的入射也用正弦来量度；所以在正弦有最大差值之处，入射
角最小。这样，在光从水进入空气时，那里的折射用正弦比值 3
比 4 来量度，当入射角约为 48°35′时就开始全反射。在光从玻
璃进入空气时，那里的折射用正弦比值 20 比 31 来量度，当入射
角为 40°10′时开始全反射；因而，在光从水晶、或者从折射更强

的媒质进入空气时，造成全反射所必需的倾角还要小。因此，折射最大的表面，确实最快地反射所有入射到其上的光，于是可说反射最强。

但是本命题的真实性通过以下观察还会进一步地显露出来：在介于两种透明媒质〔例如空气、水、油、普通玻璃、水晶、金属质玻璃（metalline glasses）、冰洲石玻璃体（island glasses）、白色透明砷、钻石、等等〕之间的表面上，反射或强或弱取决于该表面具有或大或小的折射本领。因为在空气与硅铝质宝石（Sal—gem）的界面上，折射本领比在空气与水的界面上更强，在空气与普通玻璃或水晶的界面上还要强些，在空气与钻石的界面上又更强些。如果这些媒质中的任一种，并且是诸如透明固体此类媒质，浸入水中，那么其反射就会变得比浸入前弱得多；如果将它们浸入折射更强的、蒸馏得很好的矾油（oil of vitriol，即硫酸）或松节油（spirit of turpentine）的溶液里，还会变得更弱。如果水被任何想象的面分成两个部分，那么在这两部分的界面上根本没有反射。在水和冰的界面上，反射很少；在水和油的界面上，反射稍多；在水和硅铝质宝石的界面上，反射还要多些；在水与玻璃、或水晶体、或者其他更致密物质的界面上，反射还要更多些，它以那些媒质的折射本领大小不同为转移。因而，在普通玻璃和水晶的界面上反射应当是弱的，在普通玻璃和金属质玻璃的界面上反射应当较强；尽管我没有做过这种试验。但是正如在观察 1 中所显示的，在两块密度相等的玻璃的界面上没有任何可觉察到的反射。同样可以理解在分隔两部分水晶、两部分同样的液体、或两部分任何一种别的物质的界面上不发生折射。所以，为什么均匀透明媒质（例如水、玻璃、或水晶），除有其他不同密度的媒质居间的外表面之外，没有可觉察到的反射，是因为所有它们邻接的部分都有同一种致密度。

命 题 2

几乎所有自然界物体的最小部分都是在某种程度上透明的；而且这些物体的不透明性是由发生在其内部的大量反射引起的。

别人已经观察到这个现象就是如此，而且熟知显微镜的人多半都会同意这个看法。也可以这样来试验：将任一物质放在一个孔上，让某种光通过这种物质投进暗室里。因为无论该物质在露天看来可能多么不透明，如果它是足够薄的，那么用这种方法它将很明显地呈现透明。仅仅白色金属物体必须例外，因为它们的高密度好像几乎反射所有入射到它们的第一个表面上的光；除非它们溶解在溶剂里，变成很小的粒子，它们才变得透明。

命 题 3

在不透明和带色的物体各部分之间有许多空间，或者是虚空的，或者充满别种密度的媒质；像用以使任一水溶液饱和的带色粒子之间的水，构成云或雾的水滴之间的空气；在坚硬的物体的各部分之间，虽然大部分空间里没有空气和水，但是也许还不是整个地没有一切物质。

这个命题的真实性为前面两个命题所证明。因为，根据第二个命题，存在许多由物体内各部分造成的反射；又根据第一个命题。如果那些物体的各部分是连续的，它们之间没有这样的空隙，那么反射就不会发生；因为据命题1，反射只是由分隔着不同密度的媒质的表面造成的。

再者，物体各部分的这种不连续性是物体不透明性的主要成因，可以通过以下讨论显露出来：用密度与它们的各部分批等或几乎相等的任一种物质来填满它们的微孔,使不透明物质变成透明的。这样,纸浸在水或油里,猫眼石(Oculus mundi stone)泡在水里,亚麻布上浇油或涂清漆,以及许多别的物质浸泡在这种能亲和地充满它们小细孔的液体里,用这种方法这些物质都会变得比用别的方法要透明;因此,相反地,大多数透明物质可以通过排空它们的微孔内的液体,或者分隔它们各部分而变得充分地不透明;像弄干盐、湿纸或猫眼石,敲碎的角制品,把玻璃碾成粉末或者用别的方法使其破碎;松节油和水一起搅拌直到它们不完全混合,而水形成许多小泡泡,或者是水独自形成泡沫,或者是与松节油、橄榄油或别的与水不会完全融合的液体一起摇晃形成泡沫。根据观察 23,很薄的透明物质的反射颇强于较厚的同种物质所作的反射,这对增加这些物体的不透明性导致某些效果。

命 题 4

为了使物体不透明和带色,物体的各部分及其间隙不得小于某个限定的尺寸。

对于最不透明的物体,如果它们各部分被巧妙地分开(如金属溶解于酸溶剂,等等),就会变成完全透明的。你也许还记得,在观察 8 里,物镜表面上没有可觉察到的反射,在那里它们彼此很靠近,尽管它们并不绝对地接触。在观察 17 里,水泡变成最薄处对光的反射几乎是不可见的,以致由于缺少反射光而在水泡的顶点出现很黑的斑点。

在这些基础上,我察觉到,水、盐、玻璃、宝石以及诸如此类物质都是透明的。因为,按照若干考虑,它们似乎像别的物体那样各部分间都充满着微孔或空隙,但还是它们的各部分和空隙太小以致不能在它们的公共表面上引起反射。

命　题　5

　　物体的透明部分,按照它们不同的尺寸,反射一种颜色的光线,而透射另一种颜色的光线,在同样的基础上,薄片或者泡泡的确反射或者透射那些光线。我认为这就是它们所有颜色的基础。

　　因为如果一个薄的或片状的物体有均匀的厚度而处处显现出一种均匀的颜色,它应当被切割成细条,或者破裂成碎块,这些细条和碎块,具有与薄片相同的厚度,我看不出为什么每一个细条或者碎块不应当保持它的颜色,从而也看不出为什么大量这样的细条或碎块不应当构成一大片同样的颜色,这是薄片破碎之前所显现的颜色。所有自然界物体的各部分,就像薄片的大量碎块,必定在同一个基础上显现出同样的颜色。

　　由于性质的类同,将会显露出它们确实如此。一些鸟的漂亮的彩色羽毛,尤其是孔雀尾巴上的羽毛,确实在羽毛的完全相同的部分,按不同的眼睛方位显现出不同的颜色,遵循着与观察7和观察19里在薄片上所见到的完全相同的方式,因此,羽毛的颜色是由它们很薄的透明部分产生的;就是说,是源于非常纤细的毛发状细丝构造,即毛细丝(capillamenta),它们从那些羽毛较粗的旁边分支或纤维的侧面长出来。正如某些已经观察到的,出于同样的目的,某些蜘蛛的网由于编织得很细而现出颜色,某些丝的带色的纤维,随着眼睛位置的变化,而改变它们的颜色。丝、布及其他被水或油亲和地渗透的物质的颜色,由于浸入那些液体而变得较微弱和模糊,经过干燥重又色彩斐然;大致遵循观察10和21里关于薄物体的表述的方式。金箔、某些种上彩玻璃(Painted glass)、愈肾木浸出液以及某些其他物质,反射一种颜色,而透射另一种;就像观察9和20里的薄物体。画家使用的色粉中的一些通过很精心而细致地研磨,可以使它们的颜色发生一点改变。这里我看不出,除了领悟到把它们的各部分破碎成更小的部分之外,还有什么办法能遵循与通过变动薄片的厚度来改变它们的颜色同样的方式合理地矫饰那些改变。也由于这个缘由,被擦破的花木和蔬菜的彩色花朵通常变得比擦破之前更透明,或者至少总在一定程度上改变花的颜色。对于我的目的来说也不是谈不上的,通过若干种液体的混合,可能引起颜色的很奇特和显著的产生和变化,其中没有一个原因能比下述者更明显和合理:一种液体的盐微粒多样地作用于或联合另一种液体的带色的微粒,以致造成它们增长,或者减小(从而不单是它们的体积,而且是它们的密度也可以改变),或者把它们分成更小的微粒(从而一种有色的液体可以变成透明的),或者使许多微粒结合成一团,从而这样两种透明液体就可以组合成一种有色的液体。因为我们看到,那些盐的溶剂是多么易于渗透和溶解它们所适用的物质,而盐溶剂中的一些又多么易于使其他溶解的物质沉淀出来。同样地,如果我们注意各种各样的大气现象,那么我们就会发现当蒸汽产生时,它们并不影响空气的透明度,因为它们分散成太小的部分以致不能在它们的表面上引起任何反射。但是,当它们要构成雨滴时,便开始凝聚并构成中等大小的液滴,当这些液滴变成合适的尺寸而反射一些颜色时,就会按照其大小形成不同颜色的云彩。我不明白除了其液态和球状的小包的不同尺寸外,还能用什么来适当地表达像那种产生这些颜色的水一样透明的物质。

命 题 6

物体颜色所依赖的物体的各部分要比充满其空隙的媒质致密。

通过以下讨论,这个命题将表明:一个物体的颜色不仅依赖于垂直入射到它各部分上面的光线,而且依赖于所有其他角度上的入射光线。而且按照观察 7,倾斜度的一个小的变动就会在薄物体或者小粒子比周围的媒质稀疏的地方,改变所反射的颜色,达到这种小粒子将在各种倾斜度的入射下反射一切种类颜色的程度,这些反射的颜色具有如此之大的多样性,以致由全部粒子产生的从大量这种粒子混乱地反射出来的颜色,必定是一种白色或灰色,而不是任一种其他颜色,或者充其量必定是一种很不完全和不清楚的颜色。反之,如果薄物体或小粒子比周围媒质致密得多,那么根据观察 19,倾斜度变动所致的颜色的改变是这样小,以至于倾斜度最小地反射出来的光线可以对一切其余光线占优势,从而导致大量这样的粒子很强烈地显现出它们的颜色。

本命题的证实也导致这样的结果,即根据观察 22,在较稀疏的媒质内的较致密的薄物体所显现的颜色,要比在较致密的物体内的较稀疏的媒质所显现的颜色更强烈。

命 题 7

自然界物体的组成部分的大小可以通过它们的颜色来推测。

因为既然这些物体的各部分(按命题 5)的确最有可能以一个厚度相等的薄片,显示出同样的颜色,设它们有相同的折射密度;又既然它们的各部分在很大程度上似乎具有与水或玻璃差不多相同的密度,正如通过许多情况明显地推断出来的那样;那么,要确定那些部分的大小,你只须求助于前面的表,其中列出了显示任何颜色的水或玻璃的厚度。这样,如果要求知道密度与玻璃相等、应当反射第三级的绿色的一个微粒的直径,那么数 $16\frac{1}{4}$ 表明这直径等于 $\frac{16\frac{1}{4}}{10\,000}$ 英寸。

这里最大的困难是要知道任一物体的颜色是属于哪一级

的。为了这个目的，我们必须求助于观察 4 和观察 18；从那里可以推断出这些细节。

如果猩红色和其他红色、橙色和黄色是纯正和强烈的，那么它们最有可能属于第二级。第一和第三级上的那些颜色也可能是相当纯正的；只是第一级上的黄色是微弱的。第三级上的橙色和红色有紫色和蓝色大量混入。

可能有第四级上的纯正的绿色，不过最纯的还是第三级上的绿色。所有蔬菜的绿色似乎是属于这个级的，部分地由于这些颜色的强度，部分地因为当它们枯萎时其中有的变成绿黄色，其他的变成较完美的黄色或橙色，或者也许变成红色，首次通过所有的上述中间颜色。看来是由于水分蒸发引起的那种变化，可以使带色的微粒更致密，而且还会随着该水分中油和矿物成分的增加而有所提高。毫无疑问，现在绿色与由它变化成的那些颜色属于同一级，因为变化是逐渐的，并且那些颜色尽管通常不很纯正，可是它们也时常太纯正和鲜明而不属于第四级。

蓝色和紫红色也许不是属于第二级就是属于第三级，但是最纯正的蓝色和紫红色属于第三级。这样，紫色似乎属于该级，因为它们的浆汁加酸性溶液变为红色，加尿和碱的溶液则变成绿色。因为既然分解或稀释是酸的本性，而沉淀或变稠是碱的本性，如果浆汁的紫红色是属于第二级的，那么一种酸性溶液通过稀释它的带色微粒会使它成为第一级上的红色，而一种碱性溶液通过使这些微粒变稠会使它变成第二级上的绿色；那种红色和绿色，特别是绿色，看起来太不完美，不是由这些变化产生的颜色。但是，如果上述紫红色被认为属于第三级，那么它的变化对红色属于第二级和绿色属于第三级可以不带来任何困难。

如果发觉任一物体的紫红色比那些紫色多少更带红，那么它的颜色最有可能属于第二级。但还是没有一个一般知道的物体的颜色总是比它们的深，例如在纯度上明显地超过它们的颜色，我已经用它们的名称来表示最深的和最少带红的紫红色。

第一级上的蓝色尽管很弱很少，然而会可能是某些物质的颜色；尤其天空的蔚蓝色看来属于这一级。因为一切水蒸气当它们开始凝结和聚集成小包时，成为该大小的最早者，因而在这些小包能够形成其他颜色的云彩之前必定被反射。所以这是水蒸气开始反射的最初的颜色，它应当是最晴和最透明的天空的颜色，那里的水蒸气还没有达到反射其他颜色所必需的那种大小，如我们凭经验察觉到的那样。

白色，如果最强烈、最明亮，那它就是第一级上的颜色，如果较不强烈、较不明亮，那它就是不同级的颜色的混合。属于最后这类的是泡沫、纸、亚麻布以及大多数白色物质的白色；属于前者的我认为是白色金属的那种白色。因为最致密的金属，如金，如果打成金箔，它会是透明的，而所有的金属如果溶解在溶剂里或者进行玻璃化处理，都会变成透明的，所以白色金属的不透明性不单单是由它们的密度造成的。不如金致密的金属，要是一些其他原因并不与其密度一起使它们不透明，那么它们会比金透明。我认为其原因是，它们的粒子的这种大小正适合于它们反射第一级上的白色。因为，如果它们具有其他的厚度，那么它们就会反射其他的颜色，这一点在回火处理过程中的热钢上、有时候在熔融的金属表面于冷却过程中形成的外壳或金属渣上显现的颜色，表现得很明显。由于透明物质的薄片所能形成的第一级上的白色是最强烈的，所以它在较致密的物质金属里应当比在较稀疏的物质空气、水和玻璃里要强烈些。我看不出这样一种厚度的金属物质，由于它们的高密度（按照这些命题的第一个的要旨），如同可以适合于它们反射第一级的白色那样，可以反射所有入射到它们上面的光，所以就像任何物体可能表现的那样不透明和有光泽。金或铜与小于其一半重量的银、锡或锑熔块（regulus of antimony）混合熔化，或者用一点点水银使汞齐化，就会变成白色；这说明白色金属的粒子有比金和铜的粒子多得多的表面，所以比金和铜的粒子小，也说明它们是如此不透明以致不允许金和铜的粒子透过它们闪烁其光泽。金和铜的颜色几乎无疑是属于第二和第三级的，因此，白色金属的粒子不可能比使它们反射第一级的白色所必需的尺寸大得多。水银的挥发性表明,其粒子既不是大得多的,又不会是小得多的,以免失去它们的不透明性,因而不是如它们通过透明化、或者溶解在溶剂里被稀释时表现的那样变成透明的,就是如它们通过磨擦银、锡或铅,在其他物质上画出黑色条纹而磨成更小的粒子时表现的那样变成黑色的。白色金属通过研磨使其粒子变得更小时,第一和唯一的颜色是黑色,因此它们的白色应当靠近色环中心处的黑色斑点,就是说,它是第一级上的白色。但是,如果你以后要推测金属粒子的大小,那你就必须考虑到它们的密度。因为要是水银为透明,它的密度就要这样取值以便在它上面的入射的正弦(通过我的计算)与其折射的正弦之比等于 71 比 20,或者 7 比 2。因此,可以呈现出与水泡同样颜色的其粒子的厚度,应该比泡膜的厚度薄,成 2 比 7 的比例。由此可知,水银粒子跟某些透明和易挥发的液体的粒子同样小是很可能的,然而它能反射第一级的白色。

最后,为了产生黑色,微粒必须比显示出颜色的任何一种微粒要小。因为在所有较大的尺寸下,反射的光太多以致不能形成这种颜色。但是,如果假定它们比反射第一级上的白色和很微弱的蓝色所必需的尺寸小一点,那么,根据观察 4,8,17 和 18,它们将反射少到如此之甚的光以致显现出强烈的黑色,然而光也许可以在微粒里边不停地作各式各样的来回折射,直到被禁锢和耗尽,这样,它们就会在眼睛的一切方位上显现出黑色而没有任何透明性。由此也可以理解为什么火和更希微的分解者①的腐败作用,通过使物质的粒子分开,而使物质变为黑色。为什么少量的黑色物质很慷慨和有力地把它们的颜色分给它们所施加的其他物质;因为这些黑色物质的微小粒子数量巨大,它们就容易覆盖其他物质的粗粒子;为什么在撒沙子的铜板上很精心地磨制玻璃,直到它被很好地抛光,使沙子与从玻璃和铜板

---

① 实指腐败微生物,但当时并不清楚,因此用这种抽象的名称。——译者注。

上磨损下来的东西一道变得很黑；为什么黑色物质会使所有别的物质在阳光下或烧灼时最快地变热（这种效应可能部分地由在一个小空间里大量折射、部分地由如此微小的粒子的平缓扰动所产生）；以及为什么各种黑色通常带一点蓝色。对于这一点，可以通过将黑色物质上反射的光照射白纸而被显示出来。因为纸一般会呈现出一种带蓝的白色；原因是，该种黑色靠近如观察 18 中所描述的级上的暗蓝色，因此反射那种颜色的光线要比反射任何其他颜色的光线多。

在这些描述里，我讲了较多的细节，因为显微镜最终可以改进到发现颜色所依赖的物体的微粒不是不可能的，纵然它们在某种程度上还达不到那种完善的程度。因为如果那些仪器有或能够有这么大的改进以致用足够的清晰度显示物体，比它们在一英尺距离上对我们的肉眼所显示的要大五六百倍，那么我就希望我们也许能够发现那些微粒中最大的一些，要是使用一个放大三四千倍的显微镜，也许会全部发现它们，但是那样的粒子又会产生黑色。同时，在本论述中，我没有看到可以合理地怀疑的任何资料，这个看法是例外：与一个薄片厚度和密度相同的那种透明微粒，确实显示出同一种颜色。而这一点，我所理解的并非没有活动余地，因为那些微粒可以有不规则的外形，并且许多光线必定倾斜地入到它们上面，因而可取一条比其直径更短的路径穿过它们，又因为处在这样的微粒里一切方面的媒质的严密性可能稍微改变光的运动或者其他反射所依赖的特性。但是我还不能过多地怀疑后者，因为我曾经用一个显微镜观察过一些厚度均匀的小的白云母片，在界限所包含的媒质的边角上它们显现出同一颜色，它们在别的部位也显现此色。无论如何，如果那些微粒能用显微镜来发现，那将大大增加我们的信心；如果最终我们可以达到这一点，恐怕那将是这种感觉的极度改进。因为，由于微粒的透明性，要看见微粒内部大自然的更加神秘和宏伟的杰作似乎是不可能的。

命 题 8

反射的原因不是如一般认为的那样，是由光照射在物体的实心即无孔隙的部分上面所致。

这一命题将通过以下的讨论而显露出来。首先，在光离开玻璃进入空气的过程中反射与光在离开空气进入玻璃的过程中一样强烈，或者更确切地说是稍强烈一些，而比光在离开玻璃进入水时要强出许多。空气比水或玻璃有更强烈地反射的部分看来是不可能的。但是如果它竟然可能是假设，那也是无济于事的；因为当空气从玻璃（容器）上抽走时〔设想使用奥托·古埃里特（Otto Gueriet）发明并经玻意耳（Boyle）先生实用化的空气泵〕光的反射，与当空气和玻璃毗连时同样强，或者还要强。其次，如果光从玻璃进入空气的过程中比 40°或 41°角更倾斜地入射，那么它就被全部反射；如果倾斜较小，那么光就会大部分透射。难以想象，光从某个倾斜度入射会遇到足够的微孔让光在空气里透射过它的大部分，而从另一个倾斜度入射却应当不外乎遇到部分微孔而全部被反射掉，尤其考虑到光在其离开空气进入玻璃的过程中，无论它的入射是如何倾斜，它都会遇到玻璃中足够的微孔以透射它的大部分。如果有人假定光不是被空气所反射的，而是被玻璃最外边的表面部分所反射，那么仍然有同样的困难。此外，这样的一种假定是不可理解的，而且通过在玻璃的某一部分后面用水代替空气，也将显露出是错误的。因为这样，在一个合适的倾斜度上（设为 45°或 46°），光线就会在空气邻接着玻璃的地方被全部反射，而将在与水邻接着玻璃的地方大部分透射。这表明，光线的反射或者折射依赖于玻璃后面空气和水的结构，而不依赖于光照射玻璃的各部分。第三，如果把放置在光束到暗室入口处的一个棱镜所产生的颜色，相继地投射到放置在与前面棱镜很大距离处的第二个棱镜上，按光线全都同样地入射于它这种方式，第二个棱镜可以对入射光线如此地倾斜以致那些蓝色光线将被它全部反射,可是红色光线则相当大量地透射。现在如果反射是由空气或玻璃的各部分造成的,那么我就要问,为什么在入射倾斜度相同时,蓝色全都照射在那些部分上以致被全部反射,而红色则会射到足够的微孔以大量地透射。第四,在两块透镜互相接触的地方没有可觉察的反射,如在观察 1 里所表明的;可是我看不出为什么光线不应当像射到与空气邻接的玻璃各部分那样多地射到与别的玻璃邻接的玻璃各部分。第五,当水泡的顶点(按观察 7)由于水不断下沉和蒸发变得很薄时,从它上面反射出来的光少到几乎察觉不到的程度,致使它呈现出强烈的黑色;相反,环绕该黑斑的地方水膜较厚,反射是如此之强致使水看上去很白。不只是在薄片或泡泡厚度最小的地方没有明显的反射,而且在许多别的厚度上反射也不是连续增长。因为在观察 15 里,对数目不定的系列来说,同一颜色的光线交替地在一个厚度上透射,而在另一个厚度上则反射。可是,在薄物体表面上,光线照到的某一厚度处的部分,就与照到的另一厚度处的一样多。第六,如果反射是由反射物体的各部分引起的,那么,在同一地点上反射一种颜色的光线,并透射另一种颜色的光线,如同它们按照观察 13 和 15 所表现的那样,这对于薄片或者泡泡来说是不可能的。因为很难想象,例如在一个地方,呈现出一种蓝色的光线,竟然会有机会去照射到一些部分上,而呈现出一种红色的那些光线却有机会去射中物体的微孔;然后在物体不是厚一点就是薄一点的另一个地方,反过来蓝色竟然会射中物体的微孔,而红色射到它的一些部分。最后,要是光线是通过照射物体的实心部分反射的,那么它们从抛光的物体上的反射就不可能像它们原来那样有规律。因为在用沙子、擦粉或者硅藻土抛光玻璃时,很难设想通过磨光和擦亮,那些物质能够为一个精确的抛光面造成一切最小的玻璃粒子;这样,诸粒子的所有的表面应当是真正的平面或球面,而且看起来完全一样,从而一起构成一个平正的表面。那些物质的粒子越小,擦痕也就越小,那些物质就通过其粒子不断地磨光和擦亮玻璃,直到把它抛光。但是那些物质的粒子从来不这样细小,它们只凭磨光和擦亮玻璃来磨损它,并削去隆起部分;因此抛光玻璃不外乎是通过使玻璃的粗糙性变成一种很细小的微粒状态,以便表面的擦痕和损伤变得小到看不出来。所以如果光通过照射玻璃的实心部分来反射,那么它会被最光滑的玻璃散射,与被最毛糙的玻璃散射一样多。这样,用磨损物质抛光的玻璃怎样能够像原来那样有规则地反射,仍然是一个问题。并且这个问题是几乎不能用其他方法解决的,只有认为光的反射不是通过反射物体的单个点,而是通过在其整个表面上均匀地漫射光的物体的某种本领引起的,而且物体靠这种本领不用直接接触就可以对光线起作用。关于物体的一些部分隔着某一距离就对光产生作用,将在后文说明。

现在如果光不是通过照射物体的实心部分,而是通过某种别的原理而被反射;那么就或许是这样,和照射在物体的实心部分上那么多的光线不是被反射,而是在物体内部被禁锢和损耗。因为否则我们必须承认两种反射。要是射到清澈的水或水晶内部的全部光线都被反射,那么这些物质与其说具有清澈的透明性,倒不如说有一种浑浊的颜色。为了使物体看上去是黑色的,必需有许多光线被阻挡、滞留和耗尽于其内部;而并未射在物体的各部分上的任何光线看来不可能被阻挡和禁锢在物体内部。

由此,我们可以了解到,物体要比一般认为的要稀疏和多孔得多。水比金轻 19 倍;因而它比金稀疏 19 倍;而金又是这样稀疏,以致很容易和毫无阻挡地透过磁流(magnetick effluvia),也容易让水银进入它的微孔里,并让水通过它。因为正如我已从一个目击者那里获悉的那样,在一个装满水并焊牢的扁金球上以很大的力加以挤压,在没有胀裂或弄破金本体的情况下,水会穿过它渗透出来,并在它的整个外侧挂满露珠似的小水滴。从所有这一切我们可以得出结论,金所具有的微孔要比实心部分多,因而水具有的微孔要比它的实心部分多 40 倍以上。他还提出一个假设,据此水可以很稀疏,可是也不能用力压缩,根据同一个假设,无疑可以使金、水及其他一切物体像他喜欢的那样稀疏,以便光可以找到一个预定的通道穿过透明物质。

磁石透过所有既非磁的、又非赤热的致密物体,例如透过金、银、铅、玻璃和水对铁产生作用,而其效能丝毫没有减弱。太阳的引力穿过巨大的行星天体传递而丝毫没有减小,以致以同样的力并按照同样的规律作用于它们所有部分乃至其中心,仿佛受作用的部分没有受到行星天体的包围。光线或者是被发射的很小的物体,或者仅仅是传播着的运动或力,是沿着直线运动的;而不论什么时候光线由于某种障碍而偏离它的直线路径,它将再也不能返回到同一个直线路径上,除非或许通过很大的事变。可是光穿过透明的固态物体沿直线传播很大的距离。物体怎么能够有足够数量的微孔来产生这些效应,是很难想象的,但是也许不是完全没有可能的。因为像上面所解释的,物体的颜色是由反射它们的粒子的大小所产生的。现在如果我们设想物体的这些粒子在它们之中是这样地构成以便它们之间的间隙即空虚的空间在数量上可以等于粒子的全部;并且这些粒子又可以由别种小得多的粒子构成,这些更小的粒子之间的间隙的数量等于所有这些更小的粒子;同样地,这些更小的粒子再由别种更小得多的粒子构成,它们全部加在一起等于它们之间的全部微孔或间隙;如此不断重复下去,直至你达到实心的粒子,在它们内部没有微孔或者间隙。例如,如果在任何稠密的物体里有三个这样的粒子级,最小一级的粒子是实心的,那么这物体具有的微孔将比实心部分多 6 倍。但是如果有四个这样的粒子级,最后一级的粒子是实心的,那么该物体将有比实心部分多15 倍的微孔。如果有五级,那么物体的微孔将比实心部分多 31倍。如果有六级,物体将有 63 倍于实心部分的微孔。如此不断推演下去。当然还有别的途径设想物体怎样有超量的微孔。但是,什么才真正是它们内部的结构对我们来说仍然是未知的。

命 题 9

物体靠同一种本领反射和折射光，这种本领在不同的
情况中有不同的体现。

这一命题通过下面几种考虑显示出来。第一，因为当光尽
可能倾斜地从玻璃进入空气时，如果还要使它的入射更倾斜，那
么它就成为全反射。因为在玻璃已经尽可能倾斜地折射光以
后，如果还要使光线更倾斜地入射，那么玻璃的这种本领就会变
得太强以致不让任何光线透过，从而引起全反射。第二，因为就
颜色的许多系列而言，随着玻璃薄片的厚度按一个算术级数增
加，光被薄片交替地反射和折射。因为在这里玻璃的厚度决定
了玻璃借以对光起作用的那种本领是否会造成光被反射，或允
许光透射。第三，正如命题1所显示的，因为具有最大折射本领
的透明物体的那些表面反射最大量的光。

命 题 10

如果光在物体里比在真空中传播得快，按度量物体折
射的正弦的比例，物体反射和折射光的力与同一物体的密
度很接近于成比例；油质的和合硫的物体比同样密度的其
他物体折射多是例外。

图 2-8，令 AB 表示任一物
体的折射平面，DC 表示一条很
倾斜地入射在此物体上 C 点的
光线，而角 ACD 可以无限小，
又令 CR 为折射光线。从给出
的一点 B 作垂直于折射表面的
垂直线 BR，交折射光线 CR 于

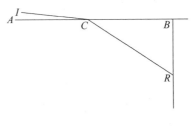

图 2-8

R，如果 CR 表示该折射光线的运动，而这个运动分解成两个运动 CB 和 BR，CB 平行于折射平面，BR 与折射平面垂直：CB 将表示入射光线的运动，而 BR 则为折射引起的运动，如同眼镜商最近解释的那样。

现在如果任一物体或者东西在移过两侧由二平行平面所界限的给定宽度的任一间隙时，被径直向前指向最后的平面的力推着进入该间隙的所有部分，又在它入射到第一个平面之前，没有向着它的运动，或者只是一个无限小的运动；如果在两个平面之间该间隙所有部分上的力，在与平面相等的距离处彼此相等，但是在不同的距离上按任意给定的比例或大些或小些，那么在该物体或者东西通过那个间隙的整个过程中，由这些力产生的运动将与这些力成平方根的比例，正如数学家容易理解的那样。因此，如果认为此物体的折射表面的活性间隙是这样的一个间隙，由物体的折射力所产生的光线的运动，在它穿越那个间隙（即运动 BR）的过程中必定与那个折射力成平方根的比例。因此我说，线 BR 的平方，从而物体的折射力，是很接近于同一物体的密度的。对于这一点，将由下面的表显示出来，在那里度量不同物体的折射作用的正弦比例，BR 的平方（设 CB 为一个单位），由物体的比重估算的密度，以及相对于密度的折射本领，都记于不同的栏目里。

在这个表中，空气的折射是由天文学家所观测的大气的折射确定的。因为，如果光穿过许多逐渐地越来越稠密并为平行表面所界限的折射物质即媒质，那么一切折射的总和将等于光从第一个媒质直接进入最后一个媒质受到的单一的折射。这一点是成立的，尽管折射物质的数目增加到无穷大，但是相互间的距离相应减小，以致光在它经过的每一点上都可以被反射，并且通过连续的折射而弯曲成一条曲线。因此，在从最高最稀薄的部分到最低最稠密部分通过大气的过程中，光的整个折射必然等于光在其行进中以同样的倾斜度从真空直接进入到具有与大气最低部分相同密度的空气里会受到的折射。

尽管一种假黄玉、一种透明石膏、水晶、冰洲石晶体、一般玻璃(vulgar glass 即熔在一起的沙子)和锑玻璃(这些都是地球上的石质碱性凝结物)以及空气(它可能是这样的物质经动荡而产生的),是些密度彼此很不一样的物质,可是按照这个表,它们的折射本领相互间的比例几乎与它们的密度间的比例相同,而那种奇怪的物质冰洲石晶体的折射例外,它的折射比其余的大一些。尤其是空气,它比假黄玉稀疏 3500 倍,比锑玻璃稀疏 4400 倍,比透明石膏、一般玻璃或水晶稀疏 2200 倍,尽管它稀疏,可是它相对于其密度的折射本领却同于那些非常致密的物质相对于它们的密度的折射本领,而不计相互间的那些差异的话。

再者,樟脑、橄榄油、亚麻子油、松节油和琥珀(这些都是富含硫的油质物体)以及一种钻石(它可能是一种凝结的油性物质)的折射,其折射本领都与它们的密度一样彼此成比例,而没有任何可观的变动。但是这些油性物质相对于其密度的折射本领要比前面那些物质的相对于其密度的折射本领大二三倍。

水在这两类物质之间有中等程度的折射本领,可能属于一种中间的种类。因为从它生长出所有的植物性和动物性物质,这些物质既包括含硫的油脂的和易燃的部分,又包括土壤中贫瘠的和碱化的部分。

盐类和矾类具有在那些土壤物质和水之间的中等程度的折射本领,因而由那两类物质组成。因为通过蒸馏和精馏出它们的馏分,它们大部分转变成水,剩下来的一大部分以一种能玻璃化的干燥的不易挥发的土遗留下来。

折射物体	黄色光的入射和折射正弦比例	物体的折射力对 BR 的平方成比例	物体的密度和比重	物体相对于其密度的折射本领
一种假黄玉,是一种天然的、透明的、易碎的、有发纹的石头,黄色。	23 比 14	1.699	4.27	3979

续表

折射物体	黄色光的入射和折射正弦比例	物体的折射力对BR的平方成比例	物体的密度和比重	物体相对于其密度的折射本领
空气	3201 比 3200	0.000625	0.0012	5208
锑玻璃	17 比 9	2.568	5.28	4 864
一种透明石膏	61 比 41	1.213	2.252	5 386
一般玻璃	31 比 20	1.4025	2.58	5 486
水晶	25 比 16	1.445	2.65	5 450
冰洲石晶体	5 比 3	1.778	2.72	6 536
硅铝质宝石	17 比 11	1.388	2.143	6 477
明矾	35 比 24	1.1267	1.714	6 570
硼砂	22 比 15	1.1511	1.714	6 716
硝石	32 比 21	1.345	1.9	7 379
但泽矾	303 比 200	1.295	1.715	7 551
矾油	10 比 7	1.041	1.7	6 124
雨水	529 比 396	0.7845	1.0	7 845
阿拉伯树胶	31 比 21	1.179	1.375	8 574
很好精馏的酒精	100 比 73	0.8765	0.866	10 121
樟脑	3 比 2	1.25	0.996	12 551
橄榄油	22 比 15	1.1511	0.913	12 607
亚麻子油	40 比 27	1.1948	0.932	12 819
松节油	25 比 17	1.1626	0.874	13 222
琥珀	14 比 9	1.42	1.04	13 654
一种钻石	100 比 41	4.949	3.4	14 556

酒精具有介于水和油性物质的折射本领之间的中等程度的折射本领,因而似乎是由这二者构成,是经过发酵而成为一体的;被某种盐酸(saline spirits)所饱和的水溶解油,经过这种作用使它挥发。酒精由于它的含油部分而可以燃烧,它往往从酒石酸盐(salt of tartar)里蒸馏出来,每蒸馏一次就变得越来越多液和黏稠。化学家观察到,植物(如熏衣草、芸香、马郁兰〈唇形科植物〉等等)在发酵前蒸馏产生油类而没有任何燃烧的酒精(burning spirits),但是在发酵后蒸馏产生烈性的酒精(ardent spirits）而没有油类：这表明它们的油是经过发酵转变成酒精的。他们还发现，如果把少量的油倒在发酵的植物上，那么发酵之后就以酒精的形式蒸馏出来。

所以，按照上面的表，所有物体好像都有与它们的密度成比例（或很接近）的折射本领，除非计及或多或少的含硫的油质粒子，从而造成它们的折射本领变大或变小。由此看来把一切物体的折射本领主要地（若不是全部地的话）归因于它们的富含硫部分是合理的。因为，所有物体或多或少富含硫质是可能的。当一个取火透镜所汇集的光作用到含硫的物体上时，会使它们起火燃烧；所以既然所有作用是互相的，那么硫质也在最大限度上作用于光。因为光和物体之间的作用是相互的，所以可以从这种考虑显示出来：最强烈地折射和反射光的最致密物体在夏季太阳下由于折射或反射光的作用而变得最热。

迄今为止我已经解释了物体的反射和折射的本领，并说明了薄而透明的片状物、纤维和粒子，按照它们不同的厚度和密度，确实反射不同种类的光线，从而显示出不同的颜色；因而，为了产生自然界物体的一切颜色，没有比它们的透明微粒的不同尺寸和密度更必不可少的了。但是，出于什么原因使这些片状物、纤维和粒子按照它们不同的厚度和密度反射不同种类的光线，我还没有作出解释。为了深入探讨这个问题和便于理解本编的下一部分，我将多用几个命题来概括这一部分内容。前面的那些命题着眼于物体的本性，而这些命题着眼的是光的本性：在能够知道它们相互作用的原因之前，必须理解这二者。因为最后的命题依赖于光的速度，所以我将从该种命题中的一个开始。

命 题 11

光从发光物体随时间传播，从太阳传到地球大约需要七八分钟。

这一命题的现象最初是由罗默（Römer）、以后由别人，借助木星的卫星之蚀观测到的。因为当地球处在太阳和木星之间时，这些蚀现象的发生要比按表上它们应该发生的时间快大约七八分钟，而当地球位于太阳的另一侧时，它们又比它们应该发生的时间晚大约七八分钟；原因是，卫星的光必须走的路程在后一情况里要比前一情况远一个地球轨道直径。时间的某些不等同性可能是由卫星轨道的偏心率所引起的；但是那些还不能对于所有行星和在所有的时刻对地球与太阳的位置和距离作出回答。木星的卫星的平均运动在从它的远日点下降到它的轨道另一边的近日点过程中也比从近日点上升到远日点要快。但是这种不等同性也没有考虑到地球的位置，并且对于三个靠里的卫星是察觉不到的，正如我根据它们的引力理论计算所求得的那样。

命 题 12

每条光线在它通过任何折射面时都要进入某种短暂的组态或者状态，这种组态或状态在光线行进中按相等的间隔复原，并且在每次复原时倾向于使光线容易穿过下一个折射面，而在两次复原之间则容易被它所反射。

根据观察 5,9,12 和 15，这个命题是清楚的。因为按照那些观察，看来以相等的角度入射到任何透明薄片上的同一种光线，当薄片的厚度按算术级数 0,1,2,3,4,5,6,7,8,等等增加时，相对于许多系列来说，是交替地反射和折射的；因此，如果第一次反射（它形成了那里描述的色环中的第一个即最里边的一个）发生在厚度为 1 的地方，那么此光线应当在厚度为 0,2,4,6,8,10,12,等等的地方透射，从而产生中心斑点和光环，它们是由透射而呈现的，而在厚度为 1,3,5,7,9,11,等等的地方被反射，从而形成由反射所呈现的环。正如我通过观察 24 推得的那样,这种交替的反射和透射持续 100 个回合以上,而且根据本编下一部分的观察,可持续几千个回合,从玻璃片的一个表面传播到另一个表面,尽管薄片的厚度只有 $\frac{1}{4}$ 英寸或者厚一点;因此这种交替似乎是从每一个折射面传播到一切距离处而没有终点或限度。

这种交替的反射和折射依赖于每一个薄片的两个表面,因为它依赖于两个表面的距离。按照观察 21,如果一块似云母玻璃薄片的一个表面被弄湿,那么,由交替的反射和折射所产生的颜色变弱,因此它依赖于两个表面。

所以它是在第二个表面上完成的;因为如果在光线到达第二个表面之前,它就在第一个表面上完成,那么它不会依赖第二个表面。

它也受到从第一个到第二个表面传播的某种作用或属性的影响,因为要不然在第二个表面上,它不会依赖第一个表面。并且这种作用或属性在其传播过程中,按相等的时间间隔而间歇或复原,因为在它整个进程中,它会使光线在一个距离上从第一个表面偏离而被第二个表面所反射,而在另一个距离上从第一个表面透射,如此按相等的时间间隔经历无数个回合。因为光线倾向于在 1,3,5,7,9……的距离上反射,而在 0,2,4,6,8,10……的距离上透射(由于其透射是在 0 距离处穿过第一个表面,所以透射是穿过二个表面的,如果它们的距离无限小或者比 1 小得多的话),在距离为 2,4,6,8,10……处透射的倾向,被看作是光线首次在 0 距离上即在它透射过第一个折射面时具有的同一属性的复原,这整个正是我要证明的问题。

至于这是一种什么作用或属性,它是光线的一种圆周运动或振动,还是媒质或别的什么东西的圆周运动或振动,我这里就不去探讨了。那些不愿意赞同任何新的发现而认为能用一个假设来解释诸如此类事情的人,可以为目前这件事提出假设,正如石头扔到水上会使水进入起伏运动状态,以及所有的物体通过敲击会在空气中激起振动那样；光线通过照射在任何折射面或反射面上，也在折射或反射媒质或物质中激起振动，并且通过激发它们而搅动折射或反射物体的实心部分，再通过搅动它们而促使物体变暖或变热；这样地激发起来的振动在折射或反射媒质或物质中传播，很大程度上仿效振动在空气中传播产生声音的方式，而且其传播速度比光线还快，以致可赶上和超过光线；当任何光线处在以它的运动而导致振动的那个部位时，它容易击穿一个折射面，而当光线处在以它的运动阻碍振动的相反部位时，它容易被反射；因而，每一条光线由于突然降临于它的每一个振动而相继地倾向于容易被反射或者容易透射。但是这种假设是真是假，我这里不去细想了。我自己满足于最起码的发现，即光线是由于这种那种原因交替地倾向于被反射或折射而延续许多个回合。

定　　义

任何一条光线被反射倾向的复原，我就称做它的易于反射的突发（fits）；而它的透射倾向的复原，就叫做它的易于透射的突发。在每一次复原和下一次复原之间光线通过的距离，就叫做它的突发间隔。

命 题 13

所有厚的透明物体的表面反射入射到其上的光的一部分而折射其余部分的原因是，在其入射处的一些光线处在易于反射的突发状态，而其余的光线则处在易于透射的突发状态。

这一命题可以从观察 24 推演出来，在那里由空气和玻璃的薄层所反射的光,对肉眼呈现一片布满薄片的均匀白色;而透过一个棱镜,却呈现出由于易于反射和透射的交替突发所产生的亮与暗的许多序列所致的波纹,棱镜分离和区别白色反射光所构成的波纹,这一点上文解释过。

由此可知,在光入射到透明物体上之前,它就处在易于反射和易于透射的突发状态。当光最初从发光物体发射时,它可能进入了这样的突发状态,并且在光整个进程中继续处在这种状态。因为这些突发状态具有持续的性质,这一点在本编的下一部分显示出来。

在本命题中,我假设透明物体是厚的;因为如果物体的厚度比光线的易于反射和易于透射的突发间隔小得多,物体就会丧失其反射本领。因为如果光线在进入物体时是处在易于透射的突发状态,在它们脱离这种状态之前就达到物体最远的表面,那么它们必定透射。而这就是为什么水泡当变得很薄时丧失其反射本领的原因;也是为什么不透明物体当缩减成非常小的部分时变成透明的原因。

命 题 14

如果光线处在折射的突发状态,那么透明物体的那些表面确实最强烈地折射它;如果光线是处在反射的突发状态,那么这些表面就会最容易地反射它。

因为我们在上面命题 8 里已经表明,反射的原因不是光照射物体的实心的、不可穿透的部分,而是这些实心部分通过某种别的本领在某一距离上对光产生作用。在命题 9 里我们也表明,物体用同一种本领反射和折射光,而且在不同的情况下有不同的发挥;在命题 1 里我们还表明,最强烈地折射光的表面会反射最多的光。所有这些一起作比较,同时证明和澄清了本命题和上一个命题。

命 题 15

在任一同种光线从任一折射面以任一角度入射到同一种媒质时，下一个易于反射和透射的突发间隔，不是精确地等于就是很接近于折射角的正割和另一个角的正割之积，而另一个角的正弦等于从折射的正弦算起的、在入射和折射正弦之间 106 个算术比例中项的第一个。

根据观察 7 和观察 19，这个命题是显而易见的。

命 题 16

在以相等的角度从任一折射表面出射进入同一种媒质的不同种类的光线中，随后的易于反射和易于透射的突发间隔，不是精确地等于就是非常接近于一个乐弦长度的平方的立方根，它定出第八大调的音符 *sol*、*la*、*fa*、*sol*、*la*、*mi*、*fa*、*sol*。按照第一编第二部分的实验 6 所描述的类比，以所有它们的中等音阶对应那些光线的颜色。

根据观察 13 和 14，这个命题是显而易见的。

命 题 17

如果任一种光线垂直进入几种媒质，那么在任意一种媒质中易于反射和透射的突发间隔与任意另一种媒质中的那些间隔之比，等于当光线从这两种媒质中的第一种进入第二种时，入射的正弦比折射的正弦。

根据观察 10，这个命题是显而易见的。

命 题 18

如果描出黄色和橙色界限上的颜色的光线从任一媒质垂直地进入空气，那么易于反射的突发间隔等于 $\frac{1}{89\,000}$ 英寸。它们的易于透射的突发间隔属于同一长度。

根据观察 6，这一命题是显而易见的。

从这些命题容易推断出以任一角度进入任一媒质而被折射的任一种光线的易于反射和易于透射的突发间隔；因而也就知道，光线在它们随后入射到任一别的透明媒质时是反射还是透射。这里确定的东西，对理解本编下一部分的内容是有用的。出于同样的理由，我增加以下两个命题。

命 题 19

如果任一种投落到任一透明媒质的合适的表面上的光线被反射回来，那么处在反射点上的易于反射的突发仍将继续复原；而且这些复原与这个反射点的距离应当成算术级数 2，4，6，8，10，12，…在两个反射突发之间光线应当处在易于透射的突发状态。

因为既然易于反射和易于透射的突发状态具有复原的性质，那就没有理由说明为什么这些突发持续到光线抵达反射媒质，并在那里使光线倾向于反射而应当在那里中止。如果在反射点上的光线处在易于反射的突发状态，那么这些突发与该反射点的距离级数必须从 0 开始，从而是数 0，2，4，6，8，…因此，易于透射的中间突发的距离级数，从同一点算起一定成奇数 1，3，5，7，9，…的级数，与当突发是从折射点传播时所发生的情况正好相反。

命 题 20

从反射点传播进入任意媒质的易于反射和易于透射的突发间隔,等于同样的光线如果以等于其反射角的折射角折射进入同一种媒质时应有的相同的突发间隔。

因为当光被薄片第二个表面反射时,它无阻碍地向后离去而在第一个表面造成由反射呈现的色环;而且,由于它出路自由,使得这些色环比由透射光呈现在薄片另一侧面上的要鲜艳和强烈。因此,反射光线在透出地点是处在易于透射的突发状态的;如果在薄片里边,反射后的突发间隔在长度和数目上都不等于它们反射之前的间隔,那么这种情况就不会经常发生。这也证实了在以前的命题中所给出的比例。因为如果光线在第一个表面进入和穿出时,都处在易于透射的突发状态,并且在反射前后第一和第二个表面之间那些突发的间隔和数目都相等,那么易于透射的突发与其中一个表面的距离在反射前后必然成相同的级数,就是说,与透射光线的第一个表面的距离成偶数的级数 0,2,4,6,8,…而与反射光线的第二个表面的距离成奇数的级数 1,3,5,7,…但是,通过本编下一部分的观察,这两个命题还会变得更加明显。

第四部分

关于厚透明抛光片的反射和颜色的观察

玻璃或反射镜无论抛光得多么好,除了有规则地折射或反射光之外,还在每个方向不规则地散射一种微弱的光,由于这个原因,当在暗室里用一束太阳光照射抛光的表面时,眼睛处在一切方位上都容易看见这个表面。我第一次观察到这种散射光的某些现象时,觉得很奇怪和惊讶。我的观察如下。

观察 1 太阳光通过一个 $\frac{1}{3}$ 英寸宽的孔照进我的暗室,我让这束进入的光垂直投落到一个玻璃反射镜上,此镜子两侧都磨成半径为 5 英尺 11 英寸的球面,一侧为凹,另一侧为凸,凸面上镀有水银。在镜子磨成的球面的球心处,即在与镜子距离 5 英尺 11 英寸处,放上一张白色不透明卡片纸或一叠纸,成这样的方式,这束光通过卡片纸中央开的一个小孔到达镜子,再反射回到同一个孔:我在卡片纸上观察到四五个同心彩环即色环,像彩虹,围绕着这个孔,大致仿照本编第一部分的观察 4 及其后的观察中出现在二物镜之间的那些色环围绕着黑斑,但是比那些环大些弱些。当这些环长得越来越大时,它们就变得更淡更弱,以致第五个环几乎看不见。不过有时候,当太阳光很明亮时,还会现出第六和第七个环的模糊轮廓。如果从卡片纸到镜的距离比 6 英尺大得多或少得多,那么这些环就会变淡以致消失。而如果镜子到窗户的距离比 6 英尺大得多,那么在与镜子 6 英尺距离上出现色环之处被反射的光束会这样宽,致使最里边的一二个环模糊不清。因此我一般把反射镜放在距离窗户大约 6 英尺的地方,以便它的焦点可以在那里与镜子的凹面中心重合于卡片纸上环所在之处。这种姿态在下面的观察里总是认为可以理解而不再给予表述。

观察 2 这些彩虹的颜色从中心起彼此相继向外,在形式和顺序上与本编第一部分观察 9 里那些由透射光而不是反射光通过两个物镜产生的色环相同。因为,最初在它们的公共中心上有一个弱光的白色圆斑,比反射光束稍微宽一些,这光束有时投落在这斑点的中央,有时通过稍微倾斜反射镜而从中央收缩,在中心给斑点留下白色。

这白斑直接为一种暗灰色或褐色所包围,该暗灰色又被第一个彩环的颜色围住;这彩环挨着暗灰色的里侧的颜色有一点紫色和靛蓝,挨着该色的是一种蓝色,蓝色的外侧变成灰白色,然后相继着一点绿黄色,该色之后是一种较亮的黄色,然后在彩环外缘上是一种外侧偏紫红色的红色。

这个彩环直接被第二个彩环所包围,第二个彩环的颜色顺序从里往外是:紫红色、蓝色、绿色、黄色、淡红色、混有紫红色的红色。

紧接着是第三个彩环的颜色,其顺序自内而外是:一种偏紫红的绿色、一种纯正的绿色以及一种比前面彩环的红色更明亮的红色。

第四和第五个彩环看上去里边是蓝绿色,外边是红色,但是彩环太弱以致难以辨认它的颜色。

观察 3 我尽可能精确地测量卡片纸上这些彩环的直径,发现它们互相的比例同于光通过两个物镜透射所形成的诸环。因为在离反射镜 6 英尺处,在这些彩环的环道最亮部分之间测得头四个亮环的直径分别为 $1\frac{11}{16}$,$2\frac{3}{8}$,$2\frac{11}{12}$ 和 $3\frac{3}{8}$ 英寸,它们的平方符合算术级数 1,2,3,4。如果认为中央那个白色圆斑是诸环当中的一个,并且把显得最亮的中心光等价于一个无限小的环,那么这些环直径的平方将成级数 $0,1,2,3,4,\cdots$ 我还测量了这些亮环之间的暗圈的直径,发现它们成级数 $\frac{1}{2}$, $1\frac{1}{2}$, $2\frac{1}{2}$, $3\frac{1}{2}$, $\cdots$ 在距反射镜 6 英尺处,最初四个环的直径是 $1\frac{13}{16}$, $2\frac{1}{16}$, $2\frac{2}{3}$, $3\frac{3}{20}$ 英寸。如果卡片纸到反射镜的距离增加或减少,那么这些圆环的直径也成比例地增大或缩小。

观察 4 由于在这些环和本编第一部分的观察中所描述的那些环之间有相似之处,我推测有更多的环彼此扩展重叠,并且由于它们的颜色干扰混合,又相互冲淡,以致对它们无从区分。因此,我透过一个棱镜来观察它们,就像我在本编第一部分观察 24 中所做的那样。当棱镜这样放置以便通过折射它们的混合色的光来分离它们和识别诸环时,如同那个观察中所做的,我能比以前更清楚地看见它们,并容易数出其中八九个环,有时可以数出 12 或 13 个环。如果不是因为它们的光弱到如此之甚,那么我毫不怀疑我还会看见更多的环。

观察 5 在窗户处放置一个棱镜以折射允许进入暗室的光束,并把长形的颜色谱系投射到反射镜上,我用一张中间有一个孔的黑纸遮住反射镜,让任一种颜色通过这个孔到达反射镜,同时其余的颜色被纸挡住。这样我只看见投射到反射镜上的那种颜色的环。如果用红色照射反射镜,那么环全都是带有暗间隔的红色;如果用蓝色,那么环全都是蓝色的;其他的颜色也是如此。当环是用任一种颜色显示时,在它们的最亮部分之间测得的它们的直径的平方,成算术级数 $0,1,2,3,4$;暗间隔的直径成中间数的级数 $\frac{1}{2}$, $1\frac{1}{2}$, $2\frac{1}{2}$, $3\frac{1}{2}$。但是,如果改变颜色,那么环的大小也随之改变。红色的环最大,靛蓝和紫色的环最小,中介颜色(黄色、绿色和蓝色)的环对应各自颜色而有不同的中等大小，就是说，黄色环比绿色环大，绿色环比蓝色环大。因而我知道，当用白光照射反射镜时，位于环外侧的红色和黄色由折射最小的光线产生，而位于环里侧的蓝色和紫色由折射最大的光线产生；我也知道每个环的颜色两侧各延伸进入相邻环的颜色，就像本编第一和第二部分所说明的方式，通过混合彼此冲淡以致不能区别它们，除非在它们混合最少的中心附近。在本观察里我能看见的环比以前清楚，数目也多；黄色环能数出八九个，此外还能看到第 10 个环的模糊影子。为了弄清楚不同环的颜色互相延伸多少，我测量了第二和第三个环的直径，发现由红色和橙色的界限形成的环之直径与由蓝色和靛蓝的界限形成的同样的环的直径之比是 9 比 8，或者在其上下。不过要精确确定这个比例是困难的。由红色、黄色和绿色相继形成的环彼此之间的差异比由绿色、蓝色和靛蓝相继形成的环的差异要大。由紫色形成的环太暗，以致看不清楚。因此，为了进行计算，让我们假定由最外边的红色、红色和橙色的界限、橙色和黄色的界限、黄色和绿色的界限、绿色和蓝色的界限、蓝色和靛蓝的界限、靛蓝和紫色的界限以及最里边的紫色形成的环的直径之差与发出第八大调的音调 sol、la、fa、sol、la、mi、fa、sol 的单弦的长度之差成比例，即如数 $\frac{1}{9}$，$\frac{1}{18}$，$\frac{1}{12}$，$\frac{1}{12}$，$\frac{2}{27}$，$\frac{1}{27}$，$\frac{1}{18}$。如果由红色和橙色的界限形成的环之直径是 $9A$，由蓝色和靛蓝的界限形成的环之直径如前述是 $8A$；那么它们的差值（$9A-8A$）与由最外边的红色形成的环的直径和由红色和橙色的界限形成的环的直径的差值之比，等于 $\frac{1}{18}+\frac{1}{12}+\frac{1}{12}+\frac{1}{27}$ 比 $\frac{1}{9}$（即，$\frac{8}{27}$ 比 $\frac{1}{9}$ 或 8 比 3）；而与最里边的紫色形成的环的直径和由蓝色和靛蓝的界限形成的环的直径的差值之比，等于 $\frac{1}{18}+\frac{1}{12}+\frac{1}{12}+\frac{1}{27}$ 比 $\frac{1}{27}+\frac{1}{18}$（即，$\frac{8}{27}$ 比 $\frac{6}{54}$，或 16 比 5）。因此，这些差值将是 $\frac{3}{8}A$ 和 $\frac{5}{16}A$。前者加 $9A$，$8A$ 减后者，你将得到由折射最小和折射最大的光线形成的环的

直径为 $\frac{75}{8}A$ 和 $\frac{61\frac{1}{2}}{8}A$。所以，这两个直径之比是 75 比 $61\frac{1}{2}$ 或者 50 比 41，而其平方之比是 2500 比 1681，就是说，非常接近 3 比 2。这个比例与本编第一部分观察 13 中由最外边的红色和最里边的紫色所形成的环的直径的比例没有多大差别。

观察 6 把我的眼睛放在这些环呈现最清楚的地方，我看见反射镜全都带上颜色（红色、黄色、绿色、蓝色）的波纹，就像本编第一部分的各观察中出现在物镜之间和水泡上的那些颜色波纹，但是要大得多。仿照那些波纹的方式，它们在不同的眼睛方位有不同的大小，当我将眼睛移到这个方向和那个方向时，它们会扩大和收缩。它们也像那些波纹那样形成同样的同心圆弧；而当我的眼睛在反射镜凹面中心对面（即离反射镜 5 英尺 10 英寸）时，它们的共同中心是与那个凹面中心和窗户上的孔处在一直线上。但是我的眼睛处于别的姿态时，它们的中心就会出现在别的位置上。它们由穿过窗户上的孔传播到反射镜上的云彩的光呈现出来；而当阳光通过那个孔照射到反射镜上时，反射镜上的阳光具有它投落在那上面的环的颜色，由于它太亮而使云光形成的环模糊不清，除非将反射镜移离窗户很远使得落在反射镜上的阳光变宽和减弱。通过改变我的眼睛的位置，使眼睛移近或远离阳光的直光束，在反射镜上被反射的阳光的颜色会不断地改变，当它反映到我的眼睛上时，在旁观者看来，同一颜色总是呈现在我的眼睛上，而在我看来颜色呈现在反射镜上。由此我明白，卡片纸上的色环是由从反射镜以不同的角度向卡片纸传播的这些反射颜色所产生的，而且它们的产生不依赖于光和阴影的界限。

观察 7 由于所有这些现象与本编第一部分中所描述的同样的色环的那些现象类似，在我看来，这些颜色是由这个厚玻璃片产生的,大致仿效由很薄的片片所产生的那些颜色的方式。
因为经试验,我发现如果擦掉反射镜背面上的水银,玻璃也会单
独产生同样的色环,但是比先前要弱得多;因此,这种现象并不
依赖于水银,水银只不过是通过增加玻璃背面的反射,而使色环
的光加强。我还发现,若干年前为了光学的用途,不用玻璃而用
金属制造的反射镜,尽管制作得很好,也没有产生一个色环。我
由此理解到,这些环不是单由一个镜面产生的,而是依赖于做成
反射镜的玻璃片的两个表面和二表面之间的玻璃的厚度。因为
如本编第一部分观察 7 和 19 所讲,一个厚度均匀的空气、水或
玻璃的薄层,当光线垂直地入射于它时,就会显现出一种颜色;
当光线有一点倾斜时它现出另一种颜色;当光线更倾斜时它现
出又一种颜色;当光线进一步倾斜时它又现出再一种颜色,等
等。所以这儿,在观察 6 里,以不同的倾斜度从玻璃中出射的
光,使玻璃显露不同的颜色,又以这些倾斜度传播到图纸上,在
那里描出那些颜色的环。又由于一个薄片按光线的不同倾斜度
显示不同颜色的原因是,同一种类的光线在一个倾斜度上为这
薄片所反射而在另一倾角上则透射,其他种类的那些光线在这
些光线被反射的地方透射,而在这些光线透射的地方受到反射。
所以,为什么做成反射镜的厚玻璃片会在不同的倾斜度上呈现
不同的颜色,同时按这些倾斜度传播这些颜色到图纸上,其原因
是,同一种类的光线确实在一个倾斜度上从玻璃中出射,在另一
个倾斜度上则不出射,但是被玻璃这边的表面反射回到那个水
银层上,从而当倾斜度变得越来越大时,许多颜色系列交替地出
射和被反射;而且在同一个倾斜度上,一种光线被反射,另一种
光线则会透射。根据本编这一部分的观察 5,这一点是显而易
见的。因为在该观察里,当任一种棱镜颜色照射反射镜时,光就
在卡片纸上形成许多带有暗间隔的同种颜色的环,因此在它从
反射镜出射时,对于许多系列,是交替地从镜子透射到卡片纸和
不透射,按它出射的不同倾斜度而定。当由棱镜投射到反射镜
上的颜色改变时,环变成投射到反射镜上的颜色,而且随着颜色

而改变其大小,因此光以不同于先前的倾斜度交替地透射从反射镜传到卡片纸上和不透射。因此在我看来,这些环与薄片的那些环属于同一个起源,但是也有差别:薄片的那些环是在光线一次通过它之后在第二个表面交替反射和透射而形成的;而这里光线在交替地反射和透射之前两次通过玻璃片。起初,光线从第一个表面通过玻璃片到达水银层,然后返回来从水银层通过玻璃片到达第一个表面,并按光线到达该表面时它们处在易于反射或透射的突发状态,而或者透射到卡片纸上,或者被反射回到水银层。至于垂直投落到反射镜上和沿着同一垂直线被反射回来的光线的突发间隔,由于这些角和线都是相等的,根据本编第三部分命题 19,在反射后同反射前一样是在玻璃里边具有同样的长度和数目的。因此,既然所有进入第一个表面的光线在它们进入处都处在易于透射的突发状态,那么这些光线当中凡被第二个表面反射的都在那里处在易于反射的突发状态,而所有这些光线当返回到第一个表面时必定重又处在易于透射的突发状态,因而从那里穿出玻璃到达卡片纸,并且在它上面形成环中心的白色光斑。由于这种理由适用于一切种类的光线,因此一切种类的光线必定混杂地离开玻璃到达该斑点,并通过它们的混合而使该斑点成为白色。但是那些比它们进入玻璃时更倾斜地被反射的光线的突发间隔,按命题 15 和命题 20,在反射之后必定比反射之前大。由此会发生光线在返回到第一个表面时可能在某些倾斜度下处在易于反射的突发状态,又向后返回到水银层,并以别的中等倾斜度重又处在易于透射的突发状态,从而穿出玻璃到达卡片纸,并在它上面环绕白色斑点描绘出颜色的环。因为在相等的倾斜度下的突发间隔,在折射较小的光线中大而少,而在折射较大的光线中小而多,所以在相等的倾斜度下,折射较小的光线形成的环少于折射较大的光线形成的,并且那些光线形成的环将比这些光线形成的同样数目的环大;就是说,红色环应当大于黄色环,黄色环大于绿色环,绿色环大于蓝色环,蓝色环大于紫色环,正如在观察 5 里真实地看到的那

样。因此,包围着白色光斑的第一个环的所有颜色应该是红色,
不带任何紫色,中间也不带黄色、绿色和蓝色,如观察 2 里所见
到的;而在第二个环上的这些颜色,以及后来的环上的那些颜
色,应该较为膨胀,直到它们互相延伸重叠,由于干扰而彼此
混合。

这些似乎是这些环的普遍成因;这引起我对玻璃厚度的关
注,并考虑是否可以通过计算真正从它得出环的尺寸和比例。

观察 8 因此,我测量了这个凹凸镜片的厚度,发现其厚度
处处都精确地为 $\frac{1}{4}$ 英寸。根据本编第一部分的观察 6,一个空气

薄层当其厚度是 $\frac{1}{89\,000}$ 英寸时,它透射第一个环的最明亮的光

(即明亮的黄色);又根据同一部分中的观察 10,一个玻璃片,当
其厚度按折射正弦对入射正弦的比例变小时(即当它的厚度是

$\frac{11}{1\,513\,000}$ 或 $\frac{1}{137\,545}$ 英寸时,证正弦之比为 11 比 17),它透射同

一个环的同样的光。而如果这个厚度加倍,它透射第二个环上
同样的明亮的光;如果增至三倍,它透射第三个环上同一种光,
等等;在所有这些情况下明亮的黄色光都处在易于透射的突发
状态。因此,如果它的厚度增加 34\,386 倍,而变成 $\frac{1}{4}$ 英寸时,它

就透射第 34\,386 环的同样明亮的光。设这是明亮的黄光从玻
璃的反射凸面垂直地透射穿过凹面到达卡片纸上色环中心的白
色斑点;根据本编第一部分观察 7 和 19 中的一个准则,以及本
编第三部分的命题 15 和 20,如果使光线倾斜射向玻璃,那么透
射任意倾斜度下同样的环上同一种明亮的光所必不可少的玻璃
的厚度与这个 $\frac{1}{4}$ 英寸厚度之比,就等于某一角度的正割比半径,

此角的正弦就是入射和折射的正弦之间 106 个算术平均值的第
一个,它是从当光从任一片状物体折射进入包围它的任一媒质

时的入射的正弦算起的；即，在这种情形里，光是从玻璃进入空气的。如果逐渐增加玻璃的厚度，以便给出它的第一个厚度（即 $\frac{1}{4}$ 英寸），那么比例就是 34 386（在穿过玻璃朝着环中心的白斑行进中，垂直光线的突发数）比 34 385，34 384，34 383 和 34 382（在穿过玻璃朝第一、第二、第三和第四个色环行进中，倾斜光线的突发数）。如果第一个厚度被分成 100 000 000 等分，那么增加的厚度将是 100 002 908，100 005 816，100 008 725 和 100 011 633，并且这些厚度等于正割时相应的角将是 $26'13''$，$37'5''$，$45'6''$ 和 $52'26''$，半径是 100 000 000；这些角的正弦等于 762，1 079，1 321 和 1 525；成比例的折射正弦是 1 172，1 659，2 031 和 2 345，半径为 100 000。因为既然从玻璃进入空气的入射正弦和折射正弦之比为 11 比 17，与上面提到的正割之比是 11 比 11 和 17 之间的 106 个算术平均值的第一个（即 11 比 $11\frac{6}{106}$），那些正割对折射正弦之比将是 $11\frac{6}{106}$ 比 17，由此类推将给出这些正弦。所以，如果光线对玻璃凹面的倾斜度是这样即在光线离开玻璃穿出该表面进入空气时它们的折射正弦是 1 172，1 659，2 031，2 345，那么第 34 386 环上明亮的光应当出现在玻璃这样的厚度上即这些厚度与 $\frac{1}{4}$ 英寸之比，分别等于 34 386 比 34 385，34 384，34 383，34 382。因此，如果在所有这些情况中厚度是 $\frac{1}{4}$ 英寸（为制成此反射镜的玻璃厚度），那么第 34 385 环上明亮的光应当出现在折射正弦为 1 172 的地方，第 34 384，第 34 383 和第 34 382 环的这种光也应当分别出现在折射正弦为 1 659，2 031 和 2 345 的地方。这些环的光应当以这些折射角从反射镜传播到卡片纸上，并环绕光的白色中心圆斑描出诸环，我们说的光是第 34 386 环上的光。这些环的半径应当对着反射镜凹面上形成的折射角，从而它们的直径与从反射镜到卡片纸的距离之比应当等于这些折射正弦的两倍比半径

（即 1 172，1 659，2 031 和 2 345 的两倍比100 000）。因此，如果从反射镜凹面到卡片纸的距离为 6 英尺（如这些观察的第 3 个中的情况），那么在卡片纸上这些明亮的黄色环的直径应当是1.688，2.389，2.925，3.375英寸，因为这些直径比 6 英尺等于上面提到的正弦加倍比半径。于是，通过计算这样地得出的明亮的黄色环的直径与在这些观察的第 3 个中通过测量得到的直径完全相同，即与 $1\frac{11}{16}$，$2\frac{3}{8}$，$2\frac{11}{12}$ 和 $3\frac{3}{8}$ 英寸完全相同，所以从制造反射镜用的玻璃片的厚度，和从出射光线的倾斜度导出这些环的理论与观察结果相符。在这一计算中，我使所有颜色的光形成的亮环的直径等于黄色亮环的直径。因为这种黄色成为所有色环的最亮部分。如果你要求得未经混合的任何别种颜色的光形成的环之直径，那么你可以这样处理就容易求得它们，即当那些颜色的光线对造成那些光线的突发的折射面或反射面同样地倾斜时，令所求的直径与亮黄环的直径成那些光线的突发间隔的一个平方根比例，就是说，令七种颜色（红色、橙色、黄色、绿色、蓝色、靛蓝、紫色）的两端和界限上的光线形成的环之直径与数 $1,\frac{8}{9},\frac{5}{6},\frac{3}{4},\frac{2}{3},\frac{3}{5},\frac{9}{16},\frac{1}{2}$ 的立方根成比例，这些数表示发出第八大调诸音符的单弦长度。因为用这种方法，就会发现这些颜色环的直径与据观察 5 它们应有的彼此相当接近地成同一比例。

这样，我就有信心认为，这些环和薄片的那些环属于同一种类和来源，因而这些被反射和透射的光线的突发或交替的倾向可以传播到离每一个反射和折射面很远的距离。但是为了消除对这个问题的疑虑，我增加下面的观察。

观察 9　如果这些环如此地依赖于玻璃片的厚度，那么，对用诸如磨成同样球面的此类凹凸玻璃片制成的几个反射镜来说，在离它们相等的距离上，这些环的直径应当相互成镜片厚度的一个平方根比例。如果由经验证明这个比例为真,它将等于证明这些环(像在薄片里形成的那些环)的确依赖于玻璃的厚度。所以我弄到了另一个凹凸镜片,与前面的镜片一样两侧磨成同样的球面。它的厚度是 $\frac{5}{62}$ 英寸;在与此玻璃 6 英尺距离处在头三个亮环的环道最亮部分间,测得它们的直径为 $3,4\frac{1}{6}$,$5\frac{1}{8}$ 英寸。以前一个镜片的厚度是 $\frac{1}{4}$ 英寸,与这个镜片的厚度之比是 $\frac{1}{4}$ 比 $\frac{5}{62}$,即为 31 比 10,或者 310 000 000 比 100 000 000;而这些数的平方根是 17 607 和 10 000,第一个根与第二个根的比例等于本观察中由较薄的玻璃形成的亮环的直径 $3,4\frac{1}{6}$,$5\frac{1}{8}$ 比本部分观察 3 中由较厚的玻璃产生的同样的环的直径 $1\frac{11}{16}$,$2\frac{3}{8}$,$2\frac{11}{12}$;就是说,诸环的直径相互成镜片厚度的平方根比例。

所以,在一侧是同样的凹面,另一侧是同样的凸面、凸面上同样镀水银,不同的只是厚度的诸玻璃片当中,环的直径互相成玻璃片厚度的一个平方根比例。这充分表明,环依赖于玻璃的两个表面。它们依赖凸面,因为它们在该面上镀水银比没有镀水银时更明亮。它们也依赖凹面,因为没有该面反射镜就不能形成它们。环依赖于两个表面,也依赖两个表面之间的距离,因为环的大小仅随该距离改变而改变。这种依赖性与薄片的颜色对薄片表面间的距离的依赖性属于同一类型,因为诸如环之大小、环相互间的比例、由玻璃厚度的变化所引起的环大小的变化以及它们的颜色顺序,都应当从本编第三部分的那些命题得出,是从第一部分所叙述的薄片颜色的现象导出的。

还有这些色环的别的现象,但都是从同样的命题得出的,因此,同时证实了那些命题的真实性以及这些色环与由很薄的片片形成的色环之间的类似性。我还要增补一些例子。

观察 10 当太阳光束从反射镜反射回来,但不是直接射到窗户上的孔,而是射到稍微偏离这孔的一个地点时,该斑点和所有色环的公共中心落在入射光束与反射光束之间的中点上,因而每当卡片纸放在反射镜的球形凹面中心时,色环都落在卡片纸上。当通过使反射镜倾斜,反射光束越来越靠近入射光束,从而越来越靠近入射光束和反射光束之间的色环公共中心时,那些环会变得越来越大,白色圆斑和相继从其共同中心出现的新的色环亦然,于是这个白斑变成一个白色环包围着那些新的色环;而且入射光束和反射光束总是落在这个白色圆环的相反部位,就像两个假日在一个彩环的相对部位照亮它的周边。所以这个环的直径,从其一侧上光的中央测量到另一侧上光的中央,总是等于入射光束的中央和反射光束的中央之间的距离,测量是在环出现的卡片纸上进行的。形成这个环的光线由反射镜以等于入射角的角度反射,因而在进入玻璃时又以等于折射角的角度反射,但是其反射角与其入射角不在同一平面上。

观察 11 这些新环的颜色在顺序上与前面的那些环相反,而且以这样的形式出现:环中间的白色圆斑延伸其白色到中心,直到卡片纸上入射光束与反射光束的距离约为 $\frac{7}{8}$ 英寸,这时它开始在中央变暗。当该距离约为 $1\frac{3}{16}$ 英寸时,白斑变成一个包围着一个暗圆斑的环,这暗圆斑的中央带紫色和靛蓝。包围着它们的亮环长大到与头四个观察中包围着它们的那些暗环相等;换句话说,白斑长大成一个白环,与那些暗环中的第一个暗环相等,而且那些亮环中的第一个现在也长大到与那些暗环中的第二个相等,第二个亮环与第三个暗环相等,等等。因为这些亮环的直径现在是 $1\frac{3}{16}$,$2\frac{2}{16}$,$2\frac{2}{3}$,$3\frac{3}{20}$ 英寸,等等。

当入射光束和反射光束之间的距离变大一点时,继靛蓝之后一种蓝色从暗斑中央出现,接着一种淡绿色从该蓝色中出现,而后接着是黄色和红色。当中心的颜色(介于黄色和红色之间)最亮时,亮环长大到与头四个观察中紧紧包围着它们的那些环相等。也就是说,这些环中央的白斑现在变成一个与那些亮环中的第一个相等的白色环,并且这些亮环中的第一个现在变成与那些亮环的第二个相等,等等。因为白色环及其他包围着它的亮环现在的直径是 $1\frac{11}{16}$,$2\frac{3}{8}$,$2\frac{11}{12}$,$3\frac{3}{8}$ 英寸,等等,或在其上下。

当两束光在卡片纸上的距离增加多一点时,按顺序从中间出现的颜色是:继红色之后是紫红色、蓝色、绿色、黄色和一种大大偏紫红色的红色;当此颜色最亮(介于黄色和红色之间)时,前面的靛蓝、蓝色、绿色、黄色和红色变成一个彩环或色环,与出现在头四个观察里的那些亮环中的第一个相等,并且现在变成亮环中的第二个的白色环长大到与那些环中的第二个相等,现在变成第三个环的这些环中的第一个变成与那些环中的第三个相等,等等。因为它们的直径是 $1\frac{11}{16}$,$2\frac{3}{8}$,$2\frac{11}{12}$,$3\frac{3}{8}$ 英寸,这时两束光的距离和白色环的直径是 $2\frac{3}{8}$ 英寸。

当两束光离得更远时,从带紫红的红色中间出现的,起初是一个较暗的圆斑,接着从那个斑中央出现一种较亮的颜色。此时,前面的颜色(紫红色、蓝色、绿色、黄色和带紫红的红色)变成一个与在头四个观察里提到的亮环中的第一个相等的环,并且围绕着这个环的这些亮环分别长大到与围绕着那个环的那些环相等;这时两光束之间的距离和那个白色环(它现在变成第三个环)的直径大约是 3 英寸。

在中央的环的颜色现在开始变得很淡。如果两束光之间的距离增加半英寸或者一英寸,它们就会消失,然而白色环连同紧挨着它每一边的一两个环仍然可见。但是如果两束光的距离继续增加,这些环也都消失。因为来自窗户上的孔的不同部位的光,以不同的入射角投落到反射镜上,造成不同大小的环,它们彼此冲淡而弄模糊。通过遮断该束光的某一部分我弄清楚了这一点。因为如果我遮挡住靠近反射镜轴的那部分光，环将变小；如果挡掉离轴最远的另一部分光，它们将变大。

观察 12 当棱镜的颜色相继投射到反射镜上时，在最后两个观察里是白色的那个环在所有的颜色当中都是同样大的，但是在它外边的诸环中绿色的要比蓝色的大，黄色的更大，红色的最大。相反，在那个白圆环里边的诸环中，则是绿色的比蓝色的小，黄色的更小，红色的最小。因为形成这个白色环的那些光线的反射角等于其入射角；在玻璃内部反射之后每条反射光线的突发与在玻璃内部同一条光线在其入射到反射面之前的突发在长度和数量上都相等。所以，既然所有种类的所有的光线在它们进入玻璃时都处在透射的突发状态，在其反射之后返回到同一个表面时也都处在透射的突发状态；因而它们都透射，并离开玻璃到达卡片纸上的白色环。这就是为什么该环在所有颜色当中具有同样大小的原因，也是为什么所有颜色混合后出现白色的原因。但是，在以别的角度反射的光线当中，折射最小的光线的突发间隔最大，造成它们的诸色环在它们行进中，不是向外就是向里偏离这个白色环，以最大的幅度增加或减少；因此这种颜色的环在外边是最大的，在里边最小。这就是在上一个观察里，为什么当反射镜被白光照射时，由所有颜色形成的外部的诸环在外边出现红色、在里边出现蓝色，而里边诸环则是外边出现蓝色、里边出现红色的原因。

这些都是厚度处处相同的厚凹凸镜片上的现象。当这些镜片一边比另一边厚一点时还有别的现象；而且当镜片凹进多少较凸出为甚，或者是平凸，或者是双凸时，还有其他现象。因为在所有这些情形里，镜片按不同的方式产生诸色环。就我已经观察到的现象而论，都是本编第三部分末了那些命题必然产生的，这样就导致证实了那些命题的真实性。但是这些现象太不相同，按照它们所从产生的那些命题计算太复杂，以致这里不能彻底进行。我很愿意对这类现象做彻底的计算，直到找出它们的原因，通过发现其原因使本编第三部分的命题得到认可。

观察 13 因为被一个背面镀水银的透镜所反射的光产生上述诸色环，所以光通过一个水滴时应当产生同样的色环。当光线在水滴里第一次反射时，一些颜色应当透射，就像在透镜的情形里那样，而别的一些光线则被反射回到眼睛里来。例如，如果水的一个小滴或小球的直径约为 $\frac{1}{500}$ 英寸，以致一条呈红光线在通过这个小水滴的中央时，在小水滴里边有 250 个易于透射的突发；所有离这条中间光线一定距离环绕着它的呈红光线，在小水滴里边有 249 个突发；所有在更远距离上环绕着它的同类光线有 248 个突发；所有那些在还要更远距离上的光线有 247 个突发，等等；设通过单个水滴的光强到足以看见，那么在它们透射之后，这些同心圆形光线投射到一张白纸上，就会在纸上产生红色的同心环。同样地，其他颜色的光线也将形成其他颜色的环。现在设晴天阳光透射一片这样的水滴或冰粒形成的薄云，而且水滴都有同样的大小；那么透过这片云见到的太阳应当呈现被同样的同心色环所包围。第一个红色环的直径应当是 $7\frac{1}{4}$，第二个环的直径是 $10\frac{1}{4}$，第三个环的直径是 $12°33'$。随着水滴变大或变小，环应当相应地变小或变大。这是一个理论问题，而经验要和它一致。因为在 1692 年 6 月，通过一个盛着水的器皿的反射，我看见了环绕太阳的三个晕圈、光环或者色环，像三个对太阳同心的小彩虹。第一个或最里边的光环的颜色，紧挨着太阳的是蓝色，外边是红色，在中间，在蓝色和红色之间是白色。第二个光环的颜色，里边是紫红色和蓝色，外边是淡红色，中间是绿色。第三个光环的颜色，里边是淡蓝色，外边是淡红色。这三个光环彼此紧接，因而它们的颜色从太阳向外，以这样的连续次序排列：蓝色、白色、红色；紫红色、蓝色、绿色、淡黄色和红色；淡蓝色，淡红色。第二个光环的直径，从太阳一边黄色和红色的中间到太阳另一边同样的颜色中间，测得为 $9\frac{1}{3}$，或在其上下。第一和第三个光环的直径我来不及测量，但第一个光环的直径看来约为 5,6 度，第三个光环的直径约为 12 度。同样的光环有时也出现在月亮的周围；因为在 1664 年初，2 月 19 日晚上，我看见月亮的周围有两个这样的光环。第一个或最里边的一个光环直径约为 3 度，第二个光环的直径约为 $5\frac{1}{2}$ 度。

紧包着月亮的是一个白色圆圈，里边的光环紧挨着那个白色圆圈，它靠近白色圆圈的里侧是一种蓝绿色，外侧是黄色和红色。而紧紧包着这些颜色的是外光环内侧的蓝色和绿色，其外侧是红色。与此同时，在离月亮中心约 $22°35'$ 的地方出现一个晕圈。它是椭圆形的，它的长径垂直于地平线，向下偏离月亮最远。我听说有时候月亮周围紧包着三个或更多个同心的颜色光环。水或冰的小球彼此越是相同，出现的颜色光环就会越多，而且颜色将越发鲜明。距离月亮 $22\frac{1}{2}$ 度的晕圈属于另一种类型。根据它的卵形线以及它向下比向上离月亮遥远，我推断它是由成水平姿态漂浮在空气中的某种冰粒或雪粒折射而形成的，折射角大约为 58 或 60 度。

第三编

· Book Three ·

关于线的拐折以及由此产生的颜色的观察
————疑问 1—31

第一部分

关于光线的拐折以及由此产生的颜色的观察

格里马耳迪曾告诉我们，如果让一束太阳光通过一个很小的孔射进暗室，那么各种东西在这种光中的阴影比光线沿直线经过物体旁时应有的阴影要大，而且这些阴影有三条平行的色光的条纹、带纹或秩与它们邻接。但是，如果小孔扩大，那么这些条纹就展宽，并互相并合，以致不能区分它们。这些宽的阴影和条纹已经由某些人从空气的普通折射着手推算出来，但是没有关于这个问题的适当的考察。就我观察所及，关于这个现象的细节如下。

观察 1　我在一块铅板上用针扎出一个小孔，其宽度是 $\frac{1}{42}$ 英寸。因为 21 根那些针排列在一起占半英寸宽度。通过这个小孔，我让一束太阳光射入我的暗室，并发现放在这一束光中的头发、细线、针、禾秆以及诸如此类的细长物体的阴影，要比光沿直线掠过这些物体旁时它们应该有的阴影宽得多。特别是男人的一根头发，其宽度只有 $\frac{1}{280}$ 英寸，将它放在这种光中与小孔的距离大约 12 英尺，它的确在离头发 $\frac{1}{4}$ 英寸处投下一个宽为 $\frac{1}{60}$ 英寸（也就是头发宽度的 4 倍多）的阴影；在离头发 2 英尺处，阴影的宽度是 $\frac{1}{28}$ 英寸[①]（也就是

◀ 托马斯·扬（Thomas Young，1773—1829）

[①]　原文为 the eight and twentieth part of an inch。——译者注。

头发宽度的 10 倍);在离头发 10 英尺处是 $\frac{1}{8}$ 英寸(即宽 35 倍)。

实质既不是头发被空气所包围,也不是被任一其他透明物质所包围。因为将一块抛光的玻璃片弄湿,再将头发放在玻璃上的水中,然后在上面放另一块抛光玻璃片,使得水可以充满这两块玻璃片之间的空隙,我将它们放在前面所说的光束中,使得光可以垂直地通过它们,而头发的阴影在同样的距离上就与前面说的一样大小。抛光的玻璃片上形成的擦痕的影子也比它们应有的宽,而且玻璃的脉纹理也确实投射出类似的展宽的阴影。因此,这些阴影的大宽度发生于空气折射之外的某种其他原因。

令圆 X(图 3-1)表示头发的中央;ADG、BEH、CFI 三条光线以不同的距离经过头发的一侧;KNQ、LOR、MPS 是三条其他光线以相应的距离通过头发的另一侧;D、E、F 和 N、O、P 表示光线在其途中被头发所弯曲的地方;G、H、I 和 Q、R、S 表示光线投落在纸 GQ 上的地方;IS 为投射到纸上的头发阴影的宽度,而 TI、VS 为当把头发移开时到达 I、S 点的两条没有弯曲的光线。这表明,在 TI 与 VS 两线之间的所有光在经过头发旁时被弯曲,并从阴影 IS 偏转开去,因为如果这种光的任何一部分都不被弯曲,那它就会投落到纸上阴影之内并照亮该处的纸,与经验相反。因为当纸离头发很远时,阴影是宽的,所以光线 TI 与 VS 彼此的距离就大,从而头发能在相当远的距离上对经过它旁边的光线施加作用。但是,它对以最小距离掠过它的光线的作用最强,随着光线掠过的距离越来越大,正像图上所描述的那样,其作用变得越来越弱;因此结果是,头发的阴影按头发与纸的距离成比例地变宽,当纸靠近头发时增大的比例大于当距离较大时的比例。

观察 2 所有的物体(金属、石头、玻璃、木头、角制品、冰等)在这种光中的阴影边上都镶有三条平行的色光条纹或带纹,其中与阴影邻接的条纹最宽最亮,离阴影最远的条纹最窄,而且暗弱得不容易看见。要想分辨颜色是困难的,除非当将光很倾斜地投

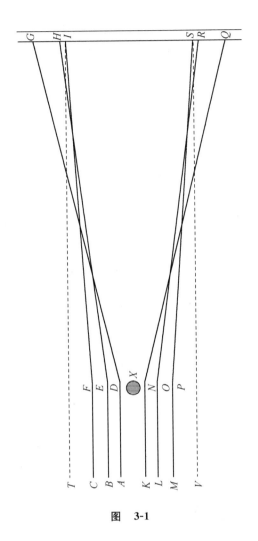

图　3-1

落到光滑的纸上或某种其他的光滑的白色物体上,致使条纹显得
比用其他方法时更宽。这时颜色清楚可见,成这一顺序:第一或
最里面的条纹是紫色和深蓝色紧挨着阴影,然后是蓝色、绿色和
黄色在中间,而红色在外侧。第二个条纹几乎邻接着第一条,第
三条邻接着第二条,二者都是蓝色在内侧,黄色和红色在外侧,但
是它们的颜色很暗淡,特别是第三条。因此,诸颜色按这一顺序
从阴影开始排列:紫、靛、浅蓝、绿、黄、红;蓝、黄、红;浅蓝、浅黄和

红色。由抛光的玻璃片中的擦痕和气泡形成的阴影边上也镶有类似的色光条纹。如果在平面镜的棱边附近有金刚石切口处掰出一个斜坡，并将该镜片放在同样的光束中，通过玻璃两平行平面的光在那些平面与金刚石切口相遇处也被类似的彩色条纹镶边，用这种方法有时会出现四、五个彩色条纹。令 AB、CD（图3-2）表示镜片的两平行表面，而 BD 表示金刚石切口平面，而且在 B 点与 AB 成一很钝的角。并令 ENI 与 FBM 两光线之间所有的光都径直通过玻璃的两平行平面，并落在 I、M 之间的纸上；而 GO 与 HD 两光线之间所有的光被金刚石切口 BD 的斜面所折射，并落在 K、L 之间的纸上；而径直通过玻璃的平行平面落在纸上 I、M 之间的光，在 M 处将被镶上三条或更多的条纹。

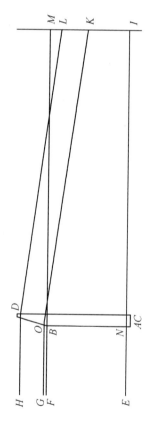

图 3-2

因此,通过靠近眼睛放置的羽毛或黑色丝带看太阳,能看见几条彩虹;阴影被类似的彩色条纹镶边,纤维或细线都投射到视网膜上。

观察 3 当头发离这个小孔 12 英尺,将其阴影倾斜地投射到一白色的有英寸和几分之一英寸刻度的直尺上,直尺放置在离头发半英尺处时,又当将阴影垂直地投落在离头发 9 英尺的同一直尺上时;我尽可能精确地测定阴影和条纹的宽度,并发现它们的宽度以几分之一英寸计如下:

这些测量数据是我通过让头发的阴影投落在离头发半英尺的直尺上而取得的,投落是这样倾斜,以致阴影在直尺上显示的宽度是当它垂直地投落于同一距离的直尺上时的 12 倍,在表中记下我当时取得的测量数据的 $\frac{1}{12}$。

观察 4 当将阴影和条纹倾斜地投射到一个光滑的白色物体上,并移动物体离头发越来越远时,物体在与头发的距离小于 $\frac{1}{4}$ 英寸处第一条条纹开始出现,看起来它比其余的光更亮,物体在与头发的距离小于 $\frac{1}{3}$ 英寸处暗线与阴影开始在第一条纹与第二条纹之间出现。与头发距离小于 $\frac{1}{2}$ 英寸时开始出现第二条条纹,距离小于 1 英寸开始出现第二条与第三条之间的阴影,第三个条纹是在距离小于 3 英寸时出现的。在距离更大处条纹变得清晰得多,但是条纹的宽度和间隔保持很接近于与它们最初出现时所具有的相同的比例。因为第一条纹与第二条纹中央间的距离比第二条纹和第三条纹中央间的距离为 3：2 或 10：7。而这两个间隔的最后一个等于第一条纹明亮的光或明亮部分的宽度。而这个宽度与第二条纹明亮的光的宽度之比等于 7：4,与第一,第二条纹间的暗间隔之比是 3：2,与第二,第三条纹间同样的暗间隔之比为 2∶1。因为这些条纹的宽度看来成级数 $1, \sqrt{\dfrac{1}{3}}, \sqrt{\dfrac{1}{5}}$，而它们的间隔也成与它们同样的级数；也就是说，条纹和它们的间距一起成连续级数 $1, \sqrt{\dfrac{1}{2}}, \sqrt{\dfrac{1}{3}}, \sqrt{\dfrac{1}{4}}, \sqrt{\dfrac{1}{5}}$ 或其相近数值。这个比例在与头发的所有距离上都很接近地保持相同；诸条纹的暗间隔的宽度与它起初出现时的条纹宽度所成的比例，同后来在与头发大距离时一样，尽管后来它们不那么黑和清楚。

直尺离头发的距离	半英尺	9 英尺
阴影宽度	$\dfrac{1}{54}$	$\dfrac{1}{9}$
阴影两侧最里层的条纹最亮的光的中央间宽度	$\dfrac{1}{38}$ 或 $\dfrac{1}{39}$	$\dfrac{7}{50}$
阴影两侧最中间的条纹最亮的光的中央间宽度	$\dfrac{1}{23\frac{1}{2}}$	$\dfrac{4}{17}$
阴影两侧最外层的条纹最亮的光的中央间宽度	$\dfrac{1}{18}$ 或 $\dfrac{1}{18\frac{1}{2}}$	$\dfrac{3}{10}$
第一与第二条纹的最亮的光的中央间的宽度	$\dfrac{1}{120}$	$\dfrac{1}{21}$
第二与第三条纹的最亮的光的中央间的宽度	$\dfrac{1}{170}$	$\dfrac{1}{31}$
第一条纹明亮部分(绿、白、黄、红)的宽度	$\dfrac{1}{170}$	$\dfrac{1}{32}$
第一与第二条纹之间较暗间隙的宽度	$\dfrac{1}{240}$	$\dfrac{1}{45}$
第二条纹明亮部分的宽度	$\dfrac{1}{290}$	$\dfrac{1}{55}$
第二与第三条纹之间较暗间隙的宽度	$\dfrac{1}{340}$	$\dfrac{1}{63}$

观察 5 太阳光通过一个 $\dfrac{1}{4}$ 英寸的小孔射进我的暗室，我在与小孔 2 或 3 英尺距离处放一块硬纸板，纸板的边上都是黑的，在中央开有一个 $\dfrac{3}{4}$ 平方英寸的孔让光通过。在孔的后面，我用沥青将一把锋利的小刀的刃固定在纸板上，以挡住从孔中穿过的一部分光。硬纸板的平面与刀刃互相平行，并与光线垂直。当它们

这样放置使得阳光不落到纸板上,全都通过孔照在小刀上,在那里的阳光部分地照在刀刃上,部分地从刃边上掠过;我让从旁掠过的那部分光落在小刀外 2 或 3 英尺远的白纸上,与在那里看到从光束沿两个方向照射出两条微弱的光带,像彗尾一样进入阴影。但是因为在白纸上的太阳直接光由于它的明亮而掩盖了这些微弱的光带,使我几乎不能看见它们,我在白纸的最中央开了一个小孔,以使该光通光小孔投射到白纸后面的黑布上;于是,我清楚地看到那两个光带。它们彼此一样,长度、宽度和光量上都相当接近于相等。紧靠着太阳直接光的那一端,它们的光在约 $\frac{1}{4}$ 或 $\frac{1}{2}$ 英寸的范围内相当强,在它离开直射光而去的过程中逐渐减弱,直到变得不可觉察。在离小刀 3 英尺的纸上测得两光带中的任意一条的全长约是 6 或 8 英寸;所以该光流所对刀棱的角是 10 或 12 度,最多为 14 度。此外,有时我认为我看到它射出还要更远 3、4 度,但是由于光是如此微弱,以致我几乎不能察觉它,我推测这是(至少在某种程度上是)由两条光带之外的某些其他原因造成的。因为把我的眼睛放在小刀后面的读光带末端之外的光中朝着小刀看,不论当我的眼睛是放在光带中时,还是当它在该光之外朝着刀尖或刀把时,我都能看见刀口上的一条光的线。这条光的线显出邻接于刀口并且比最里面的条纹窄,而当我的眼睛离直接光最远时它是最窄的,因此,它看起来是从该条纹的光与刀口之间通过的,而且从最靠近刀口的地方通过的最弯曲,尽管并不完全如此。

观察 6 我在这把小刀旁边放置另一把小刀,使它们的刀口互相平行并相对着,光束可以落在两把小刀上,而且其中有一部分可以从两刀口之间通过。当两刀口之间的距离为 $\frac{1}{400}$ 英寸时,光带就从中间分开,并在两部分之间留下一个阴影。这个阴影是如此之黑而暗,以至于通过两刀口之间的所有光看起来都被弯曲,并偏向这边或那边。而当两小刀继续互相趋近时,阴影就变得更宽,而光流向紧靠着阴影的里端缩短,直到小刀相接触时,所有的光全都消失,在它的地方留下阴影。

我由此推断,那些弯曲得最少、到达光带里端的光线,以最大距离从刀口旁掠过,当阴影在两光带之间开始出现时这个距离大约是 $\frac{1}{800}$ 英寸。当以越来越小的距离掠过刀口旁,它越来越弯曲,并到达离直射光越来越远的光带的那些部分;因为当小刀互相趋近直到相接触时,离直接光最远的光带的那些部分最后消失。

观察 7 在观察 5 中,条纹并没有出现,但是由于窗户上的小孔变得如此之宽致使条纹互相并合,并由于合并而在光带开端造成一种连续的光。但是在观察 6 中,当两刀彼此趋近,到差一点两光带之间出现阴影时,在直接光两侧之一的光带内端开始出现条纹;一侧的三条形成于一把刀的刃口旁,而另一侧的三条形成于另一把刀的刃口旁。当这两边小刀被置于离窗上小孔最远处时,这些条纹是最清晰的,通过使小孔变小,条纹会变得更清晰,以致有时我能看到在上面提到的三个条纹之外的第四个条纹的轮廓。当两把小刀继续彼此趋近时,条纹变得更清楚、更宽大、直到它们消失。最外面的条纹最先消失,最中间的次之,而最里面的最后消失。而在这些条纹都消失后,它们之间的中央的光的线变得很宽,两边扩张到观察 5 所描述的光带中。上面提到的阴影开始在这条线的中央出现,并沿着中央将它分成两条光的线,而且阴影不断增大直到所有的光都消失。条纹的这种扩展是如此大,以至于到达最里面的条纹的光线在即将消失时看来比将这把小刀取走时弯曲了 20 倍以上。

而我从这一观察和作比较的前面一个观察推断,第一条纹的光以大于 $\frac{1}{800}$ 英寸的距离经过小刀的刃口旁时,第二条纹的光以大于第一条纹的光离刀口的距离掠过刃口旁，第三条纹的光又以大于第二条纹的光的距离掠过，而观察 5 和 6 所描述的光带的光小于任一条纹的光距离掠过。

观察 8　我将两把小刀的刃口磨成真正笔直，并将它们的刀尖扎入一块木头，使它们的刀口可以彼此相向，并在刀尖处相交近于成一平角（rectilinear angle），我将它们的刀把用沥青固定在一起，使这一角度保持不变。离两刀口相交的角点（angular point）4 英寸的地方，两把刀的刀口相互距离为 $\frac{1}{8}$ 英寸；因此两刀口所成的角度大约是 1 度 54 分。我将这样固定在一起的小刀放在通过一宽度为 $\frac{1}{42}$ 英寸的孔进入暗室的一束太阳光中，在离孔 10 或 15 英尺处，让光线通过刀口之间，并很倾斜地投落到离小刀半英寸或1 英寸的光滑白色直尺上；在这里看见一些条纹在两刃口旁，且沿着小刀阴影的边缘与那些边缘平行的直线。条纹没有明显变亮，直到它们相交成等于刀口所成角的角度，它们在相交、相合的地方中止而没有互相交叉。但是如果直尺放在离小刀远得多的地方，那么在离条纹相交处更远的地方条纹就窄一些，随着条纹彼此越来越趋近，它们多少变得越来越宽一些，它们相交之后就互相交叉，并变得比相交前宽得多。

我因此推断在条纹经过小刀旁时的距离并不因为小刀的趋近而增加或变更，但是光线被弯曲处的角度随着小刀的趋近有大大地加大；而且最靠近任一光线的小刀决定了光线弯曲的方向，另一小刀增大了弯曲。

观察 9　当光线很倾斜地投落到离小刀 $\frac{1}{3}$ 英寸距离处的直尺上时，一把小刀的阴影上的第一、第二条纹间的暗线，与另一小刀的阴影上的第一、第二条纹间的暗线彼此相遇于离通过两刀口会合处的光的末端①$\frac{1}{5}$英寸的距离处。因此,在这两条暗线相遇处两刀口间的距离是$\frac{1}{160}$英寸。因为 4 英寸与$\frac{1}{8}$英寸之比,等于从刀口会合点起测的刀口的任一长度与该长度的末端处两刀口间距之比,也就是等于$\frac{1}{5}$英寸与$\frac{1}{160}$英寸之比。因此,上面提到的暗线在通过两刀口之间的光的中央相遇,该处刀口间距离是$\frac{1}{160}$英寸;而光的一半以不大于$\frac{1}{320}$英寸的距离掠过一把刀的刃口的旁边,它投落到纸上并形成该小刀的阴影的条纹;光的另一半也以不大于$\frac{1}{320}$英寸的距离掠过另一刀口的旁边,它投射到纸上形成另一小刀的阴影的条纹。但是如果将纸放在与小刀的距离大于$\frac{1}{3}$英寸的地方,上面提到的暗线相遇于与经过刀口会合处的光的末端的距离大于$\frac{1}{5}$英寸处;因此,落到纸上那些暗线相遇处的光在刀口距离超过$\frac{1}{160}$英寸处通过刀口间。

另一次,当这两把小刀离窗上小孔 8 英尺 5 英寸(小孔如上所述用针扎成)时,投射到上面说的纸上暗线相遇处的光通过两小刀之间,该处两刀口间距如下表所示,同时纸与小刀的距离也如下表。

纸与小刀的距离以英寸计	刀口之间的距离以千分之一英寸计
$1\frac{1}{2}$	0.012
$3\frac{1}{3}$	0.020
$8\frac{3}{5}$	0.034
32	0.057
96	0.081
131	0.087

———————

① 参见图 3-3 中的 i 点。——译者注。

我由此推断，在纸与小刀的所有距离上，在纸上形成条纹的光并不是同样的，但是当纸放得靠近小刀时，条纹是由以较小的距离掠过刀口的光形成的，而且它要比当纸放得离刀更远时更弯曲些。

观察 10　当小刀阴影上的条纹垂直投落到远离小刀的纸上时，它们成为双曲线的形式，它们的尺寸如下。令 CA、CB（图 3-3，218 页）表示画在纸上的与刀口平行的直线，如果通过两刀口之间的所有光没有拐折，那么所有的光都会落在这两线之间；DE 为通过 C 所引的一条直线，它形成 ACD、BCE 两个彼此相等的角，并界限从两刀口相交之点投落到纸上的所有的光。三条双曲线 eis、fkt、glv 表示小刀之一的阴影的界限，以及该阴影第一、第二条纹之间的暗线和第二、第三条纹之间的暗线；另外三条双曲线 xip、ykq、zlr 表示另一小刀阴影的界限，以及该阴影的第一、第二条纹之间的暗线和第二、第三条纹之间的暗线。设想这三条双曲线与前面的三条相似而且相等，并相交于点 i、k 和 l；线 eis 及 xip 从第一亮条纹界限和区分了两小刀的阴影，直到这些条纹相遇和交叉。然后那些线以暗线的形式穿过条纹，界限第一亮条纹的内侧，并将它们与开始出现在 i 点的另外的光区分开，并照亮被这些暗线和直线 DE 所包围的三角形区域 $ipDES$。这些双曲线的渐近线之一是直线 DE，而它们的其他渐近线平行于 CA 和 CB。令 rv 表示在纸上任一处所作的、与渐近线 DE 平行的直线，并令这条直线交直线 AC 于 m，交 BC 于 n，并交 6 条暗的双曲线于 p、q、r、s、t、v；通过测量距离 ps、qt、rv，并由此求得纵坐标的长度为 np、nq、nr 或 ms、mt、mv，而在与渐近线 DE 不同距离的直线 rv 上同样做，你可以求出想要求的这些双曲线的许多点，从而知道这些曲线是与圆锥双曲线稍有不同的双曲线。通过测量线段 Ci、Ck、Cl，你可以求出这些曲线的其他点。

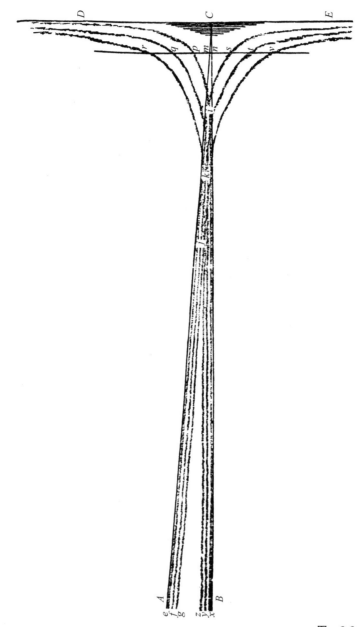

图 3-3

例如,小刀离窗上小孔 10 英尺,而纸离小刀 9 英尺,两刀口所夹的角与角 ACB 相等,它所对的弦与半径之比等于 1∶32,直线 rv 与 DE 的距离为半英寸时:我测量线段 ps、qt、rv,并分别求得它们为 0.35,0.65,0.98 英寸;将它们的一半加上线段 $\frac{mn}{2}$(这时它是 $\frac{1}{128}$ 英寸或 0.0078 英寸),它们的和 np、nq、nr 是 0.1828、0.3328、0.4978 英寸。我也测量了条纹的最亮部分 pq 与 st、qr 与 tv 之间的距离以及 r、v 之外的下一条纹的最亮部分间的距离,并求得它们是 0.5、0.8 和 1.17 英寸。

观察 11　太阳光通过一个用细长的针在铅板上扎成的小圆孔进入暗室,如上所述;我在圆孔附近放一棱镜以折射阳光,并在对面墙上形成在第一编实验 3[①] 中描述过的彩色谱系。这时我发现放在棱镜与墙壁之间的彩色光中的所有物体的阴影,都被位于该处的该光的彩色条纹所镶边。在纯正的红光中这些条纹都是红光的而没有任何可觉察的蓝色或紫色,而在深蓝色的光中条纹全都是蓝色的而没有任何可觉察的红色或黄色;同样在绿光中条纹都是绿色的,除非有些许黄色和蓝色光混在棱镜的绿色光中。比较由不同颜色的光形成的条纹,我发现那些由红光形成的条纹最大,紫光中形成的最小,绿光中形成的是中等大小的。因为曾横过在离头发 6 英寸处的阴影测量给男人的头发的阴影镶边的条纹,位于阴影一侧的第一个或最里面的一个条纹的中等和最明亮的部分间的距离,以及阴影另一侧同样的距离,在纯正的红光中是 $\frac{1}{37\frac{1}{4}}$ 英寸,在紫光中是 $\frac{7}{46}$ 英寸。阴影任何一侧的第二条纹的中等和最明亮部分之间的类似距离,在纯正的红光中是 $\frac{1}{22}$ 英寸,在紫光中是 $\frac{1}{27}$ 英寸。条纹的这些

---

① 参见第一编第一部分实验 3(图 1—13),25 页。——译者注。

距离在与头发的所有距离处都保持着相同的比例而没有明显的变动。

所以,红光中形成这些条纹的光线在掠过头发旁时与头发的距离,比紫光中形成类似条纹的光线掠过头发旁时与头发的距离较大;因此,头发在造成这些条纹时像在较大距离作用于红色的即可折射性最小的光线一样,在较小距离上作用于紫色即可折射性最大的光线,由于那些作用而使红光形成较大的条纹,使紫光形成较小的条纹,而使中间颜色的诸光形成居间大小的条纹而不改变任一种光的颜色。

因此,当观察 1 和观察 2 中的头发放在白色的太阳光束中,而投射出的阴影有三条彩色条纹镶边时,那些颜色不是由头发施加于光线的任何新变异造成的,而仅仅是由各种光线借以彼此分开的不同拐折所造成的,它们在分开之前,通过所有颜色的光混合而组成白色的太阳光束;但是无论什么时候分开的都是由原来展现于适当位置的各种颜色的光组成的。在本观察 11 中,在光掠过头发旁以前诸颜色被分开的地方,当与其余的颜色分离时形成红光的折射最小的光线,在离头发较远的地方被拐折,结果在离头发阴影中央较远的地方形成三条红色条纹;而当分开时形成紫光的折射最大的光线,则在距头发较近的地方被拐折,结果在离头发阴影中央较近的地方形成三条紫色条纹。可折射性程度居中的其他光线,在与头发距离居中的地方被拐折,结果在与头发阴影中央距离居中的地方形成其他中间颜色的条纹。在观察 2 中,所有颜色光混合成白光掠过头发旁的地方,这些颜色的光由于不同的拐折而被分开,由它们形成的条纹都一起出现,在相连接的最里面的各条纹形成一个宽条纹,它是由全部颜色按适当的顺序组成的,紫色位于条纹的内侧紧靠着阴影,红色在外侧离阴影最远,蓝色、绿色和黄色在中间。类似地,按顺序相邻排列的所有颜色的正中间诸条纹形成另一个包含所有颜色的条纹;按顺序相邻排列的所有颜色光的最远条纹,形成第三个包含一切颜色的宽条纹。这就是观察 2 中给所有物体的阴影镶边的三条彩色条纹。

我作了上述观察后,打算更仔细更精确地重复这些观察中的大部分,以及作一些新的观察,用以确定光线在其路上掠过物体旁如何被拐折的方式,用以形成其间有暗线的彩色条纹。但是当时我被打断了,而且现在也不能考虑对这些事作进一步研究。因为我尚未完成我的计划的这一部分,所以我将只提出一些疑问作结束,以便其他人作进一步探索。

疑问 1—31

疑问 1 各种物体在一定距离上作用于光,并通过它们的作用使光线发生了弯曲吗? 这种作用(当其他情况相同时)是否在距离最小时最强?

疑问 2 可折射性不同的光线其柔顺性是否也不同? 是否由于不同的拐折而使它们彼此分开,从而在分开后形成上面所描述的那三道条纹的各种颜色? 它们是以何种方式拐折而形成那些条纹的?

疑问 3 在光线掠过物体的棱或边旁时,是否以一种像鳗鱼那样的运动作几次向后与向前的弯曲? 上述的那三道彩色条纹是由三个这类弯曲所造成的吗?

疑问 4 落到物体上被反射或被折射的光线,在到达物体之前就开始弯曲了吗? 光线是由于同一个原理在不同情况下所起的不同作用而被反射、折射和拐折吗?

疑问 5 物体和光是否彼此相互作用,即是否物体作用于光者为发射、反射、折射和拐折它,而光作用于物体者为使它们发热并使其各个部分处于一种热所致的振动者之中?

疑问 6 黑色物体之所以比其他颜色的物体更易从光中吸收热,是否因为落在其上的光不向外反射,而进入其中,并在其中频繁地反射和折射,直到被禁锢和耗尽的缘故?

疑问 7 上面观察到的光和含硫物体间的作用的强度和活力,是否与含硫物体何以比其他物体更容易着火,燃烧更猛烈同一个原因?

疑问 8 所有恒定的物体(the fixed bodies),是否当加热到超过一定程度时就会放光而照耀?这种放光是否由于物体各部分的振动所致?富于地源部分的一切物体,特别是富于含硫部分的一切物体,是否每当那些部分被充分地激荡,它们就放光;而不管这种激荡是由热,或由摩擦、撞击,腐烂或由任何不寻常的运动,或任何其他的原因所引起?例如,猛烈的暴风雨中的海水,真空中受激荡的水银,在黑暗地方顺着拍打或摩擦猫背或马颈,腐烂中的木头,肉和鱼,从污秽的水中升起的通常称之为磷火(ignes fatui)的蒸气,因发酵而发热的潮湿草垛或谷物堆,萤火虫和某些处于不寻常的运动中的某些动物的眼睛,为任何一种物体磨损或空气中的酸性粒子所激荡的普通的磷,受到撞击、挤压或摩擦的琥珀和某些金刚石,用燧石从钢上敲打下来的钢屑,很快速地锤击铁块直到它变得这样热以致将投于其上的硫磺点燃,马车的轮轴由于车轮的迅速转动而着火,以及某种液体与另一种粒子由于某种动力而互相激活的液体混合,如从与它同样重量的硝石中蒸馏出浓硫酸,再与其重量两倍的茴香子油混合起来。同样,当一个直径约为 8 或 10 英寸的玻璃球放入一个支架上,它在那里可以绕其轴迅速转动,把人的手掌放上去摩擦,转动中球就在摩擦的地方放光;如果在同一时间把一块白纸或白布或者人的手指尖放在离球运动最快的那部分约 $\frac{1}{4}$ 英寸至半英寸的地方,由玻璃相对于手的摩擦而激起的电气(electrick vapour)将冲击白纸、白布或手指而使之进入激荡状态而发射光,并使白纸、白布或手指显现像萤火虫那样的光亮,在电气从玻璃中冲出,有时会给手指以推压从而被感觉到。人手中拿着一张纸去摩擦一根长而粗的玻璃的或琥珀的圆柱体,并连续摩擦直到玻璃发热,也会发现类似的现象。

疑问 9 火是一种加热到足以大量放光的物体吗? 热到发红的铁不是火又是什么? 一块燃烧着的炭岂不就是红热的木头吗?

疑问 10 火焰是一种加热到发红的蒸气、烟或散发出的气吗? 因为物体发生火焰时总有大量烟气发出,而这些烟气在火焰中燃烧。磷火是一种不发热的放光的蒸气,这种蒸气和火焰之间的区别,是否和无热放光的朽木与燃烧着的火炭之间的区别一样? 在蒸馏酒精时,如果将蒸馏器的盖子取下,从蒸馏器上升出来的蒸气,将在蜡烛焰中被点燃而变为火焰,而此火焰将沿蒸气从蜡烛通到蒸馏器。 由于运动或发酵而发热的某些物体,当热度相当高时就发出大量烟气,而当热到足够大时这些烟气就会放光并变成火焰。熔化中的金属由于缺少大量的烟气而并不发出火焰,例外的是锌,它发出大量的烟气、从而发生火焰。所有发出火焰的物体,像油、牛脂、蜡、木头、化石煤、沥青、硫都因发出火焰而耗损并消失于燃烧的烟雾中、如果将火焰扑灭,那么这种烟雾就浓密而可见,有时还强烈地发生气味,但是因燃烧而在火焰中失去其气味;并且按照烟雾的性质,火焰有各种颜色,如硫是蓝色,铜由于升华而为绿色,牛脂是黄色,樟脑是白色。 烟雾通过火焰不能不变为红热,而红热的烟雾也只能有火焰那样的外貌。 当黑色火药着火时,它消失在火焰烟雾之中。因为木炭和硫容易着火,并使硝石燃烧,这就使硝石精(the spirit of the nitre)挥发成汽,以爆炸的形式向外冲出,很像水汽从汽转机(aeolipile)中冲出的方式;挥发性的硫也转化为蒸气,从而助长了爆炸。硫的酸性蒸气(即从甑下蒸馏成硫酸的蒸气)猛烈地钻进硝石的固定物体,放出硝石精并激起一种巨大的动荡,从而进一步增加热量,使硝石的恒体也挥发成为烟气,也就使爆炸变得更为猛烈和迅速。因为如果酒石酸盐与黑色火药混合,并将这混合物加热直到它着火,爆炸将比单用黑色火药一种时更猛烈和迅速;这种爆炸只能由黑色火药的蒸气对酒石酸盐的作用的原因而发生,从而使酒石酸盐挥发成气? 因此,黑色火药的爆炸是由所有混合物借以被迅猛加热到挥发并转变成烟气和蒸气的强烈作用所引起的:这种蒸气由于这种作用的猛烈而变热以火焰的形式出现的放光。

疑问 11 巨大的物体,是否因其各个部分相加热而能最长久地保持其热量? 非常粗大和恒定的物体,当加热超过一定程度时,是否可以发出那样多的光以致因光的发射和反作用以及光在物体孔隙内的反射和折射而使物体变得更热,直到它达到像太阳那样热的阶段? 太阳和各恒星是一些很热的大地吗? 它们的热量是否由于其物体之大和物体与物体之间的相互作用和反作用以及它们所发出的光而得以保持下去? 而它们各部分之所以不化成烟气,是否不仅由于它们的恒定性,而且也由于停留在它们上面的大气的巨大重量和密度? 这些大气很有力地挤压着它们,并使从它们里面出来的蒸气和散发气凝结起来吗? 因为如果在任何一只空气已被抽掉的透明容器中把水弄暖,那么在真空中的水冒泡和沸腾的剧烈程度,会与放在大气下的容器中的水在火上吸收多得多的热量时起泡沸腾的程度一样。因为停留在水上面的大气的重量将抑制蒸汽,阻止水的沸腾,直到它比在真空中沸腾所必需的还要热得多时为止。在真空中放在红热的铁上的锡和铅的混合物也发出烟气和火焰,但是同样的混合物,在空气中由于有大气停留在它上面的缘故,就发射不出任何用眼睛看得见的烟气。同样,位于太阳光球上面的大气的巨大重量,可以阻止那里的物体以蒸汽和烟气的形式上升和离开太阳,除非利用一种比地球表面上使物体很容易化成蒸汽和烟气所必需的更大得多的热量。同一巨大的重量可以使那些开始从太阳上升起的蒸汽和气体马上凝结,并立刻再度落回到太阳上去,而靠这个作用使太阳的热量增加,很像在我们地球上空气增加厨房里灶大的热的方式。同一重量可以阻止太阳光球缩小,除非由于光和很少量的蒸汽和散发的气体的发射所致。

疑问 12　光线落到眼底,是否在视网膜上激起振动?这些振动沿着视神经的实心纤维传到大脑,引起视觉。因为致密的物体长久保存其热量,最致密的物体保存其热量最久,它们各个部分的振动具有持久的性质,所以能沿着由均匀的致密物质构成的实心纤维传播很远距离,以便将一些感觉器官上形成的印象输送到大脑中去。因为那种能在物体的同一个部分长久持续的运动,只要物体均匀,就能从一个部分传播到很远的另一部分,以致这种运动不会为物体的任何不匀称性所反射、折射、中断或扰乱。

疑问 13　不同种类的光线,是否造成不同大小的振动,按其大小而激起不同的颜色感觉,很像空气的振动按其大小而激起不同的声音感觉一样?而且是否特别是最可折射的光线激起最短的振动以造成深紫色的感觉,最不可折射的光线激起最长的振动以造成深红色的感觉,而各种中介种类的光线激起各种中介大小的振动而造成各种中介颜色的感觉?

疑问 14　颜色的和谐和失调,是否可能按经过视神经纤维传播到大脑中去的振动的各种比例所引起,正像声音的和谐和失调是按空气的振动的各种比例所引起一样?因为某些颜色,例如金色和靛蓝色,一起看来是彼此调和的,而其他一些颜色一起看来就彼此不调和。

疑问 15　两眼各自看到的物体的外形,是否在进入大脑之前于视神经相遇的地方联合了起来?是否两神经的右侧纤维在那里联合，在联合后由此进入位于头右侧的神经中的大脑，而两神经的左侧纤维也在那里联合，并在联合后进入位于头左侧的神经中的大脑，这两根神经在大脑中以这样的方式会合，它们的纤维只造成一个完整的外形或图像，在感官右侧的一半图像来自两眼的右侧，通过两视神经的右侧到达这两根神经相遇的地方，而后从这里在头的右侧进入大脑中；而在感官左侧的一半图像则按同样的方式来自两眼的左侧。如果我得到正确的知识的话，那么两眼以同样方向观看这些动物（如人、狗、羊、牛等）时的视神经，在它们进入大脑之前就相遇，而两眼以不同方向观看的那些动物（像鱼和变色龙）时的视神经就不会相遇。

疑问 16　当人在黑暗中，用其手指压按其眼睛的一角、并把他的眼珠从他的手指移开时，他将看到很像孔雀尾巴的羽毛上那样的色环。如果眼和手指保持不动，这些颜色在一秒钟的瞬时内就会消失；但是如果手指以抖动的方式移动，那么它们就会重新出现。这些颜色是不是由手指的压力和运动在眼底上所激起的运动所引起，正像在别的时候由光在那里激起运动而引起这种视觉一样？这种运动，一旦被激起之后，是否持续一秒钟时间才停止下来？当人的眼睛受到一击时，就看见一道闪光，是不是这一击在视网膜上激起类似的运动？当一团炭火迅速地绕一个圆圈运动时，使整个圆周看上去像一圈火；这是不是由光线在眼底激起的运动有持续性质，直到炭火在转圈子中返回原处？考虑到光在眼底激起的各种运动的持续性，这些运动是不是具有振动的性质？

疑问 17　如果扔一块石头到平静的水中，由此激起的水波将在石头落水的地方持续一段时间，并从这里以同心圆的形式在水面上向远处传播。而空气中由撞击所激起的振动或颤动也将持续少许时间，并从撞击处以同心球的形式传播到远处。与此相似，当光线落到任何透明物体的表面，并在那里被折射或反射时,是不是由此而会在反射或折射媒质中于入射点激起振动或颤动的波,而且在那里持续产生,并从这里传播出去,只要它们继续产生出来并被传播出去,正像在上述那些实验中它们在眼底上能为手指的压力或运动,或者为来自炭火的光所激起那样?而且这些振动是不是从入射点传播到很远的地方?它们是否在追上光线,而在相继地追上光线时,它们是否会使这些光线处于前面所描述过的那种易于反射和易于透射的突发状态之中?因为如果光线力图从振动的最密集部分退回,那么追上光线的振动就可能使光线交替地加速和减速。

疑问 18 如果在两个倒置的高大的圆柱状玻璃容器中各自悬挂一支小温度计,使其不和器壁接触,并将其中一个容器中的空气抽掉,将这样制备的两个容器都从冷的地方移到暖的地方;这时处于真空中的温度计的升温将与不在真空中的温度计一样高而且几乎一样迅速。当这两个容器被移回到冷的地方时,处于真空中的温度计的降温又与另一温度计的降温几乎一样快。暖室的热是不是由一种远比空气更为微妙的媒质的振动穿过真空传过去的,而这种媒质在空气被抽出后仍旧留在这真空中?这种媒质是否与光赖以折射和反射,而且借助于它的振动,光把热传到各物体上去,并使光处于易于反射和易于透射的突发状态的那种媒质相同?在热的物体中,这种媒质的振动是不是有助于使物体中的热增强和持久?热的物体将其热传给邻接的冷的物体,热是不是靠这种媒质的振动从它们传到冷物体的?这种媒质是不是远比空气更为稀薄、微妙,并且更有弹性和活性?它是不是容易渗透在所有物体之中?它是不是(通过其弹性力)扩展到整个宇宙中去?

疑问 19 光的折射是不是由这种以太媒质在不同地方具有不同密度而发生的,而且光总是从媒质的较密部分那里折回的?在设有空气和其他较致密物体的松散空间中、其媒质密度是不是比水、玻璃、水晶、宝石及其他坚实物体的孔隙里面的媒质的密度要大？因为当光线经过玻璃或水晶、并且很倾斜地射到其较远的表面上时，它就在那里完全被反射回来，这种全反射与其说是由玻璃里面媒质稀薄和软弱所造成，倒不如说是由玻璃外面和远处的媒质的稠密和坚强所造成的。

疑问 20 这种以太媒质在从水、玻璃、水晶及其他坚实而致密的物体中出来而进入空虚的空间中时，是不是逐渐变得越来越稠密，不是用该方式在某一点上把光线折射，而是把它们逐渐地弯成曲线？并且这种媒质的逐渐变密是否延伸到与物体等距离上，从而造成光线在掠过致密物体的棱旁时，在与物体一定距离上发生拐折呢？

疑问 21 在太阳、恒星、行星和彗星这些致密物体的内部、这种媒质是否远比它们之间的空虚的宇宙空间中的媒质要稀薄得多？并且从这些天体射到很远距离上，是否这种媒质在不断变稠密，从而造成那些巨大天体相向的引力和它们的各部分趋向天体的引力；每个天体力图从媒质的较稠密部分走向较稀薄的部分？因为如果这种媒质在太阳物体内部比其表面上稀薄，太阳物体表面上的媒质又比离太阳物体 $\frac{1}{100}$ 英寸的地方稀薄，那里的媒质又比离太阳 $\frac{1}{50}$ 英寸的地方稀薄，而那里又比土星轨道处的稀薄；我看不出有什么理由密度的增大竟然在任一地方停止，而不从太阳到土星并到土星之外的所有距离内连续下去。并且尽管密度的这种增大在遥远距离上可以极其缓慢，可是如果这种媒质的弹性力非常之大，那么它仍然是以用一切我们称为引力的那种力量把各个物体从媒质稠密的部分推到稀薄的部分。并且这种媒质的弹性非常之大，这是可从这种媒质的振动的迅速来推知的。声音在一秒钟内约走 1140 英尺，在 7 至 8 分钟约走 100 英里。光在 7 至 8 分钟内能从太阳来到我们这里、假定太阳的水平视差约为 12″，那么这个距离就约为 70 000 000 英里。而这种媒质的振动或脉动，能造成交替的易透射和易反射的突发，必然会跑得比光还快，因而它们比声音要快 700 000 倍以上。因此这种媒质的弹性力与其密度之比必然要比空气的弹性力与其密度之比大 700 000×700 000（即 490 000 000 000）倍以上。因为弹性媒质脉动的速度是和其弹性强度与稀薄程度的乘积的平方根成正比的。

如同小磁铁的吸引力按其体积大小比例来说，要比大磁铁强，小行星按其大小来说，其表面上的重力也要比大行星表面上的强；以及如同小的物体远比大的物体更容易受到电吸引的激荡一样，光线的细小也会大大有助于那折射它们的作用力。所以如果有人竟然设想以太（像我们的空气）可以包含力图彼此相分离的许多粒子（因为我不知道这个以太究竟是什么），并且其粒子远远比空气粒子为小，或者甚至远远比光的粒子还小：那么，这些粒子的极其细小会有助于使这些粒子借以彼此分离的那个力变大，从而使这个媒质比空气更为稀薄，更富于弹性，结果将更不能阻碍抛射体的运动，并且由于它自身的力图膨胀而更能挤压粗大物体。

疑问 22 行星和彗星以及所有粗大物体，是不是在这种以太媒质中可以比在任何一种恰好充满空间而不留下任何孔隙，因而比水银或黄金还要致密得多的任何流体中运动得更自由，更不受阻碍？而且它的阻力是不是可以小到可以忽略的地步？例如，如果这种以太（我这样来称呼它）可以假定，弹性比我们的空气强 70 000 倍，比空气稀薄 700 000 倍以上；那么，它的阻力就将比水的要小 600 000 000 倍以上。这样小的阻力，在一万年里都不大会对行星运动产生任何可察觉的变化。如果有人要问，一个媒质怎么能这样稀薄，那么就请他告诉我，在大气上层的空气怎么会比黄金稀薄上亿倍！还要请他告诉我，一个起电性物体,通过摩擦怎么能发射那样稀薄而精细却又那么有力的发散物,以致它的发射并没有使这起电性物体的重量有任何可察觉的减小,而这发散物却扩张到一个直径两英尺以上的球体,并且在离起电体一英尺以上的地方还能使铜箔或金箔激荡并张开?还有,为什么一个磁铁的射流能那样稀薄而精微,以至于它在通过玻璃片时没有任何阻力或者其力的减小,而却又是那样有力,致使玻璃外面的一只磁针转动?

疑问 23 视觉是不是主要由光线在眼底上激起这种媒质振动,并通过视神经的实心透明而均匀的毛细丝传播到感觉的地方而实现的?而听觉是不是由空气的颤动在听神经中激起这种那种媒质的振动,并通过听神经的实心、透明而均匀的毛细丝传播到感觉的地方而实现的?其他感觉也都如此。

疑问 24 动物的运动是不是由意志的力量在大脑里激起这种媒质的振动,又由此通过实心、透明而均匀的神经毛细丝传播到肌肉上,使肌肉收缩和扩散而实现的?我假定神经的每一根毛细丝都坚固而均匀,以太媒质的振动可以沿着这些毛细丝匀速地从一端传播到另一端而无间断:因为神经中的障碍就产生麻痹。并且这些毛细丝可能是足够均匀的,我假定它们单独看来是透明的,尽管在它们的圆柱面上的反射可以使整个神经(由很多毛细丝组成的)看来是不透明的、白色的。因为不透明性是由诸如可能使这种媒质的运动受到干扰和中断的反射表面引起的。

疑问 25 除了已经描述过的那些性质以外,光线是否还具有别的固有性质?别的固有性质的一个例子,我们在冰洲石晶体的折射现象中掌握了,它是首先由伊拉斯马斯·巴托林(Erasmus Bartholine)描述的,而后由惠更斯在他的《光论》(*De la Lumiere*)一书中更加正确地描述过。这种晶体是一种透明而易裂的石头，清晰如水或水晶，并且没有颜色；能耐受红热而不失去其透明性，并且在甚强热煅烧时也不熔化。在水中浸一两天后，它丧失其天然光泽。用布摩擦，它就像琥珀和玻璃那样能吸引麦秸和其他轻的东西；同硝酸在一起，它就会冒泡。它好像是一种滑石，以斜六面体的形状出现，有六个平行四边形的面和八个立体角。这些平行四边形的每一个钝角是 101 度52 分；每一个锐角是 78 度 8 分。两个彼此相对的立体角，如 C和 E，各为三个钝角所围成。另六个立体角则各为一个钝角和两个锐角所围成（图 3-4）。它很容易沿着和任何表面平行的平

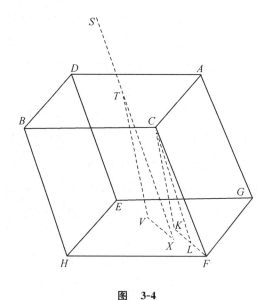

图　3-4

面劈裂，而不沿其他任何平面劈裂。劈裂成的表面光泽美观，并不完全平坦，而稍有不平。它很容易被划出伤痕，由于其柔软而使它很难抛光。它在抛光的玻璃镜面上抛光比在金属上抛光为好，也许在树脂、皮革或羊毛纸上抛光更好。尔后，必须用少许油或蛋清摩擦它，以填补其伤痕；这样它会变成很透明和美观。但对某些实验来说，没有必要将它抛光。如果把一块这种晶石放在书上，那么透过它看到书上的每个字母都将由于双折射而

变成两个。如果任何光束垂直地或者以任何倾斜角射到这种晶体的表面上,那么它就由于同样的双折射而分成两束。这两束光的颜色和入射光束一样,它们的强度看来也彼此一样,或者很近似于一样。这两束折射光中有一束按照通常的光学准则发生,即:从空气到晶体时,入射正弦与折射正弦之比是 5:3。另一束的折射可以称为反常折射,它按下一准则发生。

令 ADBC 表示晶体的折射面,C 是这个面的最大立体角,GEHF 表示相对的表面,而 CK 是该表面上的垂线,这条垂线和晶体的棱边 CF 所成的角为 19 度 3 分。连接 KF,在此连线上取 KL,使角 KCL 为 6 度 40 分,LCF 角为 12 度 23 分。如果 ST 表示一条以任何角度入射到折射面 ADBC 上 T 点的光束,令 TV 表示由正弦比等于 5:3 的、按通常的光学准则所确定的折射光束。画 VX 平行并等于 KL,即按从 K 画 KL 同样方式从 V 画出 VX;然后连接 TX,这条 TX 线应当是从 T 传到 X 的那条按反常折射而产生的折射光线。

因此,如果入射光束 ST 垂直于折射面,那么它将分为 TV 和 TX 两束,各与线 CK 和 CL 平行;其中一束垂直通过此晶体,像按照正常的光学准则所应有的那样,而另一束光 TX,按一种反常折射而偏离垂线,并与它成角 VTX 约为 $6\frac{2}{3}$ 度,与实验得出的相同。由此,平面 VTX 以及类似的平行于平面 CFK 的一些平面,可称为垂直折射平面。而直线 KL 和 VX 向之所画的那个方向(loast),可称为反常折射的方向。

同样,水晶也有双折射现象;但是两种折射的差别不像在冰洲石晶体里那样大而显著。

当入射在冰洲石晶体上的光束 ST 被分解成两光束 TV 和 TX,并且这两光束到达玻璃的较远一个表面时;在第一个表面上按正常方式折射的光束 TV,应当在第二个表面上仍然按照正常方式再折射一次;而在第一个表面上按照反常方式折射的光束 TX,应当在第二个表面上完全按照反常方式再次折射;因此,这两束光应当沿着平行于第一入射光束 ST 的直接从第二个表面出射。

如果把两块冰洲石晶体这样前后放置,使后者的所有表面都与前者的相应的表面平行;那么,在第一块晶体的第一个表面上按照正常方式折射的光线,应当在往后的所有表面上都按正常方式折射;而在第一个表面上按照反常方式折射的光线应当在往后的所有表面上都接反常的方式折射。只要两个晶体的垂直折射平面彼此平行,那么尽管它们的表面不论如何彼此倾斜,同样的情况总会发生。

因此,在光线里有一种原有的差别,由于这种差别而使有些光线在这一实验中总是按照正常方式折射,而另外一些总是按照反常方式折射:因为如果这种差别不是原有的,而是由在第一次折射时施加于光线的一些新的变异所引起,那么它在后来的三次折射中将被新的变异所改变;但是它没有发生改变,而是不变的,并且在所有的折射中对光线有同样的作用。因此,反常折射是由于光线的原有特性而产生的。留待研究的是,光线是否还有比已发现者更多的固有特性。

疑问 26 光线是否具有赋予几种原有特性的几个方面?因为如果第二个晶体的垂直折射平面和第一个晶体的垂直折射平面相垂直,那么在通过第一个晶体时按照正常方式折射的光线,将在通过第二个晶体时全部按照反常方式折射;而在通过第一个晶体时按照反常方式折射的光线,将在通过第二个晶体时全部按照正常方式折射。因此,并没有两类本性彼此不同的光线,一类在任何位置上都不变地按正常方式折射,而另一类则在任何位置上不变地按反常方式折射。两种光线的差别在疑问 25 里所提到的实验中,只在于光线侧面对垂直折射平面的位置上。因为在这里同一条光线根据其侧面所具有的对晶体的位置而有时按照正常方式,有时按照反常方式折射。如果光线的侧面位于两个晶体中同样方位,那么它在两晶体中按同样方式折射；但是如果光线的那个对着第一晶体的反常折射方向的侧面与同一光线对着第二晶体的反常折射的方向的那个侧面相差90度（这可以用变动第二个晶体相对于第一个晶体的位置，因而变动相对于光线的位置而实现），光线应当在各个晶体中按照不同的方式折射。不过是要确定落到第二个晶体上的光线应当按照正常方式还是按照反常方式折射，只要转动这种晶体以使这种晶体的反常折射的方向可以在光线的这个侧面上或者在那个侧面上。因此，每条光线可以看作有四个侧面或四个方位，其中彼此相对的两个侧面只要其中之一转到面对着反常折射方向，就会使光线按照反常方式折射；而另外两个侧面，有一个转到面对着反常折射方向，就只能使它按照正常方式折射。因此，头两个侧面可以称为反常折射侧面。因为这些属性在光线入射到两晶体的第二、第三、第四个表面之前就已存在于光线之中，并且在光线通过这些表面的路上不因折射而有所改变（就它的表现而言是如此），而且光线在所有四个表面上又是按照同样的规律折射的；所以，看来那些属性是原来就存在于光线之中的，第一次折射没有使它们受到任何改变，由于这些属性，光线在第一个晶体的第一个表面上折射，其中有一些按照正常方式，有一些按照反常方式折射，这取决于光线的反常折射侧面是面对着那个晶体的反常折射方向，还是斜对着它。

因此每条光线有两个侧面原来就被赋予反常折射所依赖的性质，而另两个相反侧面则不被赋予这种性质。留待研究的是：光是否还有更多使光线的各个侧面各不相同、而且可以彼此区别开来的性质。

在上面提到的关于光线各侧面的差别的解释中，我曾假设光线是垂直射在第一个晶体上的。但是如果光线斜射在晶体上，那也是成功的。在第二晶体中按照正常方式折射的那些光线，将在第二晶体中将按照反常方式折射，设像前面所说，两个晶体的垂直折射方向互相垂直；相反的情况也一样。

如果两个晶体的垂直折射平面既不互相平行又不互相垂

直,而是成一锐角,那么从第一个晶体出射的两束光在它们入射到第二个晶体上时,每束光又在其入射于第二种晶体时将分成两束。因为在这种情况下,两束光中的每一束都将有的使其反常折射的侧面,有的使其另一侧面转向第二个晶体的反常折射的方向。

疑问 27 到现在为止所提出的用光的新变异来说明光现象的一些假说,是否都错了呢?因为那些现象不依赖于所曾设想的这些新的变异,而是依赖于光线的各种原有而不变的性质。

疑问 28 把光设想为一种在流体中传播的挤压或运动的一切假说是否都错了呢?因为在所有这些假说中,迄今都设想光的现象是由于光线的新的变异而产生的;这是一种错误的设想。

如果光仅仅是一种被传播的压力而没有实在的运动,那么光就不能反射和折射它的物体激荡起来并使之发热。如果光是一种能在一个瞬间传播到一切距离的运动,那么在每一时刻在每一发光粒子中都要求有一个无限大的力,以产生该运动。而如果光是一种压力或运动,那么无论它是即时传播的还是需要时间的,它都应当弯到阴影中去。因为挤压力或运动不能在流体中超越阻挡部分的障碍物沿直线传播,而将以每种方向弯曲和扩展到障碍物外边的静止媒质中去。重力是指向下的,但是由重力引起的水压以相等的力指向每个方向,而且同样容易地以同样的力向旁边或向下,沿着弯曲的路径或沿着直线传播。在静止的水面上的波经过一块使其部分地受到阻挡的宽的障碍物的侧面时,将要向后弯曲并逐渐扩展到障碍物后面的静水中去。声音的波是空气的脉动或振动,它是明显地弯曲的,尽管不像水波弯曲得那么厉害。例如一口钟或一门大炮发出的声音可以在山外看不到发声体的地方听见,并且声音同样容易地在弯曲的管子里和笔直的管子里传播。但是从来不知道光会沿着弯曲的道路走，或者会弯曲到阴影里去。又如一个恒星为任何一个行星遮掩，就看不见了。太阳的一部分被月球、水星或金星遮掩时也是如此。前面我们曾经指出，经过任一物体也像很近处的光线将受到物体的作用而稍微弯曲；但是这种弯曲不是向着阴影而是离开它，并且只有在光线通过物体旁边，与它相距很近时，才有这种现象。一旦光线经过这物体之后，它就笔直前进。

到目前为止还只有（就我所知）惠更斯一人试图用压力或运动的传播来说说冰洲石晶体中的反常折射，为此目的他假设在这种晶体中有两种不同的振动媒质。但是当他在两块相继的该晶体中试验这些折射现象，并发现了它们具有前面所提到的那些情况时；他承认自己不知如何来解释它们。因为从一个发光物体通过一个均匀媒质传播出去的压力或运动，必须在所有方面上都一样；然而根据那些实验，看来光线在它们的不同方面上有着不同的性质。他推测，通过第一块晶体的以太脉动会受到某些新的变异，这种新的变异可能使这些以太脉动在第二块晶体内随着该晶体的位置而决定在这一种或那一种媒质中传播。但是那些变异是什么，他说不出来，也想不出满足这一点的任何东西[①]。而且如果他已经知道这种反常折射并不依赖于新的变异，而是依赖于光线的原有的并且是不变的属性，那么要解释那些他认为是由第一块晶体施加于光线上的属性怎么又会在入射到该晶体之前就已存在于光线中，以及一般地说，由发光物体发射的一切光线怎么会一开始就具有这些属性，他会感到困难。至少对我来说，如果光仅仅是在以太中传播的压力或运动，那么这似乎也是解释不通的。

用这些假设也难以解释光线怎么会交替地发生易于反射和易于透射的突发；除非人们也许可以假设，在整个空间中有两种以太振动媒质，其中一种媒质的振动形成光，而另一种媒质的振

[①] 惠更斯的原话是："Mais pour dire comment cela se fait, je n'ay rien trove jusqu'ici qui me satisfasse." 见惠更斯《论光》，第五编第 91 页。——原注。

动较快,每当这些振动赶上前一种媒质的振动时,就会使它们处于那些突发状态中。但是两种以太,其中一种作用于另一种上面,从而受到反作用,它们怎么能扩散到整个空间之中而不使它们的运动相互阻滞,扰乱、破坏和粉碎,这是不可想象的。对于天空为流体媒质(除非它们非常稀薄)所填满的那种主张,一个最大的反对理由来自行星和彗星以各种形式的轨道在天空中的有规律和很持久的运动。因此很明显,天空里没有一切可觉察到的阻力,从而也就没有一切可觉察到的物质。

因为流体媒质中的阻力,部分地产生于媒质各部分的摩擦,部分地产生于物质的惯性。对于一个球体,由媒质各部分的摩擦所引起的那部分阻力,很接近于与球的直径成正比,或顶多是与球的直径和球的速度的乘积成正比。而由物质的惯性所引起的那部分阻力与这乘积的平方成正比。由于这种差别,可以在任何一种媒质中把这两种阻力互相区别开来;这些阻力区别开来之后就可以发现,在空气、水、水银以及类似的流体中以适当的速度运动适当大小的物体,所受的阻力几乎全都是由流体各部分的惯性所引起的。

任何媒质的黏滞性及其各部分的摩擦所造成的那部分阻力,可以通过把物质分成更小的部分,并使这些部分更加光滑的办法来减少,但是由于惯性所引起的那部分阻力则正比于物质的密度,并且不能用把物质分成更小部分或者用别的办法来减少,除非是减小媒质的密度。根据这些理由,流体媒质的密度很接近于与它们的阻力成比例,密度相差不多的液体、如水、酒精、松节油、烧热的油,它们的阻力也相差不多。水比水银轻 13 至 14 倍,所以也稀薄 13 至 14 倍;它的阻力也就大约按同样的比例小于水银的阻力,就像我在用摆做的实验中所发现的那样。我们呼吸的室外空气比水轻 800 至 900 倍,从而也比水稀薄 800 至 900 倍,相应地它的阻力也大约按同样的比例小于水的阻力;也像我在用摆做的实验中所发现的那样。在更稀薄的空气中,阻力更小,并且在最后抽去空气后,阻力变得觉察不到。

在室外空气中落下的细小的羽毛遇到很大的阻力，但是在空气被抽得相当空的一只高的玻璃瓶内，它们会下落得和铅或黄金一样快，这种情况我已在试验中几次看到过。由此可知，阻力看来还与流体密度成比例地减小。因为我在任何实验中都没有发现过，在水银、水或空气中运动的物体，除了遇到这些可觉察到的流体的密度和黏滞性所引起的阻力外，还会遇到任何其他可觉察的阻力；如果这些流体的细孔和一切其他空隙都为一种致密而稀薄的流体所填满的话，那是会遇到其他阻力的。现在如果在一只空气被抽得相当空的容器中，阻力比在室外空气中不过小 100 倍左右，那么就要比在水银中大约小 100 万倍。但是看来在这样的容器中阻力要小得多，而在天空里在离地面三四百英里或更高的地方则还要小。因为波义耳（Boyle）先生已经证明，玻璃容器中的空气可以稀薄到万倍以上；而天空中空气稀薄的程度比我们地面上所能达到的任何真空还要小得多。因为既然空气被它上面的大气的重量所压缩，而空气的密度正比于它所受的压力，那么由计算得出，在离地面约七英里半的高度上的空气比地面上稀薄 4 倍；在 15 英里的高度上，它比地面上稀薄 16 倍；在 $22\frac{1}{2}$，30 或 38 英里的高度，其稀薄程度分别为 64，256 或 1 024 倍左右；而在 76，152，228 英里的高度，其稀薄程度约为 10^6 倍，10^{12} 倍或 10^{18} 倍；等等。

　　热量由于使物体的黏性减小而极大地促进了流动性。它使许多在冷的时候不流动的物体流动起来，并且提高黏滞的液体如油、香脂和蜂蜜等的流动性，从而降低它们的阻力。但是热量并不显著地降低水的阻力；而如果水的阻力的任何显著部分是由它各部分的黏滞性或摩擦产生的话，那么热量是应当能够把阻力降低很多的。因此，水的阻力主要而且几乎全部来源于它的物质的惯性；因而，如果天空像水一样致密，它的阻力就不能小于水的阻力很多；如果与水银一样致密，那么它们就会有不比水银小很多的阻力；如果完全致密，即全部物质都没有任何真空，而且使这种物质永不那样的稀微和流动，那么它就会有比水银更大的阻力。在这样一种媒质中，一个固态圆球只要走过三倍于它直径的长度，就会损失它运动的一半；而一个非固态的圆球（如行星）将被更快地阻滞下来。因此，要为行星和彗星的有规则而持久的运动打开道路，或许除了某些很薄的蒸气、水汽，或从地球、行星和彗星的大气以及从上述极度稀薄的以太媒质中产生的散发气而外，就必须从天空中清除一切物质。用一种稠密流体来解释自然界中的现象是没有什么用处的，不要它倒更好地解释了行星和彗星的运动。它只能起到干扰和阻滞这些巨大天体的运动的作用，并使自然界的结构衰退；在物体的孔隙中它只能起到妨碍物体各部分的振动的作用，而振动正是它们的热和活性的由来。既然它毫无用处，只能妨碍自然界的行动，并使之衰退下来，那么对于它的存在是没有根据的，因而它应该被抛弃。而如果把它抛弃，那么光是在这样一种媒质中传播的压力或运动的这种假说，也就和它一起被抛弃了。

要放弃这样一种媒质，我们有古希腊和腓尼基（Phoenicia）的一些最古老、最著名哲学家的权威的支持。他们把真空和原子以及原子的重力作为他们哲学的基本原则；不言而喻地把重力归结为其他原因，而不是归结为致密物质。后来的哲学家们都把对这样一种原因的考虑排斥于自然哲学之外，虚构了一些假说来在力学上解释一切事物，而将其他原因归属于形而上学；然而自然哲学的主要任务是不用虚构的假说而从现象来论证，并从结果中导出其原因，直到我们找到最先的原因为止，而这原因一定不是力学的；自然哲学的任务不仅在于揭露宇宙的机制，而且主要在于解决下列那些以及类似的一些问题。在几乎空无一物的地方有些什么，太阳和行星之间既然无稠密物质，它们何以会相互吸引？何以自然界不作徒劳之事；而我们在宇宙中看到的一切秩序和完美又从何而来？出现彗星的目的何在，并且何以行星都是沿着同样成同心轨道的路上运动，而彗星则沿着成很偏心的轨道的一切形式的路上运动？是什么在阻止一个恒星下落到另一个的上面？动物的身体怎么会造得如此巧妙，它们的各个部分各自为了哪些目的？是不用光学技巧造出眼睛，不用声学知识造出耳朵吗？身体的运动怎样遵从意志，而动物的本能又从何而来？动物的感官是否就是敏感物质所在的地方，就是通过神经和大脑把事物的可感觉的各种形式传导进去的地方，它们是由于直接出现在敏感物质之前而感知的吗？这些事情都是这样的合理分派，从现象看来，岂不就有一位没有形体的、活的、智慧的、无所不在的上帝，他在无限空间中，像在他的感觉中一样，洞察地看到诸事物本身，深刻地理解并全面地领会直接呈现在他前面的事物。只有这些事物的印象通过我们的感觉器官而传导到我们的小小的感觉中枢，并在那里为我们司感觉和理性的东西所看见、所掌握。尽管这种哲学中的每一真正的步骤并不能直接给我们带来最先的原因的认识，可是它使我们更接近于它，基于那个理由而得到高度评价。

疑问 29　光线是从发光物质发射出来的很小的物体吗？因为这样的物体会沿直线穿过均匀媒质而不会弯到阴影里去，这正是光线的束性。它们也能具有几种性质，并将在穿过不同媒质时保持它们的性质，这是光线的另一情况，透明的物质在一定距离上作用于光线，而折射、反射和拐折光线，而光线又在一定距离上与这些物质的各部分互相激荡，而加热物质；而这种在一定距离上的作用和反作用很像物体之间的一种吸引力。如果折射是由光线的吸引所造成，那么，像我们在我们的《哲学原理》中证明的那样，入射正弦与折射正弦必须成一给定的比率：这一准则是实验所证实了的。从玻璃中出来进入真空中的光线被折向玻璃；而如果光线过于倾斜地射到真空中去，它们就会折回到玻璃中去而发生全反射；这种反射不能归因于一种绝对真空的阻力，而必定由在光线从玻璃进入真空时玻璃对光线的吸引，并把它们拉回去的那种力量所引起。因为如果在玻璃的较远的表面上涂上水、透明的油或者液态和洁净的蜂蜜，那么用别的方法会被反射的光线将跑进水、油或蜂蜜中去；因此在它们到达玻璃的较远的表面并开始从它出射以前，不会被反射。如果它们走出玻璃而进入水、油或蜂蜜中去，那么它们将继续前进，因为玻璃对它们的吸引力几乎被这些液体的相反吸引力所平衡而变为无效。但是如果光线从玻璃走出来进入没有吸引力来平衡玻璃的吸引力的真空中去，那么玻璃的吸引力或者把光线弯转使之折射，或者把它们拉回使之反射。这一点通过以下试验就更明显了：把两块玻璃棱镜或者一个很长的望远镜的两块物镜（一块是平的，另一块是稍微凸的）叠放在一起，这样给它们加压，使它们不完全接触，也不使它们相距太远。因为光落在第一块玻璃的较远的表面上的地方两玻璃之间的空隙不大于百万分之一，它将穿过该表面，并穿过两玻璃之间的空气或真空，而进入第二块玻璃，这在本书第二编第一部分的观察 1，4，8 中已作说明。但是如果移开第二块玻璃，那么从第一块玻璃的第二个表面进入空气或真空中的光，将不再继续前进，而转回进入第一块玻璃中去并被反射；因此它是被第一块玻璃的力量所拉回去的。在那里没有其他东西能使它转回。对于产生所有各种颜色和不同程度的可折射性所必需的，只是认为光线是一些不同大小的物体，其中最小的可以带紫色这种最弱和最暗的颜色，并且较容易被折射面从直路上偏转；其余的随着它们越来越大，可以形成更强和更明亮的颜色（蓝、绿、黄和红），而且越来越难以偏转。对于让光线处于易于反射和易于透射的突发状态所必需的，莫过于认为光线是微小的物质，用它们的吸引力或某种其他的力在它们所作用的物质中激起振动，这些振动比光跑得更快，相继赶上光线并激荡它们，乃至轮流地增加或减小它们的速度，从而使它们处于那些突发状态之中。最后，冰洲石晶体的反常折射很像由某种吸引效能所造成，这种效能寓于光线的和晶体粒子的某些侧面中。因为要不是某种属性或效能寓于晶体粒子的某些侧面中而不寓于它们的其他侧面之中，并且使光线朝反常折射方向偏斜和弯折，那么，垂直地落在晶体上的光线就不会折射向该方向,而将折射向任何其他的方向,这在光线入射或出射时都一样,以致在第二个表面上通过反常折射方向的相反位置垂直地出射;晶体作用在光线上,光线在经过晶体后入射于空气中;或者,如果你喜欢,也可以进入真空。既然晶体由于这种属性和效能并不作用于光线,除非当光线的反常折射的侧面朝着该方向,这就论证在光线的那些侧面里的一种属性或效能,它与晶体的该效能或属性相对应和相符合,正像两条磁铁的各极互相对应一样。如同磁性可以形成和消除一样,并且只在磁石和铁中可以看到;因此这种折射垂直光线的效能在冰洲石晶体中较大,在水晶中较小,而在其他物体中则尚未发现。我不是说,这种效能是磁性的;它看来好像属于另一种。我只是说,不管它是什么,除非光线是一些物体,否则就难以想象光线怎样在它们的两个侧面中有一种永久的效能,而在另外一些侧面中却没有这种效能,而且这种效能对于光线所通过的空间或媒质的位置没有任何关系。

我在本问题中通过真空以及光线对于玻璃或晶体的吸引力要说的东西,可以通过问题 18,19 和 20 中所述的来理解。

疑问 30 粗大物体与光是否彼此可转化? 物体是否可以从进入它们组成中的光粒子那里得到大量活性? 正如我们在前面已经证明,一切恒定物体在加热的时候,只要它们保持足够的热,就会放光;而反过来,只要光线一射到物体的各个部分上,光就会停止在物体之中。就我所知,没有一个物体比水更不易发光了;可是正如玻意耳先生做过的试验,水经过反复蒸馏可以变成恒定的土;然后这种土则能经受足够的热,像其他物体一样因热放光。

物体变成光,光变成物体,是适合于自然界的过程的,自然界看来是喜欢转化的。水是一种流动性很好而无味的盐,它由于加热而变成蒸汽,水蒸气是一种空气;又由于冷却而变成冰,它是一种坚硬、透明、脆性而可熔化的石块;这种石块由于加热又变回成水,而水蒸气则由于冷却变回成水。土由于加热会变成火,而火由于冷却又复归于土。致密的物体由于扰动而疏散成为几种不同的空气,而这些空气再经过扰动(有时则不需要经过这种扰动),又重新变成致密的物体。汞有时表现为流体金属的形式,有时又表现为硬而脆的金属,有时表现为腐蚀性的透明的被称为升汞的盐,有时表现为无味、透明、易于挥发的白色的称为甘汞的土;或表现为红色、不透明的易于挥发的称为朱砂的土;或是红色或白色的沉淀物,或是一种流动的盐;它在蒸馏中变为蒸汽,在真空中被激荡时它放光如火。而在经历所有这些变化之后,它又复归于汞的最新形式。卵从觉察不到的大小长大而变为动物;蝌蚪变成蛙;蛆变成苍蝇。一切的鸟、兽、鱼、昆虫、树木以及其他植物,连同它们的不同部分,都是从水和似水的酊液和盐类中生长起来的,在它们通过腐烂又重新成为一些似水的物质。水在空气中放置几天,就得到一种酊剂(像麦芽的酊剂一样),放置更长时间后,就产生一种沉淀物和一种精(spirit),但是在腐烂以后是动物和植物的适宜的滋养料。在这样不同的奇异的变化中,为什么自然界就不能把物体变为光,和把光变为物体呢?

疑问 31 物体的微小粒子是否具有某种能力、效能或力量,凭借这些,它们能在一定距离上,不仅能作用于光线而反射、折射和拐折光线,而且也能作用了彼此之间而引起为数众多的自然现象?因为众所周知,物体能通过引力、磁力和电力的吸引而互相作用;这些事例表明了自然界的趋向和进程,而且并非不可能此外还有更多种吸引力。因为自然界是与本身和谐相适的。这些吸引力是如何实现的,这里我就不研究了。我们说的吸引力可以通过冲击或其他我们不知道的方式来实现。我在这里用这个字眼不过是一般地用它来表示任何一种能使物体彼此趋近的力,而不管其原因何在。因为我们必须在查明这种吸引得以实现的原因之前,通过自然现象弄清楚哪种物体彼此吸引,而这种吸引的规律和性质又是什么。引力、磁力和电力的吸引达到相当可观的距离,所以用肉眼就能观察到,而可能还有其他的吸引力,它只达到距离是这样小以致迄今为止逃过观察;或许电的吸引可以达到这样小的距离,甚至在它没有被摩擦所激起时就这样。

当酒石酸盐的发生潮解(per delquium)时,这是不是由酒石酸盐粒子与以蒸汽形式漂浮在空气中的水粒子之间的一种吸引作用所造成的? 为什么食盐、硝石或矾就不会潮解,是否由于它们缺乏这样的吸引? 为什么酒石酸盐从空气中吸取的水分不超过与它本身的量成一定比例,这是因为在它吸饱了水分之后就没有吸引力了吗? 只要微温就可以把水单独蒸馏成汽,而没有大热量就不会从酒石酸盐中把水蒸馏出来。这是由于这种吸引作用吗? 矾油(硫酸)能从空气中吸取大量的水分,而且在吸饱之后就不再吸取,在蒸馏时又很难再把水分释放出来,这是否因为在矾油(硫酸)粒子与水粒子之间存在着类似的吸引力的缘故? 将水和矾油(硫酸)相继注入同一容器,在混合时变得很热,这种热是否证明在液体各部分中具有大的运动? 而这种运动是否证明两种液体的各部分在混合时猛烈地结合,从而以加速运动互相冲撞呢? 当硝酸或矾精(spirit of vitriol)倒在铁屑上时,铁屑溶化时产生大热量并且沸腾,这种热和沸腾是否也是由于各部分猛烈运动的结果,而这种运动是否说明液体中的酸部分猛烈地向金属部分冲击,并有力地钻进它的孔隙,直到它们进入金属的最外面的粒子和它的主体之间,把那些粒子包围起来,使它们从主体释放出来,而自由地漂开进入水中呢? 可以用不高的热单独蒸馏的酸的粒子,若不加强热就不能把与金属粒子分开,这是不是证明了它们之间的吸引作用呢?

当把矾精倒在食盐或硝石上面时,就与此盐一起沸腾并和它结合,在蒸馏时,食盐或硝石的精(spirit)就比以前更容易蒸馏出来,而使矾精中的酸部分留下来;这是否说明盐中固定的碱吸引矾的酸精要比吸引自己的精来得强烈,不能把两者都抓住,就把它自己的精放走了呢？当矾油（硫酸）取走了它的重量的硝石，并从这两种成分中馏出一种化合物硝石精时，把两份这种精倒在一份丁香油或葛缕子油，或者任何一种重的植物油或动物油，或者用少量硫磺膏（balsam of sulphur）调厚的松节油上，这些液体在混合时就变得很热，以致立刻会升起火焰；这种很大而突然的发热是否表明，这两种液体猛烈地混合，它们的部分在混合中以加速运动相向奔驰，而以最大的力猛然相击呢？是否由于同样的理由，将精馏好的酒精注入同一种化合物的精中就发生火花；而由硫、硝石和酒石酸盐组成的爆发粉（pulvis fulmi-nams）爆发时要比黑色火药更为急促更为猛烈，硫和硝石的酸精是如此猛烈地彼此相撞，并冲击酒石酸盐，以致通过冲击全部爆发粉立即化为蒸汽和火焰。在溶解缓慢之处造成缓慢的沸腾和微温而在溶解较快之处造成沸腾较剧烈、发热也较多；而在溶解作用顷刻发生之处沸腾就缩短为一种突发的爆炸和猛烈的爆发，发出同该火和火焰相当的热量。所以当我们在真空中把一英钱[①]的上述化合物硝石精倒在半英钱的葛缕子油中去的时候，这混合物就像火药一样立刻发出火光，并将一6英寸宽、8英寸深的抽空的玻璃容器炸烂。即使是将大块硫磺粉碎，加上等量的铁屑和少量水调成糊状，也会与铁发生作用，并且经过五、六小时后就会烫得碰不得，而发生火焰。通过这些实验比较地球所富产的大量硫磺，地球内部的热、温泉和火山并且比较水蒸气、矿石闪烁、地震、热得使人窒息的散发气、飓风和龙卷风；我们就能知道含硫蒸汽在地球内部很多并与矿物一起沸腾，有时会着火并伴随突发的闪烁和爆炸；如果它们是幽禁在地下巨大的洞穴中的，那么就会像矿山爆炸一样，把这些洞穴炸开而大大震撼大地。这时爆炸所产生的蒸汽从地球孔隙中冒出，令人感

---

① 英钱即打兰（dram），衡量单位。常衡一打兰等于1.772克（$\frac{1}{16}$英两），药衡一打兰等于3.888克（$\frac{1}{8}$英两）。——译者注。

到热而窒息，并造成风暴和飓风，有时还会引起陆地崩塌或海水沸腾，并且激射水滴，而后又依靠它们的重量落入喷口。每当大地干燥的时候，有些含硫蒸汽总是升入空中，在那里与亚硝酸一起翻腾，有时就着火，造成雷电和火流星。因为空气中富含酸蒸汽适于促进扰动，如铁和铜在空气中生锈所表现的，通过喷气使火点燃，心脏利用呼吸而跳动。上面所提到的运动是如此巨大而猛烈，足以表明在扰动中，几乎是静止的物体粒子，按一条很有效的原理而投入了一种新的运动，这条原理只有在它们彼此趋近的时候才起作用，使它们相遇和非常猛烈地碰撞，因运动而发热，互相撞成碎电，化为空气、蒸汽和火焰。

当将潮解的酒石盐倒入任何一种金属溶液中的时候，金属会沉淀下来，并以泥浆的形式沉降在溶液的底部。这是否表明，酸粒子受酒石酸盐的吸引要比受金属的吸引来得强烈，并由于较强的吸引力而从金属走向酒石酸盐？同样，当铁的硝酸溶液把炉甘石（lapis calaminaris）溶解而析出铁，或者铜的溶液把浸在其中的铁溶解而析出铜，或者银的溶液把铜溶解而析出银，或者汞的硝酸溶液倒在铁、铜、锌或铅上，能把这些金属溶解而析出汞；所有这些是否证明了硝酸的酸粒子受到炉甘石的吸引要比受到铁的吸引来得强，受到铁的吸引要比受到铜的吸引来得强，受到铜的吸引要比受到银的吸引来得强，而受到铁、铜、锌、铅的吸引都比受到汞的吸引来得强？而且是否由于同样的理由，铁比铜需要更多的硝酸来使它溶解，铜又比其他金属需要更多的硝酸；而在所有这些金属中，铁是最容易被溶解的，并且最容易生锈；而仅次于铁者是铜吗？

当矾油（硫酸）与少量水混合或吸收空中水分时，在蒸馏中水很难馏出，而一部分矾油（硫酸）以矾精的形式与水一起带了出来，把这种精倒在铁、铜或酒石酸盐上时，它就和这些物体结合而把水放了出来；这是否表明，酸精受到水的吸引，并且它受到这些固定物体的吸引要比受到水的吸引更大，因此让水跑掉而与这些固定物体联结？是否由于同样的理由，在醋、硝酸和盐精（盐酸）

中水和酸精混合在一起，而在蒸馏时也互相结合一起馏出？但是如果把溶剂倒在酒石酸盐、铅、铁或任何能溶解的固定物体上，酸由于受到较强吸引而粘在物体上，却把水放走呢？是否也是由于相互吸引的缘故，灰精（spirits of soot）和海盐结合起来而组成硇砂（sal-armoniac）粒子，这些粒子比以前不易挥发，因为它们颗粒更粗而更不受水的约束？硇砂粒子在升华中是否把不独自升华的锑的粒子带了出来？是否汞粒子与盐精（盐酸）的酸粒子结合而组成升汞，与硫磺的粒子结合而组成朱砂？是否酒精粒子能和尿精（spirit of urin）经过很好蒸馏而结合起来，而让溶解它们的水走开，组成一种粘稠的物体？是否在酒石酸盐或生石灰中升华朱砂的时候，由于硫受到酒石酸盐或石灰的较大吸引，和固定物体留在一起，而释放汞？是否在锑（或精炼锑）中升华升汞的时候，盐精释放了汞，而与对它吸引较强的金属锑相结合，并且与它留在一起；直到所加的热大到足以使它们一起升华，这时盐精就以一种称为锑膏的很易融化的盐的形式带出金属，尽管单独存在时几乎像水一样挥发，而锑单独存在时像铅一样恒定？

硝酸能溶解银而不溶解金，王水则溶解金而不溶解银，是否可以说，硝酸已经稀微到既足以钻进银又足以钻进金中去，但是缺少使它钻进金中的吸引力；而王水则希微到足以钻进金又足以钻进银中去，但是缺少使它钻进银中的吸引力呢？因为王水不外是与一些盐精（盐酸）或硇砂混合的硝酸。甚至将食盐溶解在硝酸中以后，也能使溶剂把金溶解，尽管食盐是一种大块物体。因此，当盐精（盐酸）把银从硝酸中淀出的时候，是不是由于盐精（盐酸）吸引了硝酸并和它混合起来，而不再吸引银，或者还排斥它的缘故？当水把锑从锑和硇砂的升华物即锑膏中淀出的时候，这是否由于水溶解、混合和冲淡了硇砂或盐精（盐酸），而使它们不再吸引锑，或许还排斥它的缘故？是否由于在水和油部分之间，水银和锑部分之间，铅和铁部分之间缺乏一种吸引的效能，而使这些物质不能混合；而通过一种弱吸引作用，水银和铜难于混合；由于水银和锌、锑和铁、水和盐类之间吸引作用强，而使它们容易混合呢？一般地讲，是否按同样的原理，热使单一的物体凝聚，而把复杂的物体互相分开？

砷与肥皂生成一种熔块，而与升汞生成一种像锑膏一样的易挥发性的易熔盐，这是否表明，可以完全挥发的砷是由固定的部分和易挥发的部分组成，这两部分由于相互吸引而牢固地结合在一起，所以易挥发部分总是带上固定的部分一起飞升？同样，当相等重量的酒精和矾油（硫酸）共溶时，在蒸馏中得到两种不会互相混合的芳香的易挥发的精，并留下一种固定的黑泥；这是否表明，矾油（硫酸）是由靠吸引力的牢固结合的易挥发的和固定的两部分所组成，而以一种易挥发的，酸性的，流动性的盐的形式一同飞升，直到酒精吸引其易挥发部分而使之从固定部分分开为止？因此，既然用玻璃甑蒸出的（Per campanam）硫油具有和矾油（硫酸）相同的性质，那么是否可以推论硫磺也是由相互吸引而如此牢固地结合在一起的易挥发的和固定的两个部分所组成的混合物，以致它们升发时一起飞升起来呢？将硫华溶解于松节油中并将该溶液蒸馏，发现硫磺是由一种易燃的稠油或含高挥发物的沥青，一种酸性盐，一种很固定的土质和少许金属所组成的。前三种彼此在量上差别不大，第四种的量是如此之少，以致几乎不值得去考虑它。溶解在水中的酸性盐同用玻璃甑蒸出的硫油一样，在地球内部、特别在结晶黄铁矿中含量很多，它与结晶黄铁矿的其他成分结合在一起，这些成分是沥青、铁、铜和土，和与它们化合成明矾、矾和硫磺。它单独与土化合成明矾：单独与金属或与金属和土化合成矾；与沥青和土化合成硫磺。由此出现富于这三种矿物的该结晶黄铁矿。难道不是由于各成分的相互吸引使它们结合在一起而组成这些矿物质，并且使沥青把硫磺的其他成分带上，而没有沥青、硫磺就不能升华？关于自然界中所有的或几乎所有的致密物体都可提出同样的问题。因为正如它们的分析所表明的那样，动植物的所有部分都由易挥发的和固定的液体和固体所组成；就化学家迄今所能考察其成分的那些盐类和矿物来说，情形也是一样。

当升汞和新鲜的汞一起再升华时，变成甘汞，即一种白色、无味、几乎不溶于水的土，而把甘汞和盐精一起再升华，它又变回升汞；当金属受少许酸腐蚀时就会生锈，而锈是一种无味的不溶于水的土，这种土吸取更多的酸就变为一种金属的盐；某些矿石，如硫酸铅，溶在适当的溶剂中就变为盐；这些事例是否证明，盐是由干的土和湿的酸借助于吸引作用而结合成的，并且没有使它可溶于水中那么多的酸，土就不会变成盐呢？各种酸的辛辣刺激的味道是否由酸的粒子借以冲击和激荡舌的粒子的强烈吸引所造成？当金属溶于酸性溶液时，酸与金属按不同的方式作用而联结在一起，以致这种化合物具有比以前要温和得多的不同味道，有时甚至是甜的；这是否因为酸附着在金属粒子上，因而失去其大部分活性的缘故？而如果酸的比例太小不足以使化合物溶在水中，那么它是否会由于牢固地附着在金属上而变成无活性，而且失去它的味道，使这种化合物变为无味的土呢？因为这类不为舌头上的水分所溶化的东西就对味觉无作用。

正像重力使海水绕着地球的较致密和较重的部分流动一样，吸引力能使似水的酸绕着较致密较坚实的土粒子流动而组成了盐的粒子。否则酸就不能在土和普通的水之间起媒质作用而使盐溶解于水；酒石酸盐也不会轻易地从溶解的金属那里取走酸，金属也不会从汞那里取走酸。正如在有陆地和海洋的地球上那样，最致密的物体由于它们的重力而在水中下沉并且总是力图趋向地球的中心一样，在盐粒子中，最致密的物质可能总是力图趋近粒子的中心；所以一个盐粒子可以比作混沌的一团，其中心是致密的、坚硬的、干燥的和似土的；而其周边则是稀薄的、柔软的、潮湿的和似水的。由此看来，盐类有一种耐久的性质，难以破坏，除非用强力把它们的似水部分取走，或者借助于腐烂时的温热，把它吸入到中心的土的孔隙中去，直到这种土为水所溶解，并分散成更小的粒子为止，并且由于这些粒子非常之小，因此使这腐烂的化合物呈现黑色。由此也可能看出，动物和植物的各个部分保持其各自的形式，并吸收其营养物；软而湿的营养物容易因温热和运动而改变其质地，直到它变成像致密、坚硬、干燥和耐久的处于每个粒子中心的土为止。但是，当营养物变得不适宜于被吸收，或者中心的土变成太无力，以致不能吸收这些营养物体，这个运动就以混乱、腐烂和死亡结束。

如果很少量的任何一种盐或矾类溶解在大量的水中，那么尽管盐或矾的粒子相对比水要重，它们也不沉到底部，而将均匀地散布在整个水中，以致使上部和下部的含盐量相同。这是否意味着盐或矾的各个部分彼此离散，力图扩展自己，并且分散到它们所允许漂泊的全部水中去？这种努力是否意味着它们具有一种它们借以彼此飞散的排斥力，或者至少这些粒子对水吸引要比它们彼此的吸引更为强烈？因为正如所有受到地球重力的吸引比水受到的要小的东西都在水中上浮那样，在水中漂浮并受到任何一颗盐粒的吸引比水受到的要小的所有盐粒，都必定离开这颗盐粒，而让位于更易被吸引的水。

当任何一种盐的溶液蒸发到一个表面并让它冷却时，盐就凝结成有规则的图案；这表明在盐粒凝结之前，它们以相等距离的行和列在液体中漂浮，从而在它们用某种在等距离处相等而在不等距离处就不等的力量的互相作用。因为靠这样的力，盐粒才会均匀地排列起来，没有它盐粒就将无规则地漂浮，并且同样无规则地凝聚在一起。由于冰洲石晶体的粒子以完全同样的方式作用于光线而引起反常折射，是否可以认为，在这种晶体形成中，这些粒子不但排成行与列，凝结成有规则的图案，而且还存着某种极性的效能，使它们同质的各侧面转到同一个方向上来？

所有同质而坚硬的物体的彼此完全接触的各个部分很坚固地粒结在一起。为了解释其所以能如此，有些人想出带钩的原子，这是以未证实的假定为论据的；而另一些人告诉我们说，物体靠宁静黏在一起，也就是说靠一种神秘的特性，或者不如说靠虚无使物体粒子黏在一起；还有一些人说，它们靠联合运动而黏在一起，即靠它们之间的相对静止。我却宁愿从它们的凝聚性推断，它们的粒子是靠某种力而互相吸引，这种力在粒子直接接触时极其强大,在短距离处它实现前述化学作用,任何可觉察的效应都达不到远离粒子的地方。

所有物体看来都由坚硬的粒子所组成;因为否则流体就不会凝结,像水、油、醋和矾精或矾油(硫酸)受冷冻而凝结,水银被铅气所凝结,硝石精和水银过溶解水银以及蒸发馏液(fiegm)而凝结,酒精和尿精通过分馏和混合它们而凝结,以及尿精和盐精(盐酸)通过一起升华形成硇砂而凝结。甚至光线看来也是坚固的物体;否则它们就不会在它们的不同侧面中保持不同的性质。因此,坚硬性可以看作是所有非化合物质的性质。至少这一点看来是与物质的普遍的不可入性那样明显的。因为就经验所及的范围来说,所有物体不是坚硬的,便是可以硬化的;而对于普遍的不可入性,我们除了没有实验其外的大量经验外,也没有其他证据。如果我们发现某些化合物体很坚硬,却是多孔隙的,并且由仅是放在一起的各部分所组成;那么没有孔隙而且还不曾被分开过的单质粒子就必定更为坚硬。由于这样坚硬的粒子聚集在一起,只能在几个点上彼此相接触,因此可以把这些粒子分开的力要比破坏一个坚硬的粒子所必需的小得多,这种粒子的各个部分之间全都相接触,没有细孔或间隙以减弱它们的凝聚。而这些很坚硬的粒子不过放在一起,只是在少数几个点上互相接触,如何能黏在一起,而且这样巩固呢?要是不借助于某种使它们互相吸引或压紧的东西,那是很难想象的。

我也从下面的事实推出同样的结论;两块磨光的大理石在真空中黏聚;当把气压计中空气驱除干净并小心地灌入水银,致使水银的各部分不论何处都彼此邻接并与玻璃邻接时,就可保持50、60 或 70 英寸的高度或更高。大气用它的重量把水银压进玻璃管中到达 29 至 30 英寸的高度。某种其他原因使水银升得更高,这不是通过把水银压进玻璃管中去,而是通过使各部分黏附在玻璃上,并彼此黏聚起来。因为气泡或摇动玻璃所致的水银柱任何一点不连续性,整个水银柱落到 29 至 30 英寸的高度上来。

与这些实验属于同类的有下述那些实验。如果两块平的抛光的玻璃板（设为两块抛光的镜子）放在一起,致使面与面之间平行而且距离很小,然后将它们的下边缘浸入水中,水就会在两板之间上升。并且两玻璃板间距离越小、水就升得越高。如果这距离约为 $\frac{1}{100}$ 英寸,那么水将升到约一英寸的高度;如果这距离以任何一比例增大或减小,那么水上升的高度就接近于与这个距离成反比。因为不论玻璃间的距离是大是小,它们的吸引力总是一样大小;而如果水上升的高度与两玻璃间距离成反比,那么提拉上去的水的重量是相同的。同样,水也会在两块抛光的大理石平板之间上升,只要其磨光而平行,彼此相隔的距离很小就行。如果将细长的玻璃管的一端浸入静止的水中,那么水就会在管中上升,其上升的高度与管腔的直径成反比,并且将等于它在两块玻璃板间上升的高度,只要管腔的半径大约等于两板间的距离。这些实验在真空中和在大气中按同样方式取得成功（如在皇家学会试验过的那样）,从而说明它们并不受到大气的重量或压力的影响。

如果在一根粗的玻璃管中充满筛过的灰,并将灰在管内压紧,将管的一端浸入静止的水中,那么水就会在灰中缓慢上升,大约一二星期的时间内就在这玻璃管中上升到超出静止水面30 至 40 英寸的高度。水的上升到这一高度只是处于被提升的水的表面上的那些灰粒的作用;在水中的灰粒对水的吸引或排斥向上和向下一样地强。因此,灰粒的作用是很强的。但是灰粒没有玻璃粒子那么致密和接近,它们的作用没有玻璃强,玻璃能使水银悬挂达到 60 或 70 英寸的高度,因此玻璃所施的力可将水悬挂达到 60 英尺以上的高度。

根据同样的道理,海绵吸进水,动物体内的各种腺体按照各自的不同本性和属性从血液中吸收各种汁液。

如果将两块平的、抛光的,3 或 4 英寸宽、20 或 25 英寸长的玻璃板中的一块平行于水平面放置,而把另一块放在第一块上面,使其一端互相接触,而形成大约 10 或 15 分的角度,这两块玻璃板朝里的表面都先用浸过橘子油或松节油的洁净的布擦湿，并将这些油滴一二滴在下板的另一端；那么一旦上板放在下板上面，使其一端接触下板，其另一端与油滴相接触，并与下板形成大约 10 或 15 分的角度；这油液就开始向两板接合处移动，并将继续作加速运动，直至油滴抵达玻璃接合处为止。因为两块玻璃极吸引油滴，使其沿着吸引力所指的方向跑。如果当油滴在运动时，你将两块玻璃板接合的一端，即油滴运动所向之端抬起，那么油滴就将在两板间上升，这足见油滴是为玻璃板所吸引的。当你将玻璃逐渐抬高时，油滴上升的速度就逐渐变慢，最后会静止不动，这时油滴由于本身重量而下降正好与由于玻璃板对油滴吸引力而上升一样大小。用这个方法你就可以知道吸引在离两玻璃接合处不同远近地方的油滴所受到的吸引力。

利用这类实验（霍克比做过）已经发现，由于油滴的散布和它与每块玻璃板的较大面积的接触，玻璃的吸引力几乎与油滴中心到接合端的距离成反二乘比例。也就是说，由于油滴的散布成反单比例；又由于在同样大小的吸引面内吸引力增强而再成反单比例。因此，在同样大小的吸引面内吸引力与两块玻璃间的距离成反比。所以在距离非常小的地方，这个吸引力就必然非常之大。本书第二编的第二部分的表中列出两块玻璃之间的彩色水层的厚度，呈现很黑的地方的水层厚度为 800 万分之 3 英寸。而在两玻璃板之间的橘子油也是这一厚度的地方，由上述准则推出的吸引力看来是如此之大，是以在直径为一英寸的圆圈内举起一个其重量等于直径为一英寸，长为二三浪①的水柱。而在厚度更小处，吸引力将按比例变大，而且将继续增大，直到厚度不大于油的单个粒子为止。因此，在大自然中有某种原因，能使物体的粒子由很强的吸引力互相粘聚在一起。实验哲学的任务就是要去发现它们。

现在，物质的最小粒子可以由于最强大的吸引而黏聚在一

---

① 英国古时长度单位。一浪（furlong）等于八分之一英里或 660 英尺。——译者注

起,而组成效能较弱的较大的粒子;许多这些较大的粒子又可以黏聚成效能更弱的更大的粒子;如此相继类推下去,直到级数终结于组成化学作用和自然界物体颜色所依赖的最大粒子,它们通过黏聚又组成其大小可以觉察的物体。如果一种物体是致密的,并且因受到挤压而内弯或内陷,其各部分之间不出现滑移,它是坚硬而有弹性的,靠它各部分之间的相互吸引而产生的力而恢复其原来形状。如果各部分之间容易滑移,那么这物体就是柔软的范性体。如果各部分很容易滑脱,并且其大小适于为热所激荡,而这个热又大到足以使它们保持在激荡之中,那么这物体就是流体;而如果它容易粘附在其他物体之上,那么它就是湿润体;并且每一种流体的小滴由于其各部分之间的相互吸引而倾向于圆形,正如有陆地和海洋的地球由于重力所致的其各部分之间的相互吸引而倾向于圆形那样。

由于溶解在酸中的各种金属只吸引少量的酸,因此它们的吸引力只能达到与它们距离小的地方。像在代数学中正数变为零时就开始出现负数那样,在力学中当吸引变为零时,接着就应该出现排斥的效能。而这种效能的存在,就像是从光线的反射和拐折得出的。因为在这两种情况下光线并不直接与反射体或拐折体相接触,却都为物体所排斥。这种效能的存在好像也从光的发射中得出;一旦光线由于发光体中各部分的振动而为它所射出,并射到吸引力所能及的地方之外以后,它以极大的速度被赶走。因为在反射时足以使光线返回的那个力,也足以把它发射出去。这种效能的存在还好像从空气和蒸汽的产生中得出。由于加热和扰动而从物体中抛出的那些粒子,一旦超出物体的吸引力所能及的地方,就以很大的力离开这物体,并彼此相分开,并保持某种距离,以致有时要占据的空间比它们原来处于致密物体形式时所占据的大 100 万倍以上。其巨大的收缩和膨胀,通过假想气体粒子是弹性的和分枝状的,或者像环那样卷起来的,或者通过任何其他不同于排斥力的方法,似乎都是无法理解的。流体的粒子凝聚并不太强,又由于小而使它们对使液体保持其流动性的那些激荡最为敏感;这些粒子最容易分开,最容易稀疏成汽,用化学家的语言来说,它们是挥发性的,少量热就能使其汽化,冷却就能使其凝结。但是,那些较粗大的物体对激荡是较不敏感的,或者由于较强的吸引所凝聚起来,它们不用较强的热或者也许不用扰动就分不开。后者就是化学家所说的固定的物体,通过扰动变为稀疏,成为真正的永久空气;那些用最大的力彼此离开、最难于把它们聚集在一起的粒子一旦彼此相接触便就最强地黏聚在一起。因为永久空气的粒子比蒸汽粒子粗大,并且来自较致密的物质,所以真正的空气比蒸汽更重,并且湿润的大气,按相同的数量来比,比干燥的大气为轻。由于同样排斥力,似乎苍蝇在水上行走而不润湿它们的脚;长望远镜的物镜叠在一起而彼此不相接触;干燥的粉末难于造成彼此接触而黏聚在一起,除非把它们熔化或者用水将它们沾湿,通过蒸汽可以将它们聚合起来;由于直接接触而黏附在一起的两块磨光的大理石难于使它们如此密接以致二者合黏合起来。

这样看来,大自然将是很自适和简单的,天体的一切巨大运动都是在作用于那些物体之间的引力的吸引下进行的,而这些物体的粒子的几乎所有的微小运动,都是作用于这些粒子之间的某些其他的吸引力和排斥力之下进行的。惯性是一条被动的原理,按这条原理,各个物体将保持它们的运动或者静止,它们所接受的运动与施加于它们受的力成比例。单单按这条原理,世界上就永远不会有任何运动。要使物体运动就必须有某种其他原理;而现在物体在运动,就必须有某种其他原理用于保持这个运动。因为从两个运动的各种合成来看,很肯定地说,世界上运动的数量不总是一样大小的。因为如果用一根细杆接连起来的两个球,以匀速运动绕它们的共同重心旋转,而该重心又在它们圆周运动的平面内沿着一条直线匀速前进;那么,这两个球的运动的总和,每当球处在它们的共同重心运动所描绘的直线上,将比它们处在该直线的垂线上时为大。从这例子看出,运动可以获得,也可以失掉。但是由于流体的黏滞性、其各部分之间的摩擦以及固体中的微弱弹性,失掉运动就要远比获得运动容易得多,总是处于衰减之中。因为绝对坚硬的或柔软得完全没有弹性的物体,将彼此不会回弹。不可人性使它们只能停止不动。如果两个相同的物体在真空中顶头相遇,那么按照运动规律,它们就要在相遇的地方停下来,失掉它们的全部运动,并且将保持静止,除非因它们是弹性的而从它们的弹力获得新的运动。如果它们的弹性大得足以使它们以原来相碰时的 $\frac{1}{4}$,$\frac{1}{2}$ 或 $\frac{3}{4}$ 的力弹回去,那么它们要损失它们的运动的 $\frac{3}{4}$,$\frac{1}{2}$ 或 $\frac{1}{4}$。这点可以让两个相同的摆,从相等的高度彼此相对下落来试验。如果这两个摆是由铅或软土制成的,那么它们就将失掉它们全部或几乎全部的运动;如果这两个摆是由弹性物体制成的,那么它们将失去除了它们由于弹性而恢复者之外的,其余全部运动。如果认为,它们除掉把运动交给其他物体之外不会失掉任何运动的话,那么其结果就等于说,在真空中它们不会失掉任何运动,而当它们相遇时它们必定继续前进,并穿进彼此的范围里去。如果有三个相同的球形容器,一个装满水,另一个装满油,第三个装满熔化的沥青,并且这些液体都一样被搅出一个涡旋运动;那么沥青由于其黏滞性而将很快失去其运动,油由于其黏滞性较小而能将保持其运动的时间较长,而水由于黏滞性更小而保持其运动的时间最长,但是还是在短时间内失去其运动。由此容易理解,如果熔化的沥青的很多相邻的涡旋每一个都大得像有些人所设想的那些围绕太阳和恒星运转的涡旋那样;那么这些涡旋及其一切部分会由于它们的黏滞性和倔强性而互相交换它们的运动,直到它们全都相对静止下来。油、水或某些流动性更好的物质的涡旋,可能会持续较长的时间;但是除非这种各部分间完全没有黏滞性和摩擦,又不交换运动(这是不该有的),这种运动总是要不断衰减下去的。所以,鉴于我们在世界上所发生的各种运动总是在减小,就有必要按一些积极的原理来保持并弥补这些运动,例如重力的原因,按这种原因行星和彗星保持它们在其轨道上的运动,物体下落时获得大的运动;再如扰动的原因,按这种原因动物的心和血保持在永恒的运动和热之中,地球内部不断变热并且在有些地方变得很热,物体燃烧和发光,山上起火,地下岩洞崩毁,太阳继续猛烈地发热和明亮并用它的光晒暖一切物体。因为在世界上除掉由于这些积极的原理而发生的运动之外,我们所遇到的运动就很少。如果不是由于这些原理,那么地球、行星、彗星、太阳的物体,及其中所有东西,都会冷却而冻结,变成不活动的物质;并且所有腐烂、生殖、生长和生命都会停止,行星和彗星都不会保持在它们的轨道上。

考虑了所有这些事物之后,对我说来,似乎可能上帝在开始造物时,就把物质做成实心的、有质量的、坚硬的、不可入的、可运动的粒子,其大小,形状和诸如此类的其他一些性质以及空间上成这样的比例等都最有助于达到他创造它们的目的;这些原始粒子是些固体,比任何由它们组成的多孔的物体都要坚硬得无可比拟;甚至坚硬得永远不会磨损或破裂成碎块;没有任何普通的力量能把上帝自己在最初创世时造出来的那种物体分割。只要这些粒子继续保持完整,它们可以组成性质和结构在任何时代都是一样的物体;但是如果这些粒子竟然磨损了或者破裂成碎块,那么依赖于它们的物体的性质就会改变。由早已破损的粒子和粒子的碎块组成的水和陆地,现在其性质和结构就不会与开始创世时用完整的粒子组成的水和陆地相同。所以,该性质可能是持久的,各种有形物体的变化只处于这些永久粒子的不同分离以及新的组合和运动之中;容易破裂的复合物体不是在固体粒子的中间,而是在那些粒子放在一起的只有少数几个点接触的地方。

据我进一步看来,这些粒子不仅有惯性力体随着诸如由该力自然地得出的那样的被动的运动规律,而且还有它们按诸如引力原理此类主动的原理而运动并引起物体的扰动和凝聚。我认为这些原理不是应该由事物的特殊性质得出的隐蔽的性质,而是事物本身据以形成的自然界的普遍规律；尽管它们的原因还没有发现，可是它们的真理性却通过现象出现在我们面前。因为这些原理是明显的性质，而它们的原因只是隐蔽着的。亚里士多德学派所说的隐蔽的性质不是指明显的性质，而只是指它们应该隐藏在物体后面而为明显的效果的未知原因此类性质，如可能是重力，电磁吸引力和扰动的原因，如果我们理应设想这些努力或作用是由我们所不知道的，不能发现的和弄清楚的性质所造成的话。这些隐蔽的性质将使自然哲学的提高停滞不前，因此近年来就被抛弃了。要是告诉我们说每一种事物都赋有一种隐藏的特殊性质，据已发生作用并产生明显的效果，那就等于什么也没有告诉我们。但是根据现象推出两三条关于运动的普遍原理，然后告诉我们所有的有形的东西的性质和作用是如何根据那些原理而得出的，会是哲学的一大进步，尽管那些原理的原因尚未被发现。

因此，我无顾虑地提出了上述运动的原理，它们属于很普遍的范畴，而其原因则留待以后去发现。

现在借助于这些原理，所有物质性的东西看来都由上述坚硬而实心的粒子所组成，各自与一位智慧的化身在最初的创世时的意愿联系起来。因为这是与创造它们并把它们安排得井井有条的他相称的。如果他做了这一切，那么再去探索世界的其他来源，或者自认为它只是按照自然规律由混沌中产生出来的，就是非哲学的了；尽管一旦被创造出来，它就按那些自然规律继续存在许多时代。因为只要彗星在偏心率很大的轨道上以一切方式的位置运行，盲目的命运就永不可能使所有行星都以同样途径在同心圆的轨道上运转，某些微不足道的不规则性除外；这些不规则性可能来自彗星与行星之间的相互作用，而且还将可能变大，直到这个行星系需要重组为止。行星系中的这种奇特的均一性必定考虑选择的效应。动物身上的均一性也必然是这样，动物一般有形状相似的左右两侧，它们身体每一侧的后部生着两条腿，前部肩下有两臂或两腿或两翼，两肩之间有颈，颈向下延长是脊椎骨，头生在颈上；而两耳、两眼、一鼻、一嘴、一舌都生在头上位置相似的地方。动物的那些很巧妙的部分，如眼睛、耳朵、大脑、肌肉、心脏、肺、膈、腺体、咽喉、手、翼、鱼鳔、天然眼镜和其他的感觉和运动器官，以及兽类和昆虫的本能的最初的设计制造也都不外乎出之于一个强有力的、永存的代表的智慧和技巧，他是无所不在的，按他的意愿在他无限的、均一的感觉中枢里使各种物体运动，从而形成并改造宇宙的各个部分，胜于我们按我们的意愿来使我们身体的各个部分运动。然而我们不把世界看成是上帝的身体，或者把世界的各个部分看成上帝的各个部分。他是一个均一的存在，没有器官，没有四肢或部分，而这些都是他的创造物，从属于他，并为他的意志服务；人的心灵不是各种事物的心灵，上帝更不是它们的心灵；这些事物通过感官传导到心灵能感觉的地方，在那里心灵利用本身直接到场而感觉到了它们，不用任何第三者的参与。感官并不是用来使心灵能在本身的感觉中枢中感知各种事物，而是仅仅用来把它们输送到那里；上帝不需要这样的器官，他在任何地方总是出现在各种事物的面前。由于空间是无限可分的，而物质不一定各处都有，因此也可以认为，上帝能创造各种大小和形状不同的物质粒子，与空间成各种比例，而且也许有不同的密度和力，从而改换自然规律，在宇宙的各个不同的部分造出各种不同的世界。在这个方面一切事物中，至少我看不出有什么矛盾。

在自然哲学里，像在数学里一样，用分析方法研究困难的事物，应当总是先于综合的方法。这种分析包括做实验和观察，用归纳法去从中引出普遍结论，并且使这些结论没有异议的余地，除非这些异议是从实验或者其他肯定的事实得出的。因为在实验哲学中是不考虑什么假说的。尽管用归纳法来从实验和观察中进行论证不是普遍的结论的证明，可是它是事物的本性所许可的最好的论证方法，并且随着归纳的愈普遍，这种论证看来也愈为有力。如果在现象中没有出现例外，那么结论就可声称是普遍的。但是如果以后在任何时候从实验中出现了例外，那么就可以开始声称有这样的例外存在。用这样的分析方法，我们就可以进行从复合物到成分，从运动到产生运动的力这种过程的论证；一般地说，从结果而原因，从特殊原因而普遍原因，一直到论证终结于最普遍的原因。这就是分析的方法；而综合的方法则假定原因已经找到，并且已确立为原理，再用这些原理去解释由它们发生的现象，并证明这些解释。

在这部《光学》的前两篇中，我用了这种分析方法，着手发现和证明关于可折射性、可反射性、颜色、它们交替的易于反射和易于透射的突发以及决定它们的反射和颜色的物体（透明的和不透明的）的性质的光线的原始差异。而这些发现经过证明以后，可以作为用来解释由它们所产生的现象的综合方法。我在本书的第一编末尾给出了这个方法的一个例子。在本第三篇中，我只是对尚待发现的光和它对自然界结构的效应开始作了一些分析，提示关于它的几件事，而把提示留待那些好事者进一步去用实验和观察来加以考察和改进。如果自然哲学在它的一切部门中能由于坚持这种方法而最后臻于完善，那么道德哲学的领域也将随之而扩大。因为就我们通过自然哲学所能知道的范围来说，什么是第一原因，他对我们有什么威力，我们从他那里得到什么好处，迄今我们对他们义务以及相互之间的义务，也将由自然界的光呈现在我们面前了。毫无疑问，如果假神崇拜没有蒙蔽异教徒，那么他们的道德哲学会背离四种主要美德走得更远；他们就不会教人死后灵魂传世，崇拜太阳、月亮和死去的英雄人物，而将教导我们去崇拜我们的真正的造物主和恩人，正像他们的祖先在它们自己腐化之前，在诺亚和他儿子们率领之下所做的那样。

译后记

· *Postscript of Chinese Version* ·

中译本根据1931年伦敦第四次修订版译出，同时参考了其他版本。

牛顿的《光学》是他的两部主要著作之一，另一部就是《自然哲学的数学原理》。1987年，为了配合纪念《原理》问世300周年(1687—1987年)，我们将《光学》译成中文，以便让更多的读者了解牛顿在光学方面的研究工作。该书的翻译出版在我国尚系首次，它对物理学工作者，特别是对物理教师和物理学史工作者有颇大的参考价值。中译本根据1931年伦敦第四次修订版译出，同时参考了其他版本，并已将书的详细目录删去。翻译工作由几位同志共同承担：爱因斯坦序、导读、声明、第一编第一部分由周岳明翻译；第一编第二部分由舒幼生翻译；第二编由邢峰翻译；第三编由熊汉富翻译；全书由徐克明同志校订。

由于全书用的是二三百年前的英文，语法修辞和用字行文与今天颇有不同，所以翻译难度较大，我们尽可能严谨地按原文逐字逐句译出。一些较为生僻的字都附列原文。

我国著名光学家王大珩以及北京大学潘永祥两位先生对本书中译本提供宝贵意见和珍贵资料，特此致谢。

2005年，北京大学出版社将《光学》收入"十一五"国家重点图书出版规划，《科学素养文库·科学元典丛书》。我们对译本重新进行了修订。

译者 2006.10

敬告：由于一些书店经常把牛顿《光学》与其他书名为《光学》的著作或教材摆放在同一书架销售，给读者选书造成了混乱，现根据广大读者建议，将书名更名为《牛顿光学》，感谢理解与支持。特此敬告。

◀ **牛顿光学实验手稿**　《光学》是一部实验科学的优秀范本。

科学元典丛书